Die Kulturpflanze

Mitteilungen aus dem Zentralinstitut
für Genetik und Kulturpflanzenforschung
Gatersleben
der Akademie der Wissenschaften der DDR

Band XXIII

Herausgegeben von
H. Böhme, W. R. Müller-Stoll,
K. Müntz, R. Rieger, A. Rieth,
H. Sagromsky, H. Stubbe

Schriftleitung: A. Rieth

Mit 39 Abbildungen und 47 Tabellen

AKADEMIE-VERLAG · BERLIN
1975

Erschienen im Akademie-Verlag, 108 Berlin, Leipziger Straße 3–4

Lizenznummer: 202 · 100/509/76
P 155/75
Gesamtherstellung: IV/2/14 VEB Druckerei »Gottfried Wilhelm Leibniz«,
445 Gräfenhainichen/DDR · 4146
Bestellnummer: 762 063 7 (2052/23) · LSV 1355
Printed in GDR
EVP 52,–

Inhalt

I. Originalarbeiten

Content

I. Original Papers

Содержание

I. Оригинальные статьи

I. Originalarbeiten

Kulturpflanze XXIII · 1975 · S. 11–74

Domestikation und Migration von *Solanum tuberosum* L.[1])

Neuere Ergebnisse über alte Probleme des Ursprungs und der Verbreitung der Speisekartoffel aus Südamerika nach Europa, Asien und Afrika, gestützt auf Relikt-Klone von der Insel Chiloé, den Anden Venezuelas, den Drakensbergen Südafrikas, den Vorbergen des Himalaya und den Kanarischen Inseln

HEINZ BRÜCHER

Facultad de Ciencias Agrarias, Universidad Nacional de Cuyo, Mendoza (Argentina)

(Eingegangen am 17. Oktober 1974)

A. Einleitung

In der vorliegenden Studie fassen wir Beobachtungen zusammen, die wir im Laufe von zwei Jahrzehnten in zahlreichen Ländern Lateinamerikas, in Südafrika und in Indien machen konnten. Unsere Befunde an „Relikt-Kartoffeln" wurden einerseits mit dem lebenden Material des *Solanum* (Tuberarium)-„Gen-Pools" in Südamerika verglichen, andererseits aber auch mit den Beschreibungen früher europäischer Kartoffel-Erwerbungen, die zum Teil mehrere Jahrhunderte zurückliegen und fast in Vergessenheit geraten sind. Als verläßliche frühe Urkunden über den Kartoffel-Anbau in Mitteleuropa erwiesen sich die Sortenbeschreibungen bei HOPPE (1747), SIMON (1782), GERMERSHAUSEN (1786), KRÜNITZ (1785), BURGER (1818) und PUTSCHE (1819).

Unsere Studien wurden von der Absicht geleitet, die auf drei Kontinenten heute noch existierenden primitiven Klone von *Solanum tuberosum* – bevor sie durch moderne Zuchtsorten endgültig verdrängt werden und infolgedessen aussterben – zur Aufklärung des immer noch undurchsichtigen Ursprungs dieser wichtigen Kulturpflanze heranzuziehen.

Unentschieden ist noch immer, ob die tetraploide Kulturkartoffel direkt von wildwachsenden Arten abstammt, ob sie alloploiden Ursprungs ist, oder ob sie sich durch einfache Genomverdopplung aus einer diploiden primitiven Indianerkartoffel entwickelt hat (vgl.: BURTON, 1966; DODDS, 1965; BRÜCHER, 1964; HOWARD, 1970; LAMM, 1944; UGENT, 1970; SWAMINATHAN & MAGOON, 1961 u. a.). Schließlich wird auch noch diskutiert, ob *Solanum tuberosum* monophyletischen Ursprungs ist, oder ob es außer dem „andinen Dispersionsbogen" (um den Begriff „Genzentrum zu vermeiden) noch ein weiteres hypothetisches, insulares „Genzentrum Chiloé" der Kartoffel gibt (ZHUKOVSKI, 1959).

[1] Dem Andenken SIEGFRIED DANERTS gewidmet

Gelegentlich in die Debatte geworfene Hypothesen, daß die Kartoffel aus Zentralamerika stamme (Bitter, 1911; Correll, 1952; Ugent, 1968), oder ob sogar die Sektion Tuberarium im Wildzustand in Afrika existiere, wie Correll zeitweilig (1962) vermutete (vgl. Widerlegung bei Brücher, 1966 nach Erforschung Basutolands), können hier übergangen werden. Allerdings sei hier betont, daß Wild-Kartoffeln auf dem ganzen amerikanischen Kontinent weit verbreitet sind und vom Staate Colorado und Texas in Nordamerika, über Mexiko und Costa-Rica in Zentralamerika durch Kolumbien-Venezuela und alle Kordillerenstaaten bis fast nach Patagonien (40 ° südl. Br.) reichen.

Eine restlose Aufklärung der genetischen Konstitution und der geographischen Evolution von *Solanum tuberosum* würde nicht nur ein generelles akademisch-historisches Interesse befriedigen, sondern auch die Beantwortung einer Reihe spezieller praktischer Fragen gestatten, welche die Wanderung bestimmter Schädlinge und Krankheiten der Kartoffel betreffen, sowie deren Resistenzphysiologie. Man fragt sich z. B. in Nordamerika, wie es möglich war, daß dort bestimmte Krankheiten (Virus Y^n, Kartoffelkrebs) oder Parasiten (z. B. *Heterodera rostochiensis*) nicht schon mit den frühesten Importen eingeschleppt wurden, wenn die natürliche Heimat dieser Pathogene in Südamerika liegt, warum Südafrika lange Zeit von verschiedenen Kartoffelkrankheiten verschont blieb, während sich diese aber über Europa ausbreiteten und von dort bald nach Indien gelangten.

Vor fast zwanzig Jahren schon haben wir den Nematoden *Heterodera* im Wildzustand auf nordargentinischen *Solanum*-Arten entdeckt, woraus wir (Brücher, 1960) geschlossen haben, daß der Ursprung der Zystennematoden-Seuche in den Anden zu suchen ist und evtl. hier *Heterodera rostochiensis* in weiteren agressiven Rassen spontan seit alters existiert, weswegen man bei Kartoffelsammelexpeditionen und Materialsendungen besonders vorsichtig sein sollte.

In Nordargentinien haben wir ebenfalls schon vor Jahrzehnten (im Tal von Maimara-Tilcara) einen endemischen Infektionsherd für Virus-Y^n (Tabaknekrose-Stamm des Y-Virus) nachgewiesen (Brücher, 1969) und davor gewarnt, gerade dorthin eine „Kartoffel-Genbank" zu legen. Wir wollten damit vermeiden, daß *Solanum*-Material aus diesem verseuchten Tal nach Nordamerika (wo diese Virose damals noch nicht existierte) oder nach Eurasien gelangt. Unsere Warnung wurde mißachtet (Brücher, 1971).

Die Handelssorten der Kulturkartoffel stammen – mit Ausnahme der echten Einheimischenkartoffel Indoamerikas – von ganz wenigen Introduktionen ab, die im 16. Jahrhundert aus der damals gerade entdeckten „Neuen Welt" nach Europa gelangten.[2] Diese primitiven Vorläufer der europäischen Kartoffel sind in-

[2] In den letzten drei Jahrzehnten hat sich aufgrund der intensiven Einkreuzung von Wildarten in die Kulturkartoffel dieser Zustand entscheidend geändert, so daß man mit Recht den Terminus „Neotuberosum" für die neuzeitlichen Kultigene geschaffen hat, deren Genome Erbanlagen oder Chromosomensegmente verschiedener *Solanum*-Spezies enthalten.

zwischen ausgestorben. Das gilt ebenso für die ersten Introduktionen unmittelbar nach der „Conquista" des südamerikanischen Kontinents, wie für spätere Kartoffelsendungen, die auf spanischen oder englischen Schiffe die lange Seereise nach Europa überstanden. Allerdings gibt es hier als interessante Ausnahme einige Relikt-Klone auf den Kanarischen Inseln, auf die wir später zurückkommen.

In allen uns bekannten Fällen waren es aber ausschließlich Kulturformen der Kartoffel und keine wilden *Solanum*-Arten, die im 16. und 17. Jahrhundert aus Amerika nach Europa gelangten. Wenn trotzdem in alten Berichten „Wildlinge"[3] der Kartoffel erwähnt werden, so läßt sich deren Auftreten durch gelegentliches Herausspalten aus Sämlings-Aufzuchten erklären. Nachweislich wurden damals Kartoffeln in botanischen Gärten nicht nur aus Knollen, sondern auch aus Beeren aufgezogen. Es scheint, daß dies bereits GERARD, 1597 gelang.

Entscheidend ist aber, daß die „europäische Speisekartoffel" nicht etwa erst in Europa aus Wildformen selektiert wurde, sondern im 16. Jahrhundert bereits als Cultigen ankam. Infolgedessen liegt der merkwürdige Fall vor, daß den „Vätern der beschreibenden Botanik", wie CLUSIUS (1526–1609), C. BAUHIN (1550–1624) und vor allem LINNÉ (1707–1776) für ihre Erstbeschreibungen und Diagnosen von *Solanum tuberosum* keine natürlich wachsende Spezies zugrunde lag, sondern ein indianisches Züchtungsprodukt in Form eines polyploiden Cultigens. Dieser außergewöhnliche Fall hat sich unseres Wissens nur bei der Banane wiederholt.

Es ist bekannt, daß nach erfolgter Entdeckung Amerikas die Kartoffel (*Solanum tuberosum*) in Europa nur sehr zögernd Eingang gewann, während sich die „Süßkartoffel" (*Ipomoea batatas*) auf der iberischen Halbinsel und in Italien relativ rasch ausbreitete. KOLUMBUS selbst brachte die ersten Knollen von Bataten nach Europa und seit 1493 gehörten sie zu dem Schiffsproviant der von Haiti auslaufenden spanischen Segelschiffe. In der Umgebung der Häfen von Bayona, Cadiz und Barcelona gab es schon zu Beginn des 16. Jahrhunderts beträchtliche Anpflanzungen von Süßkartoffeln = Bataten.

Bei vielen Kartoffelzüchtern ist der Glaube weit verbreitet, daß die „ersten Kartoffeln", die nach Europa gelangten, entweder von der Pazifikinsel Chiloé stammten oder aus dem Hochland von Peru (z. B. dem Titicaca-See) dorthin transportiert wurden. Die Insel Chiloé scheidet vor allem aus seefahrtstechnischen Gründen aus, wie wir weiter unten ausführen werden. Aus dem Hochland von Peru können kaum vor 1533 Kartoffelknollen nach Europa gelangt sein,

[3] Bei der bekannten Heterozygotie der meisten andinen Indianerkartoffeln kann erwartet werden, daß bei generativer Vermehrung gelegentlich Biotypen herausspalten, die an langen Stolonen sehr kleine, dunkle Knollen trugen, die man als „wilde Kartoffeln" oder „Wildlinge" ansprach. Als ein Beispiel für die Konfusion, die hierüber herrscht, zitieren wir hier JUDITH ZWARTZ, 1967: „The potato was already known in very early years as a w i l d (?BR.) plant. When the Spaniards made their exploring expeditions through Southamerica they found the later denominated *S. tuberosum* and *S. andigenum* . . ."

weil die Zentrale des Inkareichs damals erst unterworfen wurde. Zwar hatte die Eroberung des Hochlands von Peru durch die Söldner Pizarros schon 1524 begonnen, machte aber infolge des anhaltenden Widerstandes der unterworfenen Völker und durch die Uneinigkeit der Eroberer solange kaum Fortschritte, bis es Pizarro 1532 („Año de la ejecucion del ultimo Inka Atahualpa", Cardenas, 1969) durch Tücke gelang, den letzten Inka-Fürsten ermorden zu lassen. Erst danach sahen die spanischen Invasoren die Agrikultur der unterworfenen Indios mit positiveren Augen an und sandten auch Muster ihrer landwirtschaftlichen Produkte an den spanischen König. Es ist hier nicht der Ort, die grausamen Begleitumstände bei der spanischen Christianisierung des Altiplano zu schildern, deren Brutalität der Unterwerfung der Indianer Nordamerikas kaum nachsteht. Der nordamerikanische Biologe MacMillan (1940) sagte darum mit Recht „the conquest of Peru is a story of crime" (vgl. hierzu auch Garcilaso, 1609; Oviedo, 1851).

Bei Cieza de Leon, der als Soldat um 1533 in Cartagena landete und 1538 eine Militärexpedition bis ins Caucatal begleitete, lesen wir zum ersten Mal von Kartoffeln. Sieben Mal erwähnt er diese indianische Knollenfrucht in seiner im Jahre 1553 in Spanien publizierten „Cronica del Peru, parte I". Besonders eindrucksvoll war der Kartoffelanbau der Chibcha-Indianer in der Umgebung von Popayan (heutiges Kolumbien).

Aus der gleichen Zeit (1537) berichtete Juan de Castellanos (erst 1886 in Madrid veröffentlicht) darüber, daß in der Umgebung von Sorocata (Kolumbien) viele Kartoffeln angepflanzt werden. Der Schatzmeister von Peru, Zarata erwähnt 1544 beiläufig die Kartoffel.

In der „Cronica del Peru" des Cieza de Leon wird die Kartoffel als die Hauptnahrung der „Kollas", d. h. der primitiven Landesbewohner bezeichnet und von ihrem Anbau in der Umgebung von Collao berichtet. Offenbar kam den Spaniern die Wichtigkeit der Kartoffel, die sie anfangs abschätzig „turmas de tierra" genannt hatten, immer stärker zum Bewußtsein, je mehr spanische Grundbesitzer und Händler durch den Verkauf von Speisekartoffeln an die Silberminen von Potosi zu Reichtum gelangten. Angeblich soll eine Kiste „pappas peruanorum" im Jahr 1565 aus Cuzco an König Philipp II. abgesandt worden sein (zitiert nach einem Zeitungsartikel in „El Comercio" – Lima, durch Benvenides, aus dem Jahr 1923, dessen Stichhaltigkeit nachzuprüfen wäre). Doch gibt es keine Nachricht darüber, ob diese Sendung jemals in Madrid ankam, und was mit den Kartoffeln dort geschah.

Nachstehend geben wir eine kurze chronologische Aufstellung von Daten über die Kartoffel aus spanischen Quellen und europäischen „Kräuterbüchern":

1525: trafen spanische Eroberer des Inkareichs auf Kartoffeln und lernten ihre überragende Bedeutung für die Ernährung der Indianer in den Hochländern der Anden kennen.

1537: erster verbürgter Bericht des Spaniers Castellanos über Kartoffelbau in Sorocota (heutiges Kolumbien).

1538: weitere Mitteilungen über Kartoffeln in Popayan (Kolumbien) und Collao (Peru) durch CIEZA DE LEON.

1544: der Schatzmeister Perus, ZARATA, erwähnt die Kartoffel in seinen Rechenschafts-Berichten.

1550: in der „Cronica del Peru" des CIEZA DE LEON wird die Kartoffel als die Hauptnahrung der indianischen „Kollas" bezeichnet.

1557: berichtet der Italiener CARDANO über die weitläufige Verbreitung der Kartoffelkulturen im andinen Hochland.

1565: angeblich wird eine Kiste mit Kartoffeln aus Cuzco an den Hof König PHILIPP's II. in Spanien gesandt.

1569: die Kartoffelpflanzungen vom Hochland bei Collao werden durch JOSÉ DE ACOSTA beschrieben.

1570: nachweislich Kartoffel-Anbau in der Umgebung von Sevilla (Spanien).

1588: erste Abbildung einer Kartoffelpflanze in Europa (Museum Plantin-Moretus, Antwerpen) und eine Notiz darüber als „pappas peruanum" bei CLUSIUS.

1596: Die Kartoffel wird von CASPAR BAUHIN als *„Solanum tuberosum"* in dessen „Phytopinax" bezeichnet.

1597: GERARD beschreibt als erster in England die Kartoffel in seinem „Herball" als *„Battata virginiana"*.

1601: klassische botanische Beschreibung der Kartoffelpflanze durch CLUSIUS in dessen „Rariorum Plantarum Historia".

B. Geographische Betrachtungen

Die Frage nach der geographischen Heimat der Kartoffel ist nicht leicht zu entscheiden. Sie ist, wie in ähnlich gelagerten Fällen der Evolution und Domestikation von Nutzpflanzen, mit dem Vorhandensein von Wildformen verknüpft. Spontan wachsende, knollenbildende *Solanum*-Arten gibt es aber weit über hundert von Mexiko bis Patagonien. Dementsprechend wurden als „Heimat der Kartoffel" schon fast alle Länder Südamerikas (mit Ausnahme von Brasilien und Paraguay) in Anspruch genommen, wobei deren Verfechter sowohl an den Ort der Domestikation der ursprünglichen Indianerkartoffeln, als auch an das Ursprungsgebiet der sogenannten „Irish-Potato" dachten, d. h. der in post-kolumbischer Zeit nach Europa gelangten Klone von *Solanum tuberosum*.

In Hinblick auf die gegenwärtige weltweite wirtschaftliche Bedeutung der Kartoffel wurde von den Repräsentanten divergierender Theorien viel Scharfsinn und zum Teil auch patriotische Rhetorik bemüht, um diese Nutzpflanze der Menschheit zur „Planta Nacional" bestimmter Länder zu propagieren. Im folgenden werden wir das Für und Wider kennen lernen.

MEXIKO:

Alexander von Humboldt vermutete noch 1801 dort das Heimatland der Kartoffel, wunderte sich aber sogleich über den Mangel an historisch verläßlichen Berichten über die vorkolumbianische Existenz dieses Nachtschattengewächses in Mexiko. Der früheste Historiador Lopez de Gomara, 1606 zählt sie nicht unter den indianischen Nahrungspflanzen auf. In keinem Bericht über die Lebensweise der Azteken wurden Kartoffeln erwähnt, während man den Anbau von Bataten nachweisen kann. Der Botaniker Lindley empfing 1848 aus dem mexikanischen Gebirge einige Wildkartoffeln und zog sie in England auf. Da sie seiner Meinung nach zur Spezies *Solanum tuberosum* gehörten, gewann die Hypothese an Gewicht, daß die Kulturkartoffel mexikanischen Ursprungs sei. Wittmack vertrat um die Jahrhundertwende die Meinung, daß die Stammpflanze der Kartoffel in Mexiko zu suchen sei, weil er von dort einige großknollige Wildkartoffeln erhalten hatte. Bitter äußerte sich 1911 dahingehend, daß *S. stoloniferum* die mexikanische Anzestralform der Kulturkartoffel sei. Auch Correll meinte noch 1952, daß man *S. demissum* und *S. stoloniferum* nicht „a priori" aus der Phylogenese von *S. tuberosum* ausschließen könne. Nachdem Swaminathan, 1958 aber bei *S. stoloniferum* alloploide Genomstruktur nachgewiesen hatte, wurde diese Meinung nicht mehr wiederholt. Durch Ugent (1968) wurden die primitiven Kultivare Mexicos beschrieben. Es gibt weder sprachliche, noch historische oder archäologische Hinweise dafür, daß man im Aztekenreiche die Kartoffel kannte.

Es scheint, daß sich die indianischen Kulturkreise Mittel- und Südamerikas ziemlich unabhängig voneinander entwickelten und daß vor allem der von undurchdringlichen Tropenwäldern bedeckte Isthmus von Panama eine unüberwindbare Landbarriere für die bergbewohnenden Indianer-Stämme darstellte. Daß hingegen gelegentliche Versuche aus nördlicher Richtung gemacht wurden, mit seegängigen Flößen (etwa von der Küste Guatemalas ausgehend) entlang der Pazifikküste nach Süden vorzudringen, ist nicht gänzlich abzulehnen (vgl. Evans & Meggers, 1966). Doch erscheint es uns fast ausgeschlossen, daß in umgekehrter Richtung leichtverderbliche Kartoffelknollen auf Schiffswegen nach Mittelamerika gelangten. Erstaunlich bleibt allerdings die merkwürdige Tatsache, daß sich in praekolumbischer Zeit zwei indianische Kulturkreise in ökologisch und orographisch ähnlichen Regionen entfalteten (einerseits im temperierten Hochlandklima Mexikos und andererseits in den kühlen Tropengebirgen Südamerikas) und keinen direkten Kontakt besessen haben sollen. Es scheint, daß tatsächlich die Azteken im Norden nichts davon wußten – bzw. keinen Gebrauch davon machten –, daß die Inkas im Süden über ein stärkereiches Volksnahrungsmittel verfügten, das vermutlich in Mexiko ebenso gut wie in den Breitengraden von Bolivien-Nordargentinien gewachsen wäre. Das ist um so weniger verständlich, als die Wildkartoffeln *S. stoloniferum* und *S. demissum* im Gebirge Mittelamerikas spontan vorkommen und dort bemerkenswert große Knollen ausbilden. Trotz ihres kratzenden Geschmacks werden diese Wildkartoffeln sogar angeblich in Notzeiten von mexikanischen Einheimischen verzehrt. Offenbar fehlte ihnen das züchterische Talent, mit dem die Aimara- und Kechua-Stämme bei der Selektion ihrer eigenen Wildkartoffeln zu Werke gingen, um aus ihren lokalen Wildkartoffeln vollwertige Kultivare zu entwickeln.

URUGUAY:

In diesem Land gibt es nur zwei Wildkartoffeln, doch wurden diese im vergangenen Jahrhundert durch französische Autoren in die Diskussion über die Herkunft der Kulturkartoffel eingeführt. HECKEL (1907) behauptete in seinem Studium „Sur les origines de la pomme de terre cultivée", daß er bei *S. commersonii* „Mutationen" mit besonders großen Tuberkeln gefunden habe. Deswegen erklärte er diese uruguayische Wildkartoffel zum Vorläufer von *Solanum tuberosum*. Heute wissen wir, daß diese Ansicht unhaltbar ist. (vgl. BRÜCHER 1976).

CHILE:

Chile spielte in den mannigfachen Spekulationen und wissenschaftlichen Diskussionen über die Herkunft der Kulturkartoffel bisher eine dominierende Rolle. Ohne daß es jemals bewiesen wurde, wiederholen fast alle Bücher über landwirtschaftliche Nutzpflanzen die Redensart, daß die Kartoffel aus Chile stamme, oder daß auf der Insel Chiloé das „Genzentrum" und Ursprungsgebiet der „Irish potato" liege. Historisch läßt sich dieser Irrtum bis auf BOMARI zurückverfolgen, der vor mehr als 200 Jahren in seinem in Chile gedruckten „Diccionario de Historia Natural" die Behauptung aufstellte, daß die Kartoffel chilenischen Ursprungs sei. Seit dieser Zeit wird in den Enzyklopädien der ganzen Welt und in den landwirtschaftlichen Handbüchern diese wissenschaftlich unbestätigte Behauptung fortgeschrieben und nachgedruckt (vgl. u. a. BAILEY: Standard Cyclop. of Hortic., PARODI: Encycl. Argentina de Agricult., CORRELL: The potato and its wild relatives etc.).

Illustre Naturforscher wie DARWIN (1845), GAY (1849), HOOKER (1847), DE CANDOLLE (1855) haben emphatisch diese These vertreten, die verständlicherweise von chilenischen Naturforschern aus nationalen Motiven unterstützt wurde (vgl. MALDONADO, 1897; CAÑAS-PINOCHET, 1901; CARDENAS-ANDRADE, 1920; REICHE, 1911; LATCHAM, 1936; MONTALDO, 1944 u. a.). ROZE (1898) übernahm diese Behauptung in sein Werk über „la pomme de terre".

Auch BASTIAN (1860) propagierte in seinen „prespanischen Wanderwegen" der Nutzpflanzen die Chiloé-Herkunft der Kulturkartoffel. BERTHAULT, 1911; BITTER, 1912; WIGHT, 1916 beschrieben Chile als das Heimatland der Kartoffel.

SUTTON (1907) kam zu dem sehr fehlerhaften Schluß, daß *Solanum etuberosum* LINDL. aus Chile der Kulturkartoffel morphologisch sehr nahe stünde und man aus diesem Grunde diese nicht-knollenbildende chilenische *Solanum*-Art in die direkte Aszendenz von *S. tuberosum* stellen sollte.

Von CAÑAS-PINOCHET (1901) stammt die unbewiesene, aber enthusiastisch vorgetragene Behauptung, daß „die suedlichen Wälder Chiles noch voll von

Wildkartoffeln seien". Alle diese Feststellungen wurden in Europa umsomehr geglaubt, als die meisten Botaniker dort niemals Südamerika oder Chile insbesondere, selbst kennengelernt hatten.

Malpeaux (1899) wiederholte die gleiche Behauptung und sagte: „C'est surtout au Chili qu'on l'a retrouvé à l'état spontane".

Auch Reinhardt (1911) sprach sich in seinem umfangreichen Werk über die Kulturgeschichte der Nutzpflanzen für eine chilenische Heimat der Kulturkartoffel aus.

Die biologisch unbewiesene These, daß die Kartoffel sich in Chiloé entwickelt habe und von dort nach Europa gelangte, wurde insbesondere von solchen Autoren verbreitet, die keine Gelegenheit hatten, diese Insel persönlich kennenzulernen, oder im Süden Chiles *Solanum*-Forschungen zu treiben. So sagte z. B. Fuess (1938) in seiner sonst ganz lesenswerten Studie über die Urheimat der Kartoffel das folgende: „Die chilenischen Kartoffeln sind die Stammeltern der alten, englisch-amerikanischen Gruppe unserer Handelssorten . . .".

Der indische Kartoffelforscher Pushkarnat (1964) meinte, daß es zwei Kartoffelzentren gäbe . . . „the secondary of origin is in Chile, which includes the island of Chiloé . . .". Sykin, 1971 versuchte dies zu beweisen.

Wollenweber (1922) kam bei der Untersuchung von Kartoffelparasiten zu dem lapidaren Schluß: „Die Heimat der Kartoffel sind die Bergländer Chiles", ohne dafür aber irgendwelche pflanzengeographische Gründe anzuführen. Der stärkste Einfluß zugunsten einer Abstammung der „Irish Potato" von Chile, und insbesondere von der kleinen Insel Chiloé zwischen dem 42.–43. südl. Breitengrad, ging von sowjetischen Autoren unter Führung Vavilovs (1926) aus. „It was here that the Europeans obtained from the Indians the Irish Potato, *Solanum tuberosum* . . . This variety is particularly suitable for European conditions, because it is adapted to long periods of daylight". Er postulierte auf dieser kleinen Insel ein „Genzentrum" mehrerer Kulturpflanzen, unter denen die Kulturkartoffel an der Spitze steht und sagte folgendes: „From the mountainous center in the Andes, the Chiloean Center on the Southcoast, must be separated, where *Solanum tuberosum*, sensu strictu (the ancestor of all our commercial varieties) took its origin . . .". Da Vavilov keine Gelegenheit hatte, Chiloé selbst zu erforschen, muß er seine Kenntnisse vom Hörensagen Dritter bezogen haben. Wir wollen deswegen hier nicht näher auf seine mißglückte Interpretation des „Genzentrums Chiloé" eingehen.

Ein Mitarbeiter Vavilovs, Lechnovitz hält seit 1962 zwar nicht mehr mit der früheren Ausschließlichkeit anderer sowjetischer Autoren am chilotischen Ursprung fest, schreibt aber immer noch folgendes: „Unter den europäischen (gemeint sind hier die frühen Introduktionen) Kartoffelsorten gibt es auch typische chilenische Formen (=papas negras)" . . . diese bestätigen die Einfuhr chilenischer Formen nach Europa". Dem können wir allerdings aus eigenen Beobachtungen in der Kordillere zufügen, daß man solche „papas negras" auch recht häufig unter den andinen Primitivkartoffeln antrifft.

LECHNOWITZ schließt auch den Transport mit britischen Piratenschiffen nicht aus, wenn er darauf hinweist, daß FRANCIS DRAKE 1578 auf der kleinen Insel Mocha Kartoffeln als Hauptnahrungsmittel der Inselindianer fand, ebenso wie THOMAS CAVENDISH (1587) dies auf der Concepcion vorgelagerten Insel Santa Maria feststellte.

In Hinblick auf die außerordentlichen Schwierigkeiten, welche sich um diese Zeit einer Umseglung der Südspitze des amerikanischen Kontinents entgegenstellten, muß diese Angabe mit Vorsicht aufgenommen werden. Bekanntlich gehörte die Umsegelung von Kap Hoorn damals zu den großen seemännischen Leistungen. Erst 1579 gelang einem Schiff die Durchfahrt durch die Magellan-Straße. Wie SALAMAN schon 1937 nachwies, kann man kaum erwarten, daß man auf diesem Seeweg chilenische Kartoffeln lebend bis nach Europa transportierte. Er machte ferner geltend, daß die europäische („Irish potato") schon deswegen nicht von der Insel Chiloé stammen könnte, weil Südchile noch gar nicht von den Spaniern erobert war, als bereits die ersten Kartoffeln in der Alten Welt gepflanzt wurden.

LECHNOWITZ (1961) hält es aber dennoch für möglich, daß chilenische Kartoffelknollen frühzeitig auf spanischen Fregatten (und vielleicht auch mit englischen Piratenschiffen) von der Pazifikküste nach Europa gelangen. Auch wenn wir LECHNOWITZ's Beweisführung nicht anerkennen, wollen wir sie hier kurz wiedergeben. „In Chile erforderte die Kartoffel keinen Transport von den Bergen und konnte mit geringem Aufwand in den Häfen verladen werden . . ." „Die Kartoffel wird auf der Insel Chiloé im April geerntet. Der Weg bis Callao erforderte . . . zwei Wochen und weitere zwei bis zur Stadt Panama. Dann folgten eine dreitägige Karawanenreise nach Nombre de Dios und eine acht bis zehn Wochen dauernde Seereise nach Europa. Die Kartoffel konnte schon im Juli/August aus Chile nach Spanien gebracht und dort ausgepflanzt . . . werden".

PERU-BOLIVIEN (einschl. Nordargentinien):

Diese drei Andenstaaten verfügen zusammen über die größte Anzahl genetisch und morphologisch unterschiedlicher Wildkartoffeln und zugleich über eine enorme ambientale und ökologische Variation ihrer Anbauzonen. Infolgedessen erscheint es logisch, in den Andentälern dieser Länder nach den wilden Vorfahren und den Domestikationsformen von *Solanum tuberosum* zu suchen. Es sei hier eingeschaltet, daß die landwirtschaftlich begabten Hochlandindianer (z. B. Aimaras, Kechuas) nicht nur tetraploide Kartoffeln (wie wir in Europa), sondern auch diploide, triploide und sogar pentaploide Kartoffelarten selektierten (OCHOA, 1965; BRÜCHER, 1979).

Die Peruaner, die mit Recht die Kartoffel als ihre „planta nacional" betrachten, sind der Meinung, daß die europäischen Kartoffelsorten sich aus frühen Introduktionen ihres Hochlandes nach Spanien entwickelt haben. Doch gibt es merkwürdigerweise hierfür keinen einzigen sicheren dokumentarischen Beweis, und dies angesichts der enormen Mengen an Silber und anderen gewichtigen Schätzen, welche die Conquistadoren und ihre spanischen Händler und Soldaten ins Mutterland schleppten (Acosta, 1590; Bricegno, 1585).

EKUADOR:

Ekuador wurde mit Ausnahme einer frühen Behauptung von Banks (1805) nur selten als mögliches Heimatland oder Ursprungsgebiet der Kartoffel herangezogen. Ohne eigene Studien hierüber durchgeführt zu haben, gab Banks die Meinung wieder, daß die ersten europäischen Kartoffeln aus der Umgebung von Quito nach Spanien gelangt seien. Sabine (1822) schloß sich dieser Meinung in allgemeiner Form an, wenn er feststellte: „. . . It now seems satisfactorily prooved that it is to be found both in elevated places in the tropical regions and in the more temperate districts on the western coast (costs?) of the Southern part of that division of the New World."

KOLUMBIEN & VENEZUELA (= „Nueva Granada"):

Man hat bisher diesen beiden nördlichen Andenstaaten in der landwirtschaftlich-pflanzenzüchterischen Literatur – ganz zu Unrecht – nur geringe Beachtung hinsichtlich ihrer möglichen Beteiligung an der Domestikation und Introduktion der europäischen Kartoffel geschenkt. Eine Ausnahme machte allerdings der bedeutende Kartoffelforscher *Salaman*[4], der schon 1949 einige positive Argumente anführte. Auch der bolivianische Botaniker und gute Kenner indianischer Nutzgewächse Martin Cardenas (1969), der im allgemeinen dem „Altiplano" ein Vorrecht als Ursprungszentrum amerikanischer Nutzpflanzen einräumte, wies ausdrücklich auf Kolumbien als mögliches Herkunftsgebiet der europäischen Kartoffel hin.

Im übrigen wird ein solcher nördlicher Ursprung auch schon durch eine der frühesten Textstellen über Kartoffeln überhaupt – nämlich aus dem Jahre 1537 – bestätigt.

Es handelt sich um den Reisebericht des Spaniers Castellanos, der aber erst 1886 in Madrid publiziert wurde. Im Gefolge von Gonzales Jimenez de Quesada nahm er an einer Expedition nach Bogota in Nueva Granada teil. Von dort berichtete er, daß die entscheidende Grundnahrung der Indianer aus Kartoffeln und Mais bestünde. Ferner sah er im Sommer 1537 in der Umgebung von Sorocota häufige Anpflanzungen von Mais, Bohnen und „Trüffeln" (= gemeint sind die ihm noch kaum bekannten Kartoffeln).

Damals, wie heute noch, produzierte man also Kartoffeln in den küstennahen Gebirgen Kolumbiens (dem damaligen „Nueva Granada"). Es bereitete keine

[4] "That the potato which reached Europe in the later half of the sixteenth century might – and possibly did – come from the northern end of the Andean area . . . that the most likely port of departure would have been Cartagena . . . that there exist today and presumably did so 350 years ago, varieties in the Northern parts of the distribution area . . ., which are similar to those now growing in Europe . . .".

Schwierigkeiten, diese direkt an die Häfen Santa Marta oder Cartagena zu schaffen, wo spanische Faktoreien lagen. Es ist daher unzutreffend, wenn LECHNOWITZ (zwecks Verteidigung seiner Hypothese, daß man Chile-Kartoffeln über tausende von Kilometern bis nach Cartagena geschafft haben solle) folgendes schreibt: „Zur Zeit der . . . Eroberung Zentral- und Südamerikas durch die Spanier gab es im Gebiet des Karibischen Meeres keine Kartoffelkultur."

Im Jahre 1549 wurde zwischen Bogota und dem Hafen Cartagena ein Reitweg eröffnet, auf dem die Transporte entlang des Magdalenenstroms etwa 2 Wochen benötigten. Auf diesem Wege konnten jederzeit Landesprodukte, also auch Kartoffeln der Chibcha-Indianer, als Proviant für die spanischen Schiffe herangeschafft werden. Auf jeden Fall war dieser Transportweg wesentlich einfacher als derjenige von Zentral-Peru oder Chile. Man muß sich nur einmal vor Augen halten, welcher Anstrengungen es bedurfte, um aus dem Gebiet der Silberminen von Potosi oder dem Regierungsgebiet von Cuzco Traglasten zuerst einmal an die Pazifikküste zu schaffen, sie dort auf Segelschiffe zu verladen, die mehrere Wochen benötigten, um im Hafen von Panama einzutreffen, wo sie erneut ausgeladen und auf Tragtiere verpackt wurden, die in beschwerlichem wochenlangen Marsch durch feuchtheiße tropische Zonen des Isthmus schließlich die Häfen an der karibischen Küste erreichten. Daß man Gold und Silber auf diese Weise nach Spanien schaffte, ist verständlich. Daß aber auf dem gleichen beschwerlichen Transportweg auch leicht verderbliche Kartoffeln, die man in Peru geerntet hatte, über mehrere tausend Kilometer bis nach „Nombre de Dios" verfrachtet wurden, um sie dort auf spanische Fregatten verladen zu können, wie dies LECHNOWITZ postulierte, halten wir bei unserer eigenen Erfahrung mit den enormen Transportproblemen dieser Zone für ziemlich ausgeschlossen (BRÜCHER, 1968, 1969).

Mehrere Argumente sprechen gegen die Hypothese, daß es peruanische oder chilenische Indianerkartoffeln waren, die als erste in die Alte Welt gelangten. Vielmehr erscheint es uns logischer, daß die ersten Kartoffeln aus den nördlichen Ausläufern der Kordillere stammten. SALAMAN hat sich schon vor Jahrzehnten zu dieser Ansicht bekannt, allerdings unter gewissen geographischen Einschränkungen, mit denen wir uns weiter unten beschäftigen werden.

C. Die ersten Beschreibungen und Herbarium-Belege der Kartoffel

Merkwürdigerweise bringen die „Herbale" und „Kreutterbücher" des frühen und mittleren 16. Jahrhunderts keine Beschreibung der Kartoffelpflanze, während sie aber die neuweltlichen Bataten und Tomaten erwähnen. Zum Beispiel ist das Werk von NICOLAUS MONARDES (1493–1588) den Tieren und Pflanzen des kürzlich entdeckten Neuen Kontinents gewidmet. Doch in diesem spanisch und 1574 auch englisch erschienenen Buch („Joyful news out of the New World") ist die Kartoffelpflanze nicht angeführt.

Das „Cruydeboeck" des bekannten flämischen Arztes REMBERT DODOENS (1517–1585) bringt zwar eine ausgezeichnete Illustration der Tomatenpflanze (1553), unterläßt aber jegliche Erwähnung des verwandten „Nachtschattengewächses", der Kartoffel.

Abb. 1 „*Papas Peruanum*" nach einem Aquarell im Museum der Familie MORETUS-PLANTIN, Antwerpen. Die früheste bildliche Darstellung der Kartoffelpflanze in Europa (1588).

Ebensowenig führt TABERNAEMONTANUS (= JAKOBUS THEODORUS aus Bergzabern 1520–1590) in seinem „Neuw Kreuterbuch" die Kartoffelpflanze auf. Noch merkwürdiger erscheint es uns, daß der weitgereiste englische Pflanzenkenner und Arzt WILLIAM TURNER (gest. 1568), der auch in Italien studierte und reiste, dort niemals Kartoffeln in Kultur antraf und sie demzufolge in „The Nature of Herbs" (1551) oder in seinem „New Herbal" (1568) nicht zitiert. Auch in dem berühmten Kräuterbuch des Italieners PETRUS MATTHIOLI (1501–1577) wird die Kartoffel nicht erwähnt oder abgebildet.

Die erste bildliche Darstellung dieses seltsamen indianischen Gewächses erfolgte im Jahre 1588. In diesem Jahr erhielt der Botaniker CAROLUS CLUSIUS durch den Präfekten des Hennegaus, P. VON SIVRY, zwei Kartoffelknollen, die dieser wiederum aus Italien empfangen hatte. Am 26. Januar 1588 bestätigte CLUSIUS, damals Direktor des Botanischen Gartens in Wien, daß er diese „pappas peruanorum" erhalten habe und schreibt u. a. „. . . von PH. DE SIVRY, welcher mir 2 Knollen nebst einer Frucht nach Wien, anfangs 1588 schickte, im folgenden Jahr aber eine farbige Figur". Die von CLUSIUS erwähnte Abbildung wurde offenbar in den Niederlanden angefertigt. – Sie befindet sich jetzt im Museum der Familie MORETUS-PLANTIN in Antwerpen, wo ich dank des Entgegenkommens der Verwaltung das wertvolle Aquarell im Jahr 1970 persönlich examinieren konnte (vgl. Abb. 1).

CLUSIUS (1526–1609) galt zu seiner Zeit als europäische Autorität in der Botanik. Er hatte im Jahr 1564 Spanien bereist, um dort seltene Pflanzen zu studieren. Doch scheint damals die dort stellenweise schon kultivierte Kartoffel sein Interesse nicht geweckt zu haben, denn er teilt in seinem 1576 erschienenen Reisebericht („Rariorum aliquot stirpium per Hispanas . . .") davon nichts mit. Allerdings berichtet er andernorts (1588), daß in Italien Kartoffeln als Gartenpflanzen existierten. Es ist auch zu vermuten, daß er anläßlich seiner Reisen nach England von der Existenz dieses neuweltlichen Gewächses erfuhr, und womöglich mit GERARD oder HAWKINS und DRAKE darüber diskutierte.

Trotz dieser vorausgegangenen Kenntnisse veröffentlichte CLUSIUS seine erste botanische Beschreibung der Kartoffel viel später, nämlich 1601 in seinem bekannten Werk „Rariorum plantarum historia".

Unter der Bezeichnung „Papas Peruanorum" wird eine bemerkenswert exakte morphologische Beschreibung von *Solanum tuberosum* gegeben, wobei auch solche Details wie die unterschiedliche Blütenfarbe der aus Samen aufgezogenen (!) Jungpflanzen gegenüber der Mutterpflanze erwähnt werden. Wir schließen daraus, daß schon die ersten Introduktionen der Kartoffel Heterozygoten waren. Wir zitieren auszugsweise seinen Text:

„Zuerst erscheinen aus der Knolle, welche bei uns im April (nicht später) zu legen ist, wenige Tage nach dem Legen dunkle, purpurne, zottige Blätter. Der Stengel ist 1 Zoll dick, kantig, wollig, 7 Ellen lang (d. h. über 200 cm? Br.)

mit vielen Trieben ... wegen ihres Gewichts liegen diese auf der Erde ... Die Zahl der Blättchen ist immer unpaarig, mit kleineren dazwischen.

Die Blumen sind hübsch, 1 Zoll und mehr im Durchmesser, außen weißlich-purpurn, innen purpurlich. Griffel ist hervorragend.

Knollen mehr als 50 pro Pflanze, die 1–2 Unzen wiegen (d. h. 25–60 gr. Br.), Schale dünn, Fleisch fest und weiß.

Sie blüht im Juli und von da ab bis in den Herbst ... und hört bis zum Eintritt der Fröste nicht auf, Blüten und Früchte zu bilden. Aus den Knollen allein ist die Erhaltung der Art zu erwarten ... und aus den Samen welche die Blumen ... in demselben Jahr gebracht haben. Aber die Farben sind dann von denen der Mutter verschieden, wie ich von andern erfahren habe (sic. Br.) Ich habe niemals den Versuch gemacht."

Merkwürdigerweise verwendete CLUSIUS nicht das von seinem Kollegen BAUHIN im „Phytopinax" (1596) geprägte Taxon *„Solanum tuberosum esculentum"*, sondern griff auf eine durchaus irreführende Bezeichnung des THEOPHRAST für eine knollenbildende Pflanze: „Arachnida" zurück. CLUSIUS scheint Samen seiner Kartoffelpflanze verschickt zu haben, die aus reifen Beeren hervorgegangen waren, u. a. an den Botaniker HOGELANDIUS, „bei dem aus den Samen, die von mir geschickt worden waren, Stöcke aufgegangen seien, die ganz weiße Blumen brachten (CLUSIUS Mutterpflanzen hatten violette Blüten. Br.) und gar keine Knollen". Die Beeren hatten orbikulare Form[5].

Aus diesen eingehenden Beschreibungen geht hervor, daß damals die Kartoffelpflanze in Mitteleuropa als besondere Rarität der Naturforscher angesehen wurde und keineswegs als Ackerfrucht diente.

Das früheste – übrigens bis auf den heutigen Tag noch hervorragend konservierte Herbarium-Stück einer Kartoffelpflanze datiert aus dem Jahre 1596 und trägt von BAUHINS eigener Hand eine Beschriftung und befindet sich im Botanischen Museum zu Basel. Dieses Exsiccat liegt sehr wahrscheinlich den Holzschnitten zugrunde, mit denen BAUHIN in seinen wiederholten Beschreibungen (1598, 1613, 1620) die Kartoffelpflanze illustrierte.

Nach DANERT (1956) stimmen die Angaben über Blattgrößen in allen drei Werken überein. Im Gegensatz zu den von HAWKES geäußerten Zweifeln konstatierte DANERT: „Nach unserer Meinung sind die Beschreibungen bei BAUHIN in den angeführten Werken nicht grundsätzlich verschieden. Das Herbar-Exemplar kann deshalb möglicherweise bereits in den 90er Jahren des 16. Jahrhunderts eingelegt worden sein."

Die Holzschnitt-Abbildung erscheint zum ersten Mal in den von BAUHIN bearbeiteten Kommentaren des MATTHIOLI (1598) unter dem Titel „Opera, quae exstant, omnia". Dann wiederum 1613 in einer von BAUHIN veranlaßten

[5] LECHNOVITZ und andere Botaniker folgerten daraus, daß es sich um ein *„S. andigenum"*, also eine Kurztagsform mit besonders langsamen Wachstum unter den mitteleuropäischen Langtagbedingungen handeln müsse.

Ausgabe des Kräuterbuchs von TABERNAEMONTANUS, und schließlich noch einmal 1620 im „Prodromus".

GERARD (1545–1612) veröffentlichte im Jahr 1597 sein „The Herball, or generall historie of plantes" und widmete darin der Kartoffel ein ganzes Kapitel, worin er u. a. folgendes schreibt: „Virginia potatoes hath many hollowe flexible branches trailing uppon the grounde . . . the whole leafe resembling those of the Parsnep (= Pastinak) . . . whereon do grow very faire and pleasant flowers, made of a entirely whole leafe, which is folded or plaited in such strange sort, that it seemeth to be a flower made of sixe sundrie small leaves. . . . The whole flower is of a light purple colour." (Abb. 2 u. Abb. 6).

Auf dem Titelblatt des „Herballs" erscheint GERARD in stattlicher Hoftracht, mit dem Attribut einer „Erdapfel"-Pflanze. Am merkwürdigsten aber ist die Benennung der Pflanze: „Battata virginiana sive virginianorum", vermutlich ein nicht zu übersehender Hinweis auf „The virgin queen", deren Gärten er verwaltete. Warum nennt der Hofbotaniker der Königin Elizabeth diese exotische Pflanze – entgegen der damaligen Erfahrung – Potatoes of Virginia? Nach SALAMAN war dies „a statement as to the original home of the potato, which mislead historians for the best part of 300 years." JACKSON (1876) meinte, daß GERARD vielleicht nur deshalb das nordamerikanische Virginien als Herkunftsland der Kartoffel suggeriert habe, um seine Leser irre zu führen, oder ihnen etwas zu verbergen.

Über GERARD's Fähigkeiten als Botaniker gibt es widersprechende Berichte, die SALAMAN veranlaßten, sich etwas ausführlicher mit dessen Charakter zu beschäftigen und zu folgern: „. . . looking back over 300 years we may be permitted a more charitable estimate. GERARD was an amateur botanist who lived under the patronage of the most powerful man in England (= Lord BURGHLEY war der Finanzminister der Königin. BR.). He is depicted in the portrait which adorns the first edition, as a man of elegant and courtly carriage. That he was vain, is obvious . . .". Für GERARD war damals die Kartoffel ein „königliches Gewächs". Wir glauben für das unwissenschaftliche „battata virginianorum" eine menschlich verständliche Erklärung gefunden zu haben: Ist es einem Höfling zu verdenken, daß er sich zum Zeichen seiner Ergebenheit vor der „Virgin Queen" mit der Dedikation eines exotischen Gewächses aus der damals von Spaniern beherrschten Neuen Welt der Huld seiner Herrscherin empfiehlt? Man wende nicht ein, daß Botaniker so etwas nicht tun. Unter den zahlreichen Beispielen erwähnen wir hier nur die Fälle, daß der bekannte Naturforscher BONPLAND die chilenische Nationalblume zu Ehren der einflußreichen Hofdame DE LA PAGÈRE am französischen Königshof benannte, daß die englische Königin Victoria durch SCHOMBURGK, einem deutschen Botaniker in britischen Diensten, in „*Victoria regia*" und NAPOLEON-BONAPARTE im Genus „*Napoleonea*" verewigt wurden.

Die LINNÉ'sche Speziesdiagnose von *Solanum tuberosum* in der ersten Auflage seines Werkes „Species Plantarum (1753, S. 185) ist ausgesprochen knapp:

Abb. 2 *Battata Virginiana* nach Gerard's Tafel in „The Herball", 1597. (Man beachte die stark gefalteten rotaten Korollen, typisch z. B. für die jetzigen venezolenischen Indianerkartoffeln.

Solanum caule inermi herbaceo foliis pinnatis integerrimis") und gründet sich auf Bauhin's ausführliche Beschreibung im „Phytopinax" und auf vorausgegangene Angaben im „Hortus Cliffortianus" (1737), die vermutlich an lebenden Kartoffelpflanzen in CLIFFORTS Garten in Hartecamp in Holland vorgenommen wurden. LINNÉ bezog sich ausdrücklich auf die Phrase „*Solanum tuberosum esculentum*" im Prodromus (1620) von CASPAR BAUHIN und auf dessen Herbarium-Exemplar, das heute noch in gut konserviertem Zustand in der Universität Basel vorhanden ist. Diese Pflanze hat darum als nomenklatorischer Typus der legitimen Spezies *Solanum tuberosum* LINNÉ zu gelten. Unverständlicherweise haben aber britische und sowjetische Botaniker das Herbarium-Exemplar BAUHIN's zu „*S. andigenum* JUZ. & BUK." gerechnet. Wir haben schon andernorts auf die Unmöglichkeit, so zu verfahren, hingewiesen (BRÜCHER 1958, 1963, 1974).

Im übrigen haben bereits SALAMAN & HAWKES (1949) selbst nachgewiesen, daß eine Umwandlung der Blattformen der andinen Biotypen in die europäischen innerhalb von ein bis zwei Jahrhunderten stattgefunden hat. Man kann aber weder Arten noch Unterarten auf solchen gleitenden Merkmalen begründen. Mit vollem Recht hat darum DANERT schon 1956 bezüglich dieser nachträglichen künstlichen Trennung der Spezies *S. tuberosum* gesagt: „Wir sind der Meinung, daß dies nicht möglich ist. Beide Formengruppen unterscheiden sich im wesentlichen durch graduelle Unterschiede (in der Blattform und Sproßachse). Eine Trennung nach geographischen Merkmalen ist hier nicht möglich, da auch in Peru und Bolivien die für Europa typischen Formen vorkommen . . .". Damit sprach sich der *Solanum*-Forscher DANERT gegen den Gebrauch des Epithets „*ändigenum*" aus.

Ganz nachdrücklich aber muß abgelehnt werden, wenn SALAMAN konstatiert: „The domestic potato of Europa, though given the specific name of *S. tuberosum*, is in fact a variety of species *S. andigenum*".

D. Introduktion und Adaptation der Kartoffel als neue Kulturpflanze für Europa

a) SPANIEN:

Die Geringschätzung der indianischen Landwirtschaft und Ernährung seitens der iberischen Eroberer ist die fatale Ursache dafür, daß es bisher keine Quellen über die Ankunft dieses wichtigen Nahrungsmittels in Spanien gibt. Ganz plötzlich taucht im Jahr 1573 in dem Einkaufsbuch des Hospitals von Sevilla eine Eintragung über den Ankauf von Kartoffeln auf. Und zwar waren es etwa 25 Kilogramm, die man in der Umgebung von Sevilla erworben hatte. Wir schließen daraus, daß man schon mehrere Jahre vorher – also zwischen 1560–1570 – in der Nähe der Anlaufhäfen der spanischen Silberflotten mit Kartoffelkulturen begonnen hatte.

Vermutlich wurde diese exotische Knolle zuerst von Veteranen der spanischen Conquista, die sie auf ihren Kriegszügen gegen die Indianer als Nahrungs- und Heilmittel gegen Skorbut hatten schätzen lernen, oder von Apothekern als

Medizinalpflanzen in kleinem Ausmaße kultiviert. Daß man damals der Kartoffel heilende Wirkung zuschrieb, geht aus der ungewöhnlichen Tatsache hervor, daß der allmächtige König Philipp II. dem erkrankten Papst Pius IV. im Jahr 1565 einige Knollen schenkte, wie Mellado in seiner Enzyklopädie berichtet. Unzweifelhaft war aber *Solanum tuberosum* auf der pyrenäischen Halbinsel damals eine große Seltenheit, sonst wäre der Botaniker Clusius, der 1564 mit dem ausdrücklichen Wunsch, die „neuen amerikanischen Pflanzen" dort kennenzulernen, nach Spanien reiste, auch auf sie aufmerksam geworden.

Wir können uns durchaus vorstellen, daß für spanische Armisten und Händler, die bei ihrem Aufenthalt in den Kolonien die hohen Erträge der Indianerkartoffel kennengelernt hatten, das magere Ergebnis mit deren Nachbau in Spanien entmutigend gewirkt haben muß. Doch wußten sie nichts davon, wie sensibel die Tuberisation von *Solanum tuberosum* gegenüber der Tageslänge ist.

Es wurde mehrfach berichtet, daß die frühen Introduktionen zwar reichlich Stolonen und meterlange Ausläufer, aber kaum Knollen bildeten und sehr spätreif waren. Dieser Zustand besserte sich nur langsam, dadurch, daß aus den eingeführten genetischen Populationen allmählich solche Biotypen selektiert wurden, die auch im sommerlichen Langtag reichlich Knollen ansetzten und ihren Vegetationszyklus rascher abschlossen.

Der Corregidor Diego de Briceños, der aus seinem langen Aufenthalt in den amerikanischen Besitzungen der spanischen Krone mit dem Kartoffelanbau vertraut war, versuchte 1586, seine Landsleute in diesem Sinne zu stimulieren, als er sagte: „. . . und wenn wir sie nur in Spanien ebenso kultivieren wollten, wie dies die Indios zu tun pflegen, dann wäre dies für unser Land in Jahren des Hungers eine große Hilfe" (zitiert nach B. Cobo, Nachdruck 1915, Madrid).

Die ersten *Solanum*-Introduktionen aus der Neuen Welt, mögen sie nun aus der Kechua-Region der Zentralen Anden (Titicaca-See-Cuzco) oder aus der Chibcha-Agrikultur der nördlichen Kordillere und den Paramos von Kolumbien und Venezuela (= Neugranada) stammen, bildeten in Europa am Anfang mehr botanische Kuriositäten als praktisch brauchbare Feldfrüchte[6]. Vermutlich kamen sie als Kurztagsgewächse sehr spät zur Tuberisation und Blütenbildung; infolgedessen war ihr Ertrag gering. Die Form der Knollen war unregelmäßig, die Augen lagen tief, der Geschmack des Fleisches war bitterbrennend, oft waren die Knollen unansehnlich dunkel gefleckt und mit Auswüchsen versehen. In dieser Weise wurden Kartoffelknollen selbst noch im 18. Jahrhundert beschrieben! Allerdings ist hinsichtlich der oft mißverstandenen Tuberisation folgendes zu bemerken: Es trifft keineswegs zu, daß alle peruanischen oder venezolanischen Einheimischenkartoffeln (aus den Breitengraden 0–10) obligatorische Kurztags-Typen sind. Man findet nämlich unter südamerikanischen Klon-Sammlungen – aber noch stärker unter den Nach-

[6] In dieser Hinsicht waren sie am Anfang den reichtragenden Süßkartoffeln (*Ipomoea batatas*) unterlegen, die in ihrer westindischen Heimat ebenso wie auf der Iberischen Halbinsel ansehnliche Knollenernten lieferten.

kommenschaften aus Sämlingen – immer wieder einige Individuen, die auch im sommerlichen europäischen Langtag reichlich Knollen ansetzen. Das kann man sowohl bei Aufzucht venezolanischer Lokalrassen in der BRD feststellen, wie umgekehrt bei Anpflanzung von Chiloé-Herkünften (43° südl. Br.) unter den Kurztagsbedingungen (10° nördl.) Venezuelas.

Das früher stark ins Treffen geführte Argument der Photoperiodik als differenzierender Faktor zwischen angeblichem „*S. andigenum*" und „*S. tuberosum*" aus Chiloé hat schon seit SCHICKS Experimenten (1931) nur relativ geringen Wert.

Bei Aufzucht andiner Kurztagskartoffeln unter europäischen Licht- und Klimabedingungen stellt man immer wieder fest, daß sich an der Basis der Pflanzen die üblicherweise geophilen Stolonen zu orthotropen, langgestreckten Ausläufern entwickeln. Nun ist bei den ersten Kartoffelpflanzen-Darstellungen recht auffällig, daß dort die Stolonen mehrere Triebe an die Oberfläche schicken. Man kann daraus schließen, daß die ersten Abbildungen nach *Solanum*-Pflanzen gezeichnet wurden, die in genetischer Hinsicht Kurztagstypen waren, aber unter Langtagsbedingungen aufwuchsen. Die ersten Kartoffel-Introduktionen scheinen auch noch unter ausgesprochenen Mängeln der Knollenform, Augentiefe, Fleischqualität und ungünstiger Knollenlage gelitten zu haben, wie aus den Abbildungen bei BAUHIN, PARKINSON, LONICERUS etc. hervorgeht. Mit verbesserter Ackertechnik mußte in Europa auf bessere Knollenform, höheren Ertrag und kurze Stolonen selektiert werden.

b) Introduktion nach Groß-Britannien

Nach Abschluß seiner beachtenswerten Weltumseglung im Jahr 1580 wurde der Kapitän FRANCIS DRAKE zum Symbol eines nach Weltmacht strebenden Landes. Viele Briten jubelten DRAKE's Flaggschiff „Pelikan" zu, als er auf der Reede von Plymouth anlegte, und the „Virgin Queen" ihn mit Titeln, Gunstbezeichnungen und einem Besuch auf seinem Schiff auszeichnete. Das hierbei stattfindende Gastmahl bestand aus exotischen Genüssen. Auf der heute noch vorhandenen Speisekarte erscheinen als Besonderheit des Festmahls „patatas". Das hat möglicherweise den Mythos genährt, daß der Kapitän DRAKE „potatoes" (d. h. *Solanum*-Knollen) nach England brachte. Mit größter Wahrscheinlichkeit dürfte es sich aber um „batatas = *Ipomoea* gehandelt haben.

Wir vermuten aus anderen Darstellungen, daß DRAKE allerdings die richtige Kartoffel (*Solanum*) kannte und von den Süßkartoffeln (*Ipomoea*) zu unterscheiden wußte. Bei einer seiner Brandschatzungen (1577) spanischer Lagerhäuser auf der Insel Mocha vor der chilenischen Küste war er überrascht von der Menge „potatoes", die dort gestapelt waren. Hätte er allerdings von dort solche Kartoffeln auf seiner weiteren Weltumseglung mitgenommen, so hätten die empfindlichen Knollen den langen Transport durch tropische Zonen nicht überstanden. Möglicherweise kam DRAKE auch ein zweites Mal mit echten Kartoffeln in Berührung, als er seinen Kaperkrieg im Karibischen Meer betrieb. Dort überfiel er 1586 wiederholt spanische Faktoreien an der jetzt kolumbianischen Küste, nahe von Cartagena, dem Hauptumschlagplatz andiner Produkte und Lebensmittel. Doch ist es mehr als zweifelhaft, daß DRAKE sich um die Einführung exotischer Früchte, die er bei seinen Kaperzügen erbeutete, Gedanken machte, oder gar bewußt Kartoffelknollen zum Auspflanzen nach England transportierte.

Die schöne Legende, daß ein erfolgreicher Kaperkrieger des jungen Britischen Empire (nach heutigem Brauch wäre er vor einem internationalen Kriegsgericht als „Kriegsverbrecher" verurteilt worden) den Hungernden Europas die nährende Kartoffel gebracht habe, ist schon 1925 durch SAFFORD in seiner originellen Veröffentlichung „The potato of romance and reality" authentisch widerlegt worden. Das eindrucksvolle Denkmal, das von dankbaren, aber einfältigen deutschen Kartoffelpflanzern im Jahr 1853 auf dem Marktplatz von Offenburg in Baden für „Sir FRANCIS DRAKE, dem Bringer und Verbreiter der Kartoffel in Europa" errichtet wurde, ist bei alliierten Bombenangriffen auf die Stadt zerstört worden.

Nachdem DRAKE aus historisch-phytogeographischen Gründen aus der Debatte um die Einführung der Kartoffel nach Europa ausgeschieden war, versuchte der britische Volksmythos diese einem anderen „Seehelden" zuzuschreiben. Es handelt sich um den Conquistador WALTER RALEIGH (1552–1618). Gerüchtweise wurde behauptet, daß SIR WALTER RALEIGH Kartoffeln aus Virginia, wo er ein Siedlungsprojekt begonnen hatte, mit nach England brachte. Doch wies schon MITCHELL nach, daß RALEIGH nie den Boden Virginias betreten hat und folglich auch kaum Kulturpflanzen dort eingesammelt haben kann. Ferner sei seine Kolonisation mit englischen Siedlern völlig gescheitert, so daß diese sich unter Zurücklassung ihrer Habe im Juni 1586 auf der Flotte des dort vorbeisegelnden Kapitäns DRAKE einschiffen mußten (und hierbei sicherlich keine Kartoffeln aufluden, falls es dort welche gegeben hätte). MITCHELL schließt aus den historischen Umständen, daß kein Beweis dafür vorhanden sei, daß Kartoffeln aus Virginia nach England gebracht wurden. SALAMAN unterstreicht dies nachdrücklich, wenn er schreibt: „For nearly two and a half century it was commonly accepted, that the potato had reached England from Virginia. This unfortunate error was due entirely to the statement made by GERARD in his Herball . . . Virginia, a land in which the potato was entirely unknown in the 16. and 17. centuries, does not enter the picture".

Gelegentlich wurde auch behauptet, daß RALEIGH seine Kartoffeln aus Quito in Ekuador erhielt. Doch hat SAFFORD hierzu festgestellt: „He never was within a thousand miles of the spot".

Doch mögen ihm tatsächlich einmal Kartoffeln in die Hände gefallen sein, und zwar, als RALEIGH den wichtigsten spanischen Stützpunkt an der karibischen Küste, den Hafen Cartagena, belagerte und dort im März 1586 ein hohes Lösegeld, u. a. auch in Naturalien, eintrieb. Für Kartoffeln war dies allerdings nicht der günstigste Zeitpunkt, da ihre Ernte dort im Gebirge im September–Oktober erfolgt.

SALAMAN hat viel Mühe darauf verwendet, die Familien-Archive von RALEIGH (zeitweilig einer der mächtigsten Männer in der Regierung des Inselreiches) daraufhin zu untersuchen, ob SIR WALTER RALEIGH nicht doch an der Einführung der Kartoffel auf die Britischen Inseln beteiligt war, auch wenn die Virginia-Legende verworfen wird. Einer relativ benevolenten Meinung SALAMAN's hierüber steht aber das absolut ablehnende Urteil COBBETT's entgegen, der vor hundertfünfzig Jahren bezüglich der angeblichen Verdienste WALTER RALEIGHS um die Einführung der Kartoffel in England folgendes feststellte: „He was one of the greatest villains upon earth, who, they say first brought the root (= potato) into England".

SALAMAN's und anderer Autoren Quellenforschung dürfte endgültig widerlegt haben, daß RALEIGH die Kartoffel nach England brachte: „Although legend has never ceased to link RALEIGHS name with the introduction of the potato, amongst scientific writers there has been a growing tendency to deny him any credit in the matter" (SALAMAN, 1949). Daß auch die sonstigen Verdienste dieses Seehelden zeitweilig nicht allzu hoch eingeschätzt wurden, gehört zu einem anderen Kapitel der britischen Königsgeschichte, die von SALAMAN folgendermaßen glossiert wurde: „On his return from Guyana 1618, he proceeded to Plymouth to be betrayed by his friend, sold by his King and sacrificed on the scaffold for an ideal, which gave England her Empire".

Die mythologisch-irreale Verknüpfung der Namen von „Volkshelden", die in der turbulenten Geschichte Großbritanniens des 16. Jahrhunderts vor allem als Conquistadoren berühmt wurden, mit der Einführung eines Volksnahrungsmittels, der schlichten Kartoffel, beweist wieder einmal, daß die Legenden der Völker nach undurchsichtigen Regeln entstehen, die recht wenig mit Tatsachen oder Wissen zu tun haben. Das hat schon VOLTAIRE zum sarkastischen Ausspruch veranlaßt: „. . . Et voilá justement comme on écrit l'histoire".

Nachdem solcherart die Glaubwürdigkeit der Piratenkapitäne DRAKE und RALEIGH bei der Einführung eines exotischen Gewächses in Frage gestellt ist, möge man es mir nicht verargen, wenn ich nun – aufgrund eigener Quellenstudien – einen weiteren Seehelden der Britischen Admiralität als „Bringer der Kartoffel" vorschlage, und zwar den Kapitän und Sklavenhändler JOHN HAWKINS. Mit dieser Ansicht befinde ich mich im Gegensatz zu SAFFORD (1925) und insbesondere zu SALAMAN (1949), dem es als gewissenhaftem Arzt offenbar peinlich war, daß ein roher Freibeuter und Sklavenhändler mit der Einführung eines eminent wichtigen Nahrungsmittels nach England in Verbindung gebracht wird, wenn er folgendes schreibt: „HAWKINS we may aquit of having introduced the potato to Europe; I would that the same could be said of him in regard to the trading of negro slaves to the Americas." Daß HAWKINS nicht gerade ein Ehrenmann, sondern eher ein verschlagener Brigant war, der mit seinem Schiff „Jesus von Lübeck" (welch prächtige Tarnung für einen Sklavensegler!), unter Ausnutzung kleiner Häfen im karibischen Raum mit „schwarzem

Gold" handelte, scheint außer Frage zu stehen. Daß er hierbei auch mit weißfleischigen Kartoffeln in Berührung kam, erfuhr ich durch ein seltenes Zitat. John Hawkins erwähnt beiläufig in seinem Bericht „Voyage in purchas pilgrimages" (1565), daß er einen kleinen Hafen Neu Granadas, Santa Fé, anlief, um sich dort zu verproviantieren. Außer den von ihm sehr gelobten Ananasfrüchten, die er dort einhandelte, berichtet er auch über Kartoffeln: „These potatoes be the most delicate roots, that by me eaten, and do far exceed our parseneps and carrots". Diese Literaturstelle scheint kaum beachtet worden zu sein, doch halten wir sie für außerordentlich wichtig. Die meisten Autoren waren sich offenbar nicht im klaren darüber, welches Santa Fé Hawkins meinte. Wir sind der Sache während unseres Aufenthaltes in Venezuela nachgegangen und haben folgendes festgestellt: Bei dem Hawkinsschen Santa Fé handelt es sich um die heute für Überseeschiffe vollkommen unbedeutende Hafenbucht von Santa Fé im Staate Sucre des östlichen Venezuelas. Das Küstengebiet dort hat ein heißes, semiarides Klima; infolgedessen wachsen hier keine Kartoffeln. Doch steigt im Hinterland des Hafens das Gebirge von Sucre auf 2640 m an, mit dem angenehmen Klima des feuchtkühlen tropischen Bergwaldes. Das ist in Venezuela ein bevorzugtes Kartoffel-Anbaugebiet. Die Bergtäler von Caripe an der Grenze der Staaten Sucre und Anzoategui, die wir eingehend daraufhin studierten, zeichnen sich gegenwärtig durch hervorragende Gemüsekulturen der temperierten Zone, u. a. Karotten, Kohl und Kartoffeln, aus. Während heute dort vorwiegend importierte Sorten kultiviert werden, hat man in prae-kolumbianischen Zeiten dort gewiß indianische Kartoffelsorten, ähnlich denjenigen, die man auch heute noch in den benachbarten Provinzen als Reliktkulturen antreffen kann (Brücher 1969), angebaut.

So wie heute noch die Landleute der Bergtäler von Sucre ihre Produkte entlang der ins Karibische Meer entwässernden Flüsse (z. B. des Manzanares) an die Küste bringen, so dürfte dies auch schon zu Hawkins Zeiten gewesen sein.

Wir kommen aus persönlicher Kenntnis der geographischen und agrarbiologischen Gegebenheiten der karibischen Küste und ihres gebirgigen Hinterlandes im Osten Venezuelas zu dem Schluß, daß Hawkins' Bericht über die Kartoffeln aus Santa Fé glaubwürdig ist.

Hingegen scheinen andere Autoren – die diese Region nicht aus eigener Anschauung kennen – gegenteilige Meinungen zu vertreten. Safford z. B. meint irrtümlicherweise (1925), daß Hawkins in Santa Fé deswegen keine Kartoffeln habe einhandeln können, weil „this was a region where potatoes were unknown at the time of Hawkins visit". Diese Feststellung ist ebenso falsch wie die Behauptung von Fuess (1938), daß es sich bei dem „erwähnten Santa Fé um „eine Stadt in Kolumbien" handle, woraus er folgert: „es ist erwiesen, daß Hawkins nie in Santa Fé de Bogota (sic. Br.) gewesen ist. Dort hätte er die Kartoffel finden müssen". Offenbar haben sich sowohl Fuess als auch andere Autoren durch eine Namensähnlichkeit von zwei Städten irreführen lassen und

„Santa Fé" in Kolumbien gesucht. SALAMAN machte allerdings eine (etwas abwegige) Einschränkung: „But wild potatoes do in fact occur in Venezuela . . . Prov. Sucre, where the potato has not, so far, been reported". Die erste Feststellung trifft zu (vgl. meine Beschreibung der venezolanischen Wildkartoffeln 1968–1970); die zweite ist inzwischen widerlegt worden. Die genannten Autoren waren der Ansicht, daß HAWKINS anstelle von *Solanum*-Kartoffeln eine andere Knollenfrucht, nämlich die „Süßkartoffel" (*Ipomoea batatas*) auf sein Schiff geladen habe.

Es scheint uns außer Zweifel zu stehen, daß HAWKINS durchaus der Unterschied zwischen Bataten und echten Kartoffeln bekannt war, denn die Batate bildete damals seit 50 Jahren schon einen geschätzten Schiffsproviant der spanischen Karavellen, die er auf seinen Kaperfahrten brandschatzte. Infolgedessen wäre es ziemlich ungewöhnlich, daß er bei seinem Aufenthalt in Santa Fé die dort häufige Batate mit so viel Lob bedacht haben sollte, wenn er in Wirklichkeit die Kartoffel beschreiben wollte.

Warum sollte HAWKINS nicht einige dieser „most delicate roots" auf seiner Rückreise nach England gebracht haben, um sie dort neben den von ihm zum Vergleich erwähnten „parseneps and carrots" auspflanzen zu lassen? Wer aber war für eine solche Aufgabe besser geeignet als der Hofbotaniker GERARD, der zugleich die Gärten von Lord BURGLEY, High Treasurer of Her Majesty, leitete und mit Raritäten versorgte?

Für einen vormaligen Bader aus der Livery Company (GERARD) und einen in den Adelstand erhobenen Piraten (HAWKINS) konnten erfolgreiche Introduktionen nützlicher Gewächse aus der „Neuen Welt" wesentlich zur Erhöhung ihres Status beitragen. Vergessen wir nicht, daß die sich zum Empire entwickelnde Seefahrernation England zur Versorgung der Flotte haltbaren Schiffsproviant brauchte. Hierbei konnte die neuentdeckte Lagerfrucht Kartoffel, zumal sie einen Schutz gegen die gefürchtete Seefahrerkrankheit Skorbut gewährte, von vitaler Bedeutung sein.

Gegen die Hypothese, daß es HAWKINS war, der die Kartoffel um 1566 nach England brachte, läßt sich natürlich anführen, warum dies dann dort nicht sofort publiziert wurde. Dazu ist folgendes zu bemerken:

1. Fähige Botaniker waren damals in England sehr selten und der Druck botanischer Werke zog sich über Jahre hin.
2. Exotische Pflanzen (z. B. auch Tulpen) galten als Raritäten von hohem ökonomischem Wert, die man vor der Öffentlichkeit möglichst verbarg, zumal ihnen die Apotheker auch oft geheimnisvolle Wirkungen und lebensverlängernde Kräfte zuschrieben.
3. Der Hofbotaniker GERARD mag durchaus 1566 seine Kartoffeln durch HAWKINS erhalten haben, verheimlichte aber ihre wirkliche Herkunft aus dem unbekannten Santa Fé, um sie mit einem besonderen Nimbus zu umgeben.
4. Als GERARD 1597 seine „Virginia Potato" botanisch beschrieb, machte er

eine (bewußt) falsche Angabe, wenn er schrieb: „I have received rootes hereof from Virginia". Den Grund zu dieser geographisch irreführenden Angabe könnten nur Eingeweihte entscheiden. Auf jeden Fall ist es verdächtig, daß entgegen der damaligen Gewohnheit nicht ausdrücklich der Name des Spenders einer solchen Rarität genannt wurde. Es ist bisher kaum beachtet worden, daß GERARD den Ausdruck „pappus" verwendet. „Papas" ist der Indianername für Kartoffeln, den er vielleicht in Santa Fé übernahm.

Knapp 400 Jahre nach dem mutmaßlichen Erwerb venezolanischer Indianerkartoffeln in der Hafenbucht von Santa Fé durch HAWKINS hatten wir die Gelegenheit, eine erneute Introduktion von Kartoffeln aus Venezuela nach Europa vorzunehmen. Wir verwendeten hierzu aber nicht die in den Paramos kultivierten Einheimischensorten (vgl. deren Beschreibung bei BRÜCHER 1969), sondern anscheinende Wildvorkommen aus den Bergen von Trujillo. Diese hatten wir an abgelegenen Plätzen schwer zugänglicher Hochtäler zwischen Steinmauern und Gebüschen gefunden, wo sie sich ohne jegliche menschliche Zuhilfe am Leben erhalten. Natürlich sind dies keine echten Wildkartoffeln, sondern bemerkenswert vitale Primitivkartoffeln, die früher von Einheimischen gepflanzt wurden. Sie sind ähnlich wie die „Ruderalkartoffeln von Basutoland" im Gebirge Südafrikas (vgl. BRÜCHER 1966), resistent genug, um in der freien Natur zu überleben. Erstaunlicherweise waren sie ähnlich wie diese (vgl. HEROLD 1965) relativ frei von Virus-Erkrankungen. Sie zeichneten sich durch auffallend große Blüten und lange Stengel und Stolonen aus.

Nach unserer Meinung dürften dies die letzten lebenden Zeugen derjenigen Indianerkartoffeln Neu-Granadas sein, die von den Chibcha in alten Zeiten kultiviert wurden, und ähnlich denjenigen, die HAWKINS vor 400 Jahren von den Eingeborenen in der Hafenbucht von Santa Fé einhandelte.

Bezüglich einer solchen Introduktion und Adaptation venezolanischer „Kurztags-Kartoffeln" in Mitteleuropa werden uns Kartoffelzüchter entgegenhalten, daß man bezweifeln kann, ob derartige Kurztags-Biotypen vom 11. Breitengrad überhaupt unter dem Langtag (50° nördl. Breite) Europas wachsen und tuberisieren können. Wir teilten selbst diese Zweifel, dennoch unternahmen wir den Versuch.

Die bereits vorgekeimten Knollen von 20 Nummern aus dem nördlichen Venezuela[7] wurden Anfang Juni 1969 in Kästen mit Gartenerde ausgelegt. (Standort: ein Garten in Erbach im Odenwald, 300 m über NN, 49° nördl. Breite). Wie nicht anders erwartet, zeigten die meisten Nummern unter den gegebenen klimatischen und photoperiodischen Bedingungen ein starkes, vegetatives Wachstum, entwickelten sehr lange, niederliegende (140–170 cm)

[7] Während meines dreijährigen Aufenthaltes in Venezuela hatte ich Gelegenheit, mich mit den bis dahin strittigen Fragen der dortigen Wildkartoffeln (insbesondere der HUMBOLDT'schen Funde von *S. caripense*) und den autochthonen – extrem großblütigen – Indianerkartoffeln zu beschäftigen (BRÜCHER 1966, 1968, 1969).

Stengel und große Blätter; doch ihr Knollenertrag blieb in der Regel gering. Infolge der Vorkeimung setzte die Blütezeit schon Mitte Juli ein, wobei einige Nummern die bekannten großen Corollen und auch Beeren ausbildeten. Offenbar war die Vegetationszeit in Erbach für die meisten Biotypen zu kurz, denn als Mitte Oktober leichte Fröste einsetzten, befanden sie sich noch in voller vegetativer Entwicklung und Laubentfaltung. Doch gab es unter den 20 Introduktionen eine besonders interessante Ausnahme: „Chacho-8". In der relativ kurzen Vegetationsperiode von 120 Tagen hatte sie eine beträchtliche Anzahl relativ großer Knollen ausgebildet. Sie zeichnete sich durch große carmoisinrote Blüten und vielgeteilte Blätter aus. Der Knollenertrag hielt einen Vergleich mit der unter gleichen Umweltbedingungen kultivierten BRD-Kartoffelsorte „Maritta" aus.

Die bemerkenswert gute Tuberisation von „Chacho-8" – aus dem tropischen Kurztag stammend –, unter den völlig verschiedenen mitteleuropäischen Langtagsbedingungen des Odenwaldes, ist eine weitere Bestätigung dafür, daß photoperiodische Argumente nicht verallgemeinert werden dürfen.

Ähnliche Beobachtungen haben wir übrigens schon vor einem Jahrzehnt an einer repräsentativen Sammlung von Kartoffel-Sorten des peruanischen Hochlandes (12° südl. Br.) bei Aufzucht unter den photoperiodischen und ökologischen Bedingungen der Ebene Mendozas (33° südl. Br.) gemacht, wo bestimmte Indianer-Sorten des Hochlands erstaunlich gute Knollenerträge lieferten.

Vieles von unseren hier entwickelten Ansichten, daß HAWKINS (nach 1565) aus dem venezolanischen Küstengebiet Kartoffelknollen nach England transportiert und dem Hofbotaniker GERARD übergeben habe, bleibt im Bereich des Hypothetischen. Doch sprechen außer einigen (etwas lückenhaften) historischen Überlieferungen auch gewisse morphologische Argumente dafür. GERARD hält auf seinem Konterfei einen *Solanum*-Zweig in der Hand, der extrem große Blüten hat. Dies wird in der Beschreibung der „Virginia Potato" bestätigt, und ferner ausdrücklich auf den niederliegenden Wuchs ihrer langen Stengel hingewiesen. In diesen Eigenschaften unterscheidet sich die „englische Kartoffel" von den Pflanzen, die bei PLANTIN-MORETUS oder CLUSIUS-BAUHIN dargestellt werden.

Auch die Blüten des Exemplars des Baseler Museums sind relativ klein. Hingegen ist bei vielen autochthonen venezolanischen Primitivkartoffeln bemerkenswert, daß deren Corollen 65–70 mm Durchmesser haben, also extrem groß sind, und oft auf dem Boden niederliegende, bis 150 cm lange Stengel bilden. Bei der venezolanischen Landsorte „Arbolona negra" haben wir den bisher größten Blütendurchmesser bei allen uns bekannten *S. tuberosum*-Biotypen überhaupt mit 70 mm festgestellt. Solche großen, eindrucksvoll lila-violett gefärbte Blüten können jederzeit als attraktiver Blütenschmuck verwendet werden. Bekanntlich wurde seinerzeit die Kartoffel dadurch „hoffähig", daß die französische Königin MARIE ANTOINETTE sich mit Blüten von *Solanum tuberosum* schmückte, was dann eine zeitlang als Mode imitiert wurde. Unsere jetzigen kommerziellen Kartoffelsorten haben keineswegs attraktive Blüten und erreichen im Durchmesser der Corollen kaum die Hälfte der venezolanischen Primitivsorten. Es scheint sich bei diesen großen Corollen um einen endemischen Charakter der *Solanum*-Cultigene des nördlichsten Teils der Anden zu handeln.

Ziehen wir nun aus diesen botanischen, erdkundlichen, geschichtlichen und seefahrtskundlichen Betrachtungen über die Einführung der Kartoffel nach Europa im 16. Jahrhundert ein generelles Fazit, so ergibt sich folgendes:

1. Mit großer Wahrscheinlichkeit haben Spanien und England zu verschiedenen Zeiten und unabhängig voneinander aus unterschiedlichen Regionen ihre ersten Kartoffeln erhalten.
2. Die Introduktion nach Spanien erfolgte möglicherweise um 1540, aber nicht später als 1560. Zwar gibt es keine Beweise, aber einige Hinweise darauf, daß die ersten Muster, die nach der iberischen Halbinsel gelangten, „pappas peruanorum" waren, also andine Kurztagformen, die aus der Zentralkordillere südlich des Äquators (8°–12°) kamen. Ob sie aber auch in Spanien gepflanzt und vermehrt wurden, wissen wir nicht.
3. Als Schiffsproviant wurden mit großer Wahrscheinlichkeit Kartoffel-Herkünfte aus der nördlichen Kordillere in den kolumbianischen Häfen Cartagena, Santa Marta auf spanische Karavellen verladen. Ihrem Standort nach waren dies ebenfalls Kurztags-Biotypen, die allerdings aus Gegenden 8°–11° nördlich des Äquators stammten. Solche Schiffsimporte wurden zuerst in der Umgebung der Anlegehäfen der spanischen Armada ausgepflanzt und gelangten von dort auch nach Sevilla, wo sie im Jahre 1570 auf dem Markt erscheinen.
4. Unabhängig davon, ob es sich bei diesen ersten Introduktionen in die Alte Welt nun um „nördliche" Chibcha-Indianerkartoffeln (Nueva Granada) gehandelt hat, oder ob es zentralandine Kechua-Aimara-Cultivare waren, gehörten sie dem andinen Formenkreis von *Solanum tuberosum* an (Sowjetische u. a. Autoren haben diese Formen in nomenklatorisch anfechtbarer Weise als „*Solanum andigenum*" bezeichnet).
5. Eine chilenische, oder exakter: Chiloé-Herkunft der ersten Kartoffelpflanzen Spaniens ist mangels Beweisen abzulehnen und scheidet auch in Anbetracht des außerordentlich schwierigen Transportweges aus. Ferner spricht dagegen, daß die Insel Chiloé (das angebliche „Genzentrum für *S. tuberosum*" im Glauben mancher Autoren) in der fraglichen Epoche noch gar nicht von den spanischen Truppen unterworfen worden war. Die südlichen Pazifikhäfen Ancud, Puerto Montt oder Valdivia kommen damit als hypothetische Verladeplätze für Kartoffeln nach Spanien nicht in Betracht. Daß aber Kartoffeln den außerordentlich langen Transportweg via Magellanstraße, oder Kap Hoorn lebend überstanden haben sollen, hat bereits Salaman 1949 geistvoll widerlegt.

6. Es gibt mehrere Gründe anzunehmen, daß England unabhängig von den spanischen Introduktionen seine eigenen Indianerkartoffeln aus Südamerika erhielt. Vermutlich kamen sie mit Kaperschiffen englischer Kapitäne ab 1566 dorthin. Die Insel Chiloé scheidet hierfür als Ursprungsland vollkommen aus, hingegen sprechen mehrere Indizien für „Nueva Granada", d. h. die nördliche Kordillere im heutigen Venezuela-Kolumbien. SALAMAN hielt schon 1946 eine solche nördlich-andine Herkunft für möglich. Bekanntlich hatten die frühesten englischen Sorten dichter belaubte und breitere Blätter, wie überhaupt der Blatt-Index der Tuberosum-Gruppe höher als bei den zentralandinen Einheimischenkartoffeln ist. Die kolumbianischen Landsorten der Gegenwart zeichnen sich durch relativ hohen Blatt-Index aus. Man kann also annehmen, daß die alten Chibcha-Kartoffeln dichtere Blätter mit hohem Blatt-Index besaßen, ähnlich wie die frühen Sorten, die man im 17. Jh. in England kultivierte. Zusätzlich kann man noch anführen, daß GERARD's Kartoffeln auffallend große Blüten besaßen, ein Charakter der in venezolanischen Primitivkartoffeln häufig, hingegen bei zentralandinen selten ist, bzw. völlig fehlt.
7. Bei aller Vorsicht, die man bei Auswertung mittelalterlicher Zeichnungen und Beschreibungen für botanische Zwecke walten lassen muß, führen uns diese immerhin in Verbindung mit den ersten Herbarium-Exsiccaten von *Solanum tuberosum* zur Ansicht, daß die Kartoffeln des CLUSIUS und GERARD verschiedenen Ursprungs sind. „There is good reason to think that the potato described by GERARD, which is clearly distinct of that of CLUSIUS, was derived independently" (SALAMAN 1949).

E. Historische Zeugnisse über die frühe Ausbreitung des Kartoffelanbaus in Europa

Um 1600 war die Kartoffelpflanze noch eine sorgsam gehütete Rarität der Ärzte und Apotheker des westlichen Europas, oder eine kuriose Attraktion in den Lustgärten von Fürsten und Königen. Das wird dadurch unterstrichen, daß päpstliche Legaten (1587) oder Könige in der Übermittlung einiger Knollen ein fürstliches Geschenk erblickten, wie z. B. der König von England (1594) an den Herzog von Hessen (vgl. hierzu ELSHOLZ, 1684).

Als wichtig ist hierbei aber festzuhalten, daß auf diese Weise sich auch bald die verschiedenen Introduktionen aus Südamerika (Zentralanden, Nördliche Anden) vermischt haben können. Sie kamen aus Spanien – Italien einerseits (SIVRY, CLUSIUS), und aus England (GERARD, HAWKINS) durch Geschenke des englischen Hofes andererseits.

Auch wenn die Unterlagen hierfür außerordentlich spärlich sind, kann man wohl von zwei Import-Quellen (Spanien – England) ausgehen, deren Ströme sich bis zur Mitte des 17. Jh. auf mitteleuropäischem Boden wieder vereinigten.

Hungerjahre und durchziehende fremde Heere, vor allem im Gefolge der Verwüstungen des Dreißigjährigen Krieges, beschleunigten diesen Vorgang.

In **Italien**, wohin Kartoffeln schon in der Mitte des 16. Jh. aus Spanien eingeführt worden waren, gab es an vielen Stellen kleine Anpflanzungen. Nach Pater Magazzini aus Valombrosa (gemäß einem posthum 1623 publizierten Bericht) hatten Barfüßer-Mönche diese Kartoffeln von Spanien nach Italien gebracht (zitiert nach Wittmack 1909). Das wird in gewissem Grade auch durch die Notiz bei Edouard de Bergés (1860) bestätigt, wenn er schreibt: „En Italie, un humble moine, nommé Hieronymus Cardanus, rapporte ce tubercule du PEROU, vers la même époque ou celui ci fuit introduit en la Angleterre".

In **Groß-Britannien** galt die Kartoffel im 16. Jh. noch als Kuriosität und Medizinalpflanze, die man mit vielerlei Aberglauben umgab (Dawson, 1596), bzw. von Parkinson (1629) folgendermaßen charakterisiert wurde: „The Virginia potato beeing dressed after all these waies before specified . . . they astringe, are moderately diuretick, stomatick, analeptick and spermatogenetick and provoke lust . . ."

In **Irland** setzte sich der Kartoffelanbau schneller als in den übrigen Ländern der britischen Krone durch (Davidson, 1936). Das milde Klima entsprach der langen Vegetationsperiode der frühen *Solanum*-Introduktionen.[8] Als im Jahre 1662 in Irland eine schwere Hungersnot ausbrach, hatte sich der Kartoffelanbau schon so weit ausgebreitet, daß dank der vorhandenen Vorräte – wie der Physiker Boyle berichtet – Tausende von Menschen durch diese neue Ackerfrucht gerettet wurden. Hingegen brauchte es in Schottland und England fast ein Menschenalter mehr, bis sich dort Kartoffeln einbürgerten. In Schottland werden sie ab 1739 als allgemeine „fieldcrop" registriert. Bradley gab ihnen 1719 noch eine geringere Bedeutung als Sellerie, Möhre oder Zwiebel. George Rye (1730) erwähnte nur 5 Sorten, unter ihnen eine schwarzschalige als die beste, weil sie Knollen von 10 cm Durchmesser liefere.

In **Deutschland** (bzw. den damaligen deutschen Dynastien) verbreitete sich das neue Wurzelgewächs bald über das ganze Territorium. Aus Breslau werden im Jahre 1587 (nach Rodiezky 1878) Kartoffelpflanzen aus Apothekergärten berichtet. Der Botaniker Camerarius pflanzte sie in seinem Kräutergarten zu Nürnberg schon im Jahre 1588. In Hessen-Darmstadt wuchsen Kartoffelpflanzen nachweislich seit 1590 (aber wahrscheinlich schon früher), die dorthin direkt aus Italien an den Landgrafen Wilhelm IV. geschickt worden waren, während der Herzog Julius von Hessen-Kassel fünf Knollen vom englischen König erhielt. Ersterer machte diese wiederum 1591 dem Kurfürsten Christian von Sachsen zum Geschenk. Nach Fuess (1935) sollen auch im kurfürstlichen Palais zu Berlin schon 1594 Kartoffeln kultiviert worden sein. Johann Colerus

[8] Staffort (1663) „. . . those roots, although they came at first from the Indies (?) yet prosper well in Ireland, where there are whole fields of them . . ."

erwähnt in seinem 1592 zum ersten Mal in Wittenberg erschienenen „Haushaltungsbuche“ die Kartoffel noch als ziemliche Seltenheit in den preußischen Hausgärten. Aus Bayern gibt es begreiflicherweise aus früher Zeit keine Angaben über Kartoffeln. Auch nach Württemberg gelangten sie spät, möglicherweise erst um 1710 durch die Waldenser-Siedlungen. Im Vogtland wurden sie schon um 1648 gepflanzt. Nach Sachsen sollen sie um 1720 durch den General MILLAU „als einzige glückliche Kriegsbeute“ (wie PUTSCHE 1819 schreibt) gebracht worden sein. Doch meint er, daß man sie dort lange noch für eine der Gesundheit schädliche Pflanze ansah, weil sie zu den „Nachtschattengewächsen“ gehöre, deren Giftigkeit man allgemein fürchte. In Niedersachsen und Westfalen wird die Kartoffel als landwirtschaftliche Kultur um 1640 empfohlen. In Hessen-Starkenburg hatte sich der Anbau um diese Zeit schon so weit ausgedehnt, daß die Kirche sich davon einen „Zehnten“ bezahlen ließ. Allerdings wurde damals die Kartoffel oft nur als Viehfutter verwendet und wie KRÜNITZ noch 1779 schrieb, ist sie als Nahrung „dem gemeinen Manne nicht eher als 1650 in einigen Gegenden bekannt geworden“.

Die Regierung von Baden erließ im Jahre 1695 eine Anordnung, die den „Zehnten“ bei Kartoffeln betrifft. Die preußischen Könige FRIEDRICH WILHELM I. und FRIEDRICH II. machten sich um die Ausweitung des Kartoffelanbaus besonders verdient, doch scheint bei ihnen auch dessen Nützlichkeit für die Verpflegung des Militärs eine maßgebliche Rolle gespielt zu haben. Im Jahre 1764 ließ der König FRIEDRICH II. Pflanzgut gratis verteilen und gab folgende Kabinettsorder über Kartoffeln heraus: „Wir haben mit nicht geringer Verwunderung vernehmen müssen, daß wie gegen alle nützlichen Einrichtungen, also auch gegen die dem Landmanne so vorteilhafte Anpflanzung der Kartoffeln an einigen Orten ein Vorurteil herrscht“ . . . Zur Durchsetzung des Kartoffelanbaus sehe sich der König daher gezwungen, zu Sanktionen zu greifen. Als in der Umgebung von Kolberg 1774 eine Hungersnot ausbrach, ließ der preußische König Wagenladungen von Kartoffeln dorthin senden. Doch hörte man dort „daß dies Zeug zu nichts tauge; nicht einmal die Hunde fressen es“. Es mußten Grenadiere eingesetzt werden, damit die starrköpfigen Bauern schließlich dort Kartoffeln pflanzten (FREIHERR 1820).

Die Not und Teuerung des Jahres 1770 vervollständigte den Durchbruch der Kartoffel als Volksnahrungsmittel, denn wie PUTSCHE darüber 1819 schreibt: „. . . ohne die Kartoffeln wäre vielleicht die Hälfte der Bevölkerung Deutschlands durch Hunger umgekommen.“

Der gleiche Autor weist aber auf einen weiteren Fortschritt hin und sagt: „Nun werden sogar Versuche zu ihrer Veredelung gemacht, indem man sie durch den Samen zu vermehren, und die edleren Sorten von den schlechteren sorgfältig zu trennen bemüht war.“

SIMON, ein Pfarrer der Grafschaft Leiningen, nahm 1782 Kreuzungen mit Kartoffelblüten vor und zog aus den Beeren Hybriden-Sämlinge auf. Seine „Sortenbeschreibung“ dürfte der erste Versuch einer Kartoffel-Systematik in deutscher Sprache sein. Doch verwendete er als Unterscheidungsmerkmale weniger morphologische Faktoren als wirtschaftliche Charaktere, wie Reifezeit und Knolleneigenschaften.

Hoppe (1747) kannte ebenfalls schon eine Reihe von Landsorten, und er beschrieb 5 Sorten, die in der Umgebung der Stadt Gera angebaut wurden, aufgrund ihrer Blüten- und Knollenmerkmale. Damals machte sich schon eine gewisse Namensverwirrung bei vielen lokalen Klonen bemerkbar.

In **Frankreich** dehnte sich der Kartoffel-Anbau im 17. Jh. nur langsam aus, obzwar gerade der Süden des Landes hierfür besonders geeignet war. Wie Serres berichtet, erzielte man dort seit 1600 nur geringe Erträge bei schlechter Qualität. Das veranlaßte Champier noch 1749 zu schreiben (zitiert nach Lechnovitz, 1961): „. . . Nach allgemeiner Meinung ist es das schlechteste Gemüse, jedoch das „Volk", der größte Teil der Bevölkerung, nährt sich davon." Andererseits bestanden besondere Vorurteile gegen den Kartoffelgenuß, z. B. in Burgund, wo man glaubte, daß sie Lepra hervorrufe. Um diese Legende zu unterdrücken, mußte noch im Jahre 1761 der Intendant der Präfektur von Limoges rigorose Anordnungen erlassen. Es wurden Schau-Essen mit anschließender Verteilung von Pflanzgut veranstaltet. Die Hungersnot des Jahres 1770 trug wesentlich zur Änderung dieser rückständigen Haltung des einfachen Mannes bei. Außerdem setzte sich der Monarch in Versailles für „la pomme de terre" ein und ließ sie in seinen Lustgärten anpflanzen. Die Königin Marie Antoinette verwendete Kartoffelblüten als erlesenen Blumenschmuck und der Höfling Parmentier entwarf Kartoffelrezepte (Parmentier, 1781).

Die Faculté de Medicine hob 1771 einen über *Solanum tuberosum* lastenden unwissenschaftlichen Bann auf und erklärte nun kategorisch, daß ihre Knollen eine gesunde Nahrung bilden und jeder Verdacht, daß sie Krankheiten fördern, gegenstandslos sei. Parmentier, der mit dem Kartoffelverzehr in Preußen während seiner Gefangenschaft vertraut wurde, schrieb folgendes: „Convainçu, qu'il est le devoir d'un véritable citoyen de diriger la science qu'il cultive vers le bonheur de la societé, j'ai toujour pensé que l'art des subsistances devoit faire l'occupation la plus serieuse de l'homme." In diesem Sinne propagierte er diese exotische Frucht und berichtet, daß es 1789 in Frankreich 11 Sorten gab, deren Anbau sich nach vier Jahren immerhin auf etwa 35000 ha ausgedehnt hatte. Doch schon 50 Jahre später zählte Vilmorin 221 Varietäten auf. Nach Malpeaux (1899) hatte deren Zahl sich um die Jahrhundertwende schon auf 600 erhöht, wenn er konstatierte: „La pomme de terre s'est naturalisée si parfaitement parmi nous." (Vgl. auch Henze 1886).

Nordamerika erhielt die Kartoffelpflanze viel später als im allgemeinen vermutet wird. Sie ist nicht im 16. Jahrhundert direkt aus Südamerika dorthin gelangt – wozu Gerüchte über Raleighs Reisen Anlaß gaben –, sondern erst zu Beginn des 18. Jahrhunderts. Irische Auswanderer brachten nachweislich 1719 aus Europa Kartoffeln nach New Hampshire. Demnach war der „Gene-Pool" der ersten nordamerikanischen Kartoffel-Sorten außerordentlich begrenzt.

Erst nachdem im 19. Jahrhundert der Pflanzer Rey Goodrich (1851) durch Vermittlung des nordamerikanischen Konsuls in Panama (damals noch zu Kolumbien gehörend) eine Reihe südamerikanischer Landsorten erhielt, verbesserten sich die Züchtungsmöglichkeiten. Allerdings halten wir es für unwahrscheinlich, daß der vielzitierte „Rough purple Chili"-Klon aus Chiloé stammt, wie gelegentlich in der Literatur behauptet wird. Immerhin dürfte er an der Genealogie von „Garnet Chile" und „Early Rose" beteiligt sein.

Nach **Rußland** kamen die ersten Kartoffeln (Lechnovitz, 1962) durch Peter I., der im Jahre 1697 aus Holland einen Sack Kartoffeln an den Feldmarschall Scheremetjew schickte. Schriftliche Angaben über Kartoffelanbau im nordwestlichen Rußland finden sich allerdings erst in einem späteren Samenkatalog aus „Petersburg". Im Jahre 1764 werden Kartoffeln in den Gärten von Kiew gepflanzt. Georgi (1775) fand auf seinen Reisen vielfach Kartoffeln, die einen altertümlichen Eindruck machten, er schreibt darüber: „Viele russische Bauern pflanzen Erdtoffeln, die noch von dem vom Medizinischen Collegio ausgeteilten Samen herstammen." Im östlichen Sibirien (Irkutsk) entstanden zwischen 1765–68 sogar schon lokale Sorten, wie Beresowski berichtete. Gegenwärtig ist die Sowjetunion mit etwa 8 Millionen Hektar (1971) einer der wichtigsten Kartoffelproduzenten. Der Anbau erstreckt sich dort bis zum 66° nördl. Br. und erstaunlicherweise gibt die Sorte „Frühbote" (mündl. Mitteilung durch Kameraz) dort sehr gute Erträge.

In **Skandinavien** wurde die Kartoffel zuerst im Botanischen Garten von Uppsala (1658) als exotische Kuriosität gepflanzt. Doch relativ rasch gelang es, dieses ursprünglich aus dem tropischen Breiten stammende Gewächs dem extremen Langtag dieser Zone „anzupassen". Hierbei machte sich vor allem Alström (1727) verdient. Seit langem verfügen nun schon Schweden, Norwegen und Finnland über Lokalsorten, die ihrem Klima und ihrer besonderen Photoperiodik adäquat sind.

Die Klage von Krünitz aus dem Jahr 1785 über die Schwierigkeiten und Widerstände, die fast 100 Jahre lang der Ausbreitung der Kartoffel in Mitteleuropa im Wege standen, ist insofern immer noch aktuell, als sie auch für später eingeführte Kulturpflanzen wie Soja, Lupine, Tomate in unserer eigenen Epoche gilt. Wir geben sie daher im Wortlaut im folgenden wieder:[9]

„Die Kartoffel ist eine ursprünglich amerikanische Erdfrucht, welche seit fünfzig Jahren wegen der außerordentlichen Fruchtbarkeit und des vielfachen Nutzens bei uns und unseren Nachbarn fast einheimisch geworden ist . . . Man sieht aus der Geschichte, wieviel Zeit erforderlich ist, bis man die großen Vorteile der Anpflanzung dieser neuen Frucht, die doch so augenscheinlich ist, allgemein erkannte und die Vorurteile überwand, die sich dagegen – wie gegen alles Neue – setzten. Teuerung, Hunger und Mangel mußten an vielen Orten

[9] Wir haben hier – sowie bei anderen Textzitaten aus alten Schriften – nicht die originale, altertümliche Orthographie beibehalten, sondern uns der neuzeitlichen Schreibweise bedient.

den Leuten vorher die Augen öffnen, ehe sie dieses herrliche Geschenk der Natur schätzen lernten und sich entschließen konnten, den Kartoffelbau auf den Feldern einzuführen." (S. 239). Weiter unten fährt KRÜNITZ fort: „Bei dem gewöhnlichen Eigensinne des gemeinen Landmannes und der Unwissenheit derselben in Ansehung des vielfachen Nutzens dieser Erdfrucht mußten obrigkeitliche Befehle und Drohungen die Einführung des Kartoffelbaus befördern helfen."

Im Gefolge des obligatorischen Anbaus der Kartoffel in Mitteldeutschland setzte sich dort auch endgültig der Name dieser Nutzpflanze durch. Während sie bei GERMERSHAUSEN und seinen Zeitgenossen häufig noch als „Erdtoffel – Erdtrüffel" bezeichnet wurden, verbreitete sich im 18. Jahrhundert immer stärker der Ausdruck „Kartoffel", wenn sie auch in Hessen weiterhin „Grundbirne = Grumbaern" oder in Bayern „Erdaepfel" genannt wurden. PUTSCHE (1819) sagte: „Unter allen diesen verschiedenen Benennungen hat sich inzwischen jedoch der Name Kartoffel am meisten verbreitet und scheint nachgerade alle übrigen zu verdrängen."

Interessanterweise begann damals schon eine bewußte Beerenauslese und Samenaufzucht. Aus Arbeiten des Prof. SANDER (1780 in Karlsruhe) kann man vermuten, daß zielbewußte Kreuzungen zwischen Landsorten mit anschließender generativer Selektion erfolgten, wobei Plusvarianten selektiert und negative Staudenauslese planmäßig gehandhabt wurden. Darauf deutet die rasch anwachsende Zahl der unterschiedlichsten Handelssorten hin (GLEDITSCH, 1767).

Selbst der Vorteil vorgekeimter Knollen war schon bekannt. SAMUEL ENGEL zählt 1773 schon 40 verschiedene Kartoffelsorten auf. Zwei häufig gebrauchte Namen waren „Perücken (mit gekräuselten Blättern, also vermutlich virusinfiziert) und „Jakobs Erdapfel", weil um den Jakobitag (25. Juli), also schon recht früh, reifend.

Die Zuckerkartoffel hatte GERMERSHAUSEN (1785) schon als eine „alte Sorte" bezeichnet; sie dürfte darum schon am Ende des 17. Jh. existiert haben. Ebenso hielt sich die Geisberger, die auf die Mitte des 18. Jh. zurückgeht, recht lange. (Ihren Namen hat sie vom unterelsässischen Geisberg).

KRÜNITZ (1785) gab eine mehr detaillierte Sorten-Einteilung nach Reifezeit und Knolleneigenschaften und unterscheidet in:

a) weiß-gelbe Knollen; mit weißen Blüten, runden, leicht abgeplatteten Knollen

b) rotschalige Knollen, mit weißen oder karmoisinfarbenen Blüten. Knollenfleisch weiß, oft mit rosa Gefäßbündeln im Innern, Knollenform oval, Geschmack minderwertig, schlecht lagerfähig.

Nach GERMERSHAUSEN (1785) gab es im 18. Jahrhundert folgende „Erdtoffeln":

Frühreife Sorten (schon im Juli/August reifend):

1. frühe gelblich-graue

2. frühe weiße „Saumagen"
3. frühe, längliche, rote „Nudelpotato"

Spätreife Sorten:

4. blaue Knollen, „plattrunde potato", lange haltbar
5. holländische Kastanienkartoffeln, zarter Geschmack
6. Polnische oder Kuh-Erdtoffel, nur als Viehfutter

Aus den von uns studierten Quellen des 18. Jahrhunderts läßt sich nicht entnehmen, daß damals (also etwa bis 1820) die Krautfäule (*Phytophthora*) bemerkenswerte Verluste angerichtet hätte. Weder GERMERSHAUSEN, KRÜNITZ, HOPPE oder PUTSCHE erwähnen sie oder schreiben der Fäule größere Bedeutung zu. Doch zwischen 1845–1848 trat plötzlich *Phytophthora* als eine der verheerendsten Epiphytozien auf, die Europa überhaupt kennen lernte. Woher diese Krankheit so überraschend kam, und warum sie vor allem bei den Kartoffeln in Irland so verheerenden Schaden verursachte, konnte nie völlig aufgeklärt werden. Es ist bekannt, daß deswegen eine Hungersnot in Irland ausbrach, die Millionen von Iren zwischen 1847–1850 zum Auswandern zwang und sozialpolitische Wirkungen bis nach Nordamerika hatte. Die *Phytophthora*-Seuche der Jahre 1917/1918 führte Deutschland zum „Kohlrübenwinter" im ersten Weltkrieg.

Wir vermuten, daß diese Krankheit aus Zentralamerika durch Kartoffel-Transporte – z. B. aus Mexiko – nach Europa gelangte. Bekanntlich existieren im Toluca-Tal mehr als 15 Rassen dieses Pilzes. Ohne den mißverständlichen Begriff „Genzentrum" hier etwa im Sinne LEPPIKS (1971) anwenden zu wollen, könnte man Mexiko als den Ausstrahlungsraum der Kartoffelfäule bezeichnen. Allerdings läge dann das Genzentrum der Speisekartoffel und ihres wichtigsten Pathogens *Phytophthora* über 5000 km auseinander! Die Resistenz gegen Kartoffelfäule stammt im wesentlichen aus Wildkartoffeln (*S. demissum*, *S. stoloniferum*) der mexikanischen Gebirge und nicht aus den südamerikanischen Anden. Dieses Faktum unterstützt keineswegs das Theorem VAVILOV's, daß man im mutmaßlichen „Genzentrum" eines Kultivars auch die Gene für Krankheitsresistenz fände (vgl. meine Widerlegung VAVILOVS, 1971).

Hinsichtlich der Kartoffel-Virosen und ihrer nachträglichen Ausbreitung in der Alten Welt sind wir fast nur auf Vermutungen angewiesen. Es ist durchaus denkbar, daß schon mit den ersten Introduktionen auch virusverseuchte Knollen den Atlantik überquerten. In England wurde zuerst eine Blattrollkrankheit wahrgenommen, die man „Curl" nannte und vermutlich durch Blattroll-Virus verursacht war. Im Jahre 1780 wurde eine „Kräuselkrankheit" im Rheintal beobachtet. HOPPE (1747) beschreibt aus Wolfenbüttel das Auftreten von merkwürdig deformierten Kartoffelpflanzen, die er wegen der besonders krausen Blätter „Perücken-Erdappel" nannte. Wir vermuten, daß es kombinierte (Virus X u. Y) Symptome waren. MAXWELL (1757) beobachtete in England (zit. nach KLINKOWSKI 1960) zum ersten Mal „Degeneration" bei

Kartoffeln. Von SIMON (1782) gibt es ein Buch über die „Abartung der Kartoffel", woraus man schließen kann, daß damals die „Abbau-Krankheit[9a] = Degeneration" schon bedrohlichen Charakter angenommen hatte. Er sagt: „Da auch leicht zu erachten ist, daß die Pflanzen, die man seit dem Anfang dieses Jahrhunderts nur immer durch Knollen fortgepflanzt hat . . . endlich ausarten . . ., so hält man es für gut und nützlich . . ., die Kartoffeln von Samen zu erziehen . . ."

„Wenn man auf diese Art verfährt, so erhält man schon im ersten Jahre Kartoffeln von der Größe eines Hühnereies. Solche gesäten Kartoffeln bringen zuweilen ganz neue „Gattungen" (gemeint sind „Sorten", BR.) hervor . . . und können 14 Jahre lang als Setzkartoffeln gebraucht werden, ohne sonderlich auszuarten."

Wie ersichtlich, machte man sich schon am Ende des 18. Jh. darüber Gedanken, wie man dem drohenden „Abbau" in den Kartoffelfeldern Herr werden könne und ging vollkommen richtig zur Samen-Vermehrung bei Kartoffelpflanzen über. Man beobachtete u. a., daß eine rotschalige Sorte wesentlich abbauanfälliger war als andere. Darum sagt GERMERSHAUSEN (1785): „Die Ausartung der roten Kartoffel ist ein Übel . . ., das sich immer weiter ausbreitet . . . und man sehr geringen Ertrag davon hat." Hingegen trüge eine weißschalige Sorte reichlich. Doch glaubte er, daß diese – trotz phänotypischer Gesundheit – das Übel der Abbau-Krankheit auf die „rotschalige Sorte" übertrage, wenn beide zusammen gepflanzt würden. Aus diesem Grunde wurde getrennter Anbau empfohlen. Offenbar war man sich (ohne zu ahnen, welche ursächliche Bewandtnis es mit Virus-Transmissionen hatte) schon darüber klar, daß „Abbau" eine übertragbare Krankheit war. Man wußte auch, daß Gebirge „Gesundlagen" darstellten, wo man besseres Pflanzgut erzeugen konnte.

Hingegen galt die Pfalz bereits damals (vermutlich wegen ihres starken Obstbaus u. a. mit Aprikosen und Pfirsichen) nach GERMERSHAUSEN als ausgesprochenes „Abbau-"-Gebiet für Kartoffelpflanzungen. Virus-verseuchte Pflanzen wurden dort „Narren" genannt. „Es sind ausgeartete Sorten und durch ihr „Blühen" (? BR.) verderben sie die guten. Beim Ernten müssen die Wurzeln solcher Narrenpflanzen sortiert und von den guten Knollen getrennt werden." Ferner wird ganz richtig empfohlen, die kranken Pflanzen schon frühzeitig mit der Sichel abzuhauen.

Auf jeden Fall ist bemerkenswert, daß man sich in dieser Vor-DARWIN-MENDEL-Epoche darüber klar war, daß der zunehmende „Abbau" etwas mit der asexuellen klonalen Vermehrung zu tun hatte, und daß ein krankmachendes Agens von den infizierten auf gesunde Pflanzen übertragen wurde.

[9a] Eine interessante Frage ist es auch, inwieweit die Ankunft neuer Nutzpflanzen nach der Entdeckung Amerikas (vor allem Mais und Kartoffel) die Bevölkerungsentwicklung in Europa beeinflußte.

F. Selektion und Multiplikation der ersten europäischen Zuchtsorten

Daß im 18. Jh. ein wachsendes landwirtschaftliches Interesse an *Solanum tuberosum* entstand, geht schon allein aus der starken Vermehrung der Kartoffel-Literatur hervor. Seit der Veröffentlichung von TOBIAS HOPPES Buch über „Die knollichten und essbaren Erdäpfeln" im Jahre 1747 bis zum Erscheinen von PUTSCHE's „Monographie (1819), kamen weitere 32 Bücher in deutscher Sprache über Kartoffel-Anbau heraus.

Doch ließ immer noch die Qualität des Produkts ziemlich zu wünschen übrig. So klagte BURGER (1818) darüber, daß man zwar in Oesterreich äußerlich ansprechende Sorten mit glatten, großen Knollen, mit weißem Fleisch und hübscher roter Schale produziere, daß diese aber kaum genießbar wären, denn „sie erregen ein Kratzen und Brennen im Halse." Noch bis in die Anfangsjahrzehnte des 19. Jh. hielten sich in Böhmen und in der Ostmark solche Sorten geringer Qualität, aber relativ hohen Ertrags. So gab es z. B. die „Howard-Kartoffel", die zwar wegen ihres Geschmacks zurückgewiesen, aber als Futterkartoffel geschätzt wurde.

Aus den Abbildungen der damaligen Kartoffeln geht ferner hervor, daß in der Regel die Augenlage ziemlich tief und die Knollenform unregelmäßig war.

Umsomehr wurde damals die „Zuckerkartoffel" gelobt, offenbar eine Sorte mit guter Qualität, aber ziemlich kleinen Knollen. Sie erscheint schon bei KRÜNITZ (1779) als „gelbfleischige Zuckerkartoffel" und erwies sich als außerordentlich langlebiger Klon.

Sie dürfte nach WOLLENWEBER (1922) in direkter Aszendenz zu der noch um 1920 in ganz Deutschland angebauten „Mülhauser Zucker" gestanden haben. Ihre Sämlinge galten als „sortenecht", d. h., die Nachkommenschaften aus Beeren-Aussaat spalteten kaum auf. Das weist darauf hin, daß es sich um eine weitgehend homozygote Primitivsorte gehandelt haben muß. Vermutlich hatte sie infolge Fehlens von Heterosis nur kleine Knollen und geringen Ertrag. Wir schließen daraus, daß nicht alle Kartoffelsorten jener frühen Epoche aus einem vegetativen Nachbau der ersten *Solanum*-Introduktionen aus Amerika hervorgegangen waren, sondern, daß schon frühzeitig eine Differenzierung aufgrund von Sämlings-Aufzuchten (nach vorausgegangener bewußter Kreuzung – vgl. SIMON, SANDER im 18. Jh.) und gelegentlichen Sproß-Mutanten erfolgte.

Die hohe Beerenzahl einiger Primitivsorten muß geradezu zum Experimentieren mit Kartoffelfrüchten (sie wurden auch gegessen!) verlockt haben. Die Aufzucht von Sämlingspflanzen lag durchaus im Bereich der damaligen gartenbaulichen Möglichkeiten.

Die von PUTSCHE (1819) beschriebenen primitiven Kartoffelsorten bekräftigen unsere Behauptung, daß man in Westeuropa noch bis ins 19. Jahrhundert Klone anbaute, die den andinen Kartoffeln recht ähnlich waren. Es scheint, daß die meisten dieser Primitiv-Sorten unter den verheerenden Wirkungen der

Phytophthora-Epidemien zwischen 1840 und 1850 ausstarben und durch morphologisch und physiologisch andere Biotypen ersetzt wurden.

Wir halten die Publikation von PUTSCHE für wichtig genug, um daraus im folgenden einiges zu zitieren.

Man pflanzte zu seiner Zeit sowohl Früh- als auch Spät-Kartoffeln an. Von den ersteren berichtet PUTSCHE eine erstaunlich rasche Reifezeit.

Von den spätreifenden Sorten ist bemerkenswert, daß bei einigen selbst im fortgeschrittenen Herbst „das Kraut gar nicht abzusterben pflegte." Das heißt, diese Biotypen waren photoperiodisch nicht hinreichend für die europäischen Bedingungen selektiert worden. Als Maximalgröße von Knollen später Sorten werden 20 Zoll (!) Länge und 8 Zoll Breite angegeben (?). Deren Gewichte sollen dementsprechend 5, 8 ja sogar 10 Pfund betragen haben. Als Pflanzenhöhe werden Maximalwerte von über 180 cm (6 Fuß) angegeben. Die Stolonen vieler Sorten waren sehr lang und die Knollen lagen dementsprechend nicht am Fuß der Pflanze, sondern weit verstreut, an zähen Fasern, welche oft eine Länge von 60 cm erreichen. Die Knollengröße konnte je nach Sorte verschieden sein, „bald wie eine Erbse, bald wie eine Faust, bald wie ein Kinderkopf groß."

PUTSCHE wurde zum ersten „Bereiniger" der deutschen Kartoffelsorten-Liste, die bekanntlich noch hundert Jahre später infolge zahlreicher Doppelbenennungen ziemliche Schwierigkeiten machte. Er schreibt: „Um also in dieses Chaos einige Ordnung zu bringen, war es durchaus notwendig, jede Sorte selbst anzubauen . . ." Zur Veranschaulichung der Knollenunterschiede bediente er sich Nachbildungen aus Wachs und gut kolorierter Abbildungen. Hinsichtlich Form und Farbe trifft man in der PUTSCHE-Sammlung eine Vielgestalt, wie sie nur noch von den indianischen Einheimischenkartoffeln Südamerikas übertroffen wird. Doch während sie in ihrem Heimatland gänzlich verschiedenen Zwecken und manchmal sogar rituellen Bestimmungen zugeführt wurden, (tintig violette Knollen werden dort zum Färben benutzt, andere werden ausschließlich zur Bereitung der Chuno-Konserve durch Gefriertrocknung angebaut), zog man in Westeuropa die gelbschaligen, hellfleischigen Landsorten vor, wie PUTSCHE 1819 ausdrücklich erklärt (vgl. auch Abb. 3).

PUTSCHE's Monographie der Kartoffel (1819) ist eine Fundgrube von interessanten Daten. Wir geben daraus folgendes wieder:

„Es ging dem Kartoffelbau bisher ebenso, wie der Obstkultur in Teutschland. Es sammelten sich eine Menge Arten von ganz verschiedenem Gehalt und Wert, die man willkürlich benannte und die der sorglose gemeine Mann nicht gehörig kannte . . . Durch betrügerische Spekulationen (gab es) noch vermehrte Namen- und Sachverwirrung. . . . Der Bauer und gemeine Landwirt pflanzte aus Unkenntnis ihres Wertes oder Unwertes allerlei Sorten durcheinander, verstand ebensowenig ihre Kultur und sah sich oft in seinen Erwartungen getäuscht. Von einer großen Anzahl von uns gepflanzter und geprüfter Kartoffelarten haben wir nur 33 vorzügliche der Kultur in Teutschland würdige . . . und empfehlungswerte Sorten ausgewählt."

„Zuckerkartoffel" = Buschkartoffel

Ihre Knollen werden wegen hervorragender Qualität gerühmt; sie sind weißfleischig, im Licht fast durchscheinend, wie Speck. Ihre Haltbarkeit muß außerordentlich gut sein, denn sie überdauern 8 Monate (Ernte im Oktober, bis Juni verwendbar). Eine Staude kann bis 150 Knollen liefern, die allerdings oft nur von Walnuß-Größe sind, aber als sehr wohlschmeckend bezeichnet werden. Die Knollen haben viele Augen, aus denen 15–20 Triebe entstehen können. Die Pflanzen erreichen 100–120 cm Höhe, haben dünne Stengel, schwach kantig, mit kurzen Internodien. Die Blätter werden als klein, etwas runzelig, mit wenig Zwischenfiederchen beschrieben.

Die Blüten sind blau gefärbt. Es wird besonders der erekte Wuchs der Pflanzen betont. Selbst wenn man im Oktober ihr Kraut abschneidet, treibt es weiter in den Winter hinein. Die zahlreichen Knollen sollen wie eingepackt zwischen dem dichten Wurzelwerk und den Stolonen liegen.

„Geisberger-Kartoffel"

Die Knollen sind flach-oval und werden „ungemein groß". Sie haben eine dunkelrote, etwas rauhe Schale. Das unmittelbar daran grenzende Fleisch sei gelegentlich ebenfalls rot gefärbt. Die Haltbarkeit ist gut (6–7 Monate), die Knollen sind mehlreich und gelten als ergiebig.

Diese Sorte wird als eine der ältesten in Deutschland bezeichnet und existierte schon zu Beginn des 18. Jh. im Elsaß (= Geisberg).

„Howards Viehkartoffel"

Die Knollen sollen bis 25 cm Durchmesser erreichen und 2–3 Pfund schwer werden. Ihr Ertrag sei so hoch, daß sie eine 30fache Ernte brächten. Die Form der Knollen wird als unregelmäßig, mit tiefliegenden Augen bezeichnet. Nach KRÜNITZ sei sie nicht nur wegen ihrer „ungemeinen Fruchtbarkeit", sondern auch wegen anderer guter Eigenschaften empfehlenswert. PUTSCHE hingegen meint, daß sie wegen ihrer etwas wäßrigen Konsistenz und unregelmäßigen Knollenform vorwiegend als „Viehkartoffel" verwendet werde. Der Wuchs wird als besonders üppig bezeichnet; es werden Höhen von 180–230 cm angegeben. Die Blüte sei bleich-bläulich.

Ihren Namen erhielt sie in England, wo ein Pflanzer namens HOWARD sie seit 1771 erfolgreich vermehrte, und sie nach Holland brachte. Allerdings trüge sie auch die Schuld an der Ausbreitung einer Krankheit (Virosis?), oder, wie PUTSCHE meint: . . . „Lange waren die Meinungen über die Ursache dieser Krankheit sehr geteilt . . ., man glaubte sie in der Befruchtung durch den Samenstaub der HOWARDS-Viehkartoffel gefunden zu haben. Denn zufälligerweise stellte sich diese Krankheit einige Jahre nach der Einführung derselben in Deutschland ein."

Wenn diese Beobachtung richtig ist, kann sie evtl. mit der Vorgeschichte dieser Kartoffelsorte erklärt werden. Nach unseren Informationen stammt dieser Klon aus Venezuela und gelangte via Surinam durch Matrosen nach Europa (England, Holland). Es ist nicht ausgeschlossen, daß auf diesem Wege ein neues Virus aus Südamerika nach Europa eingeschleppt wurde, das den von Putsche beobachteten „Abbau" in den deutschen Kartoffelfeldern verursachte.

Nicht unerwähnt soll bleiben, daß die „Howard-"Kartoffel so widerstandsfähig war, daß man 5 Tage nach Blütebeginn die Stauden heraushob, ihre hühnerei-großen Knollen abpflückte und die derartig „erleichterte" Pflanze erneut einpflanzte. Trotz dieser Behandlung soll sie im Herbst reichlich Kartoffeln angesetzt haben.

„Gurken-Kartoffel"

Diese Sorte wurde auch „Arakatscha" (das ist eine Verwechslung mit der Umbellifere *Aracaccia xanthorrhiza*, deren Wurzeln gegessen werden) genannt. Die Knollen sind gurkenartig lang gestreckt und gekrümmt. Weil sie am Ende spitz auslaufen, wurden sie auch mit einem Gams-Horn verglichen. Sie haben eine gelbe Schale und gelbes Knollenfleisch und gelten als sehr ergiebig.

Besonders erwähnt wird ihre dichte Knollenlage am Hauptstengel. Die langen Knollen umgeben ihn wie eine umgekehrte Pyramide, „deren Spitze in die Erde versenkt ist." Um zu vermeiden, daß die dicht gedrängten langen Knollen nicht aus der Erde herausgedrückt werden und ergrünen, sollte man sie mehrfach anhäufeln. Diese Bemerkung ist deswegen interessant, weil sie beweist, daß man damals schon extrem kurze Stolonen selektiert hatte. Angeblich wurde sie von Lord Findlater in England gezüchtet, und vor allem zur Branntweingewinnung empfohlen.

„Herz-Kartoffel"

Die Knollen haben eine plattgedrückte Form und nur wenige Augenvertiefungen. Es wird besonders betont, daß sie einen schwachen niederliegenden Stengel habe. Doch ihre Qualität sei gut.

„Jakobs-Kartoffel"

Die Knollen haben viele tiefliegende Augen, einige scheinen wie Schuppen übereinander zu liegen, weswegen man die Knollenform mit Tannenzapfen verglich. Ihren Namen erhielt sie wegen ihrer frühen Reifezeit, um den 26. Juli, den St. Jacobi-Tag.

„Frühe Horn-Kartoffel"

Die Knollen haben eine hellrote Schale und weißes Fleisch und sind hornförmig gekrümmt. Die Pflanzen vertragen geringe Frühlingsfröste und sind bemerkenswert frühreif.

Abschließend erwähnen wir hier noch, daß die alten Landsorten aus Putsche's Buch, nämlich „Schwarze Kartoffel", „Rotblau Marmorierte" und „Gelbe Zapfen kartoffel", sowohl in den südamerikanischen (Bolivien, Peru) als auch in den nördlichen Anden Venezuelas (Paramos) gegenwärtig noch angetroffen werden können.

Die von Putsche wegen der merkwürdigen zapfenartigen, langen Form auch „Tannenzapfen" genannte alte deutsche Speisekartoffel trifft man sowohl in der Provinz Salta (Nordargentinien) als auch in Lesotho (Südafrika) an. Die Einheimischen schätzen sie wegen ihres hohen, sicheren Ertrags. Putsche's Beschreibung lautet (gekürzt) folgendermaßen: Stengel: relativ schwach, dreikantig, mit Flügelleisten, behaart. Blätter: Fiederblätter decken sich, 2–3 Paar Zwischenfiederchen. Blüte: weiß. Knolle: langgestreckte Walzenform, bis 20 cm lang. Nabel nicht eingesenkt, sondern erhaben; zahlreiche Augen mit Wulsten und tief liegenden Keimlingen; Schale: gelbbraun. Ausdrücklich weist Putsche darauf hin: „Mit Augen ist sie unter allen Sorten am reichlichsten versehen, über welche sich das Fleisch schwellend erhebt."

Die Auswertung der von Putsche beschriebenen frühen mitteleuropäischen Kartoffelsorten ergibt, daß etwa 50% seiner Sorten längliche Knollen haben. Bemerkenswert erscheint uns, daß er solche Pflanzen besonders schätzte, die viele Knollen liefern, wobei die Knollengröße erst in zweiter Linie kommt. Als „reichtragend" werden nur solche bezeichnet, die mehr als 30 Knollen bilden, und als „sehr reichtragend" solche mit 50–100 (!) Knollen. Man vergleiche hierzu die großfallenden modernen Zuchtsorten mit nur 3–5 Knollen. Wir vermuten aber, daß diese so reichlich tragenden frühen europäischen Sorten nur kleine Knollen produzierten, so wie man dies bei vielen Indianersorten in den Kordillerentälern oder auf Chiloé beobachten kann.

Putsche's Klassifizierung der frühen europäischen Kartoffelsorten, die kaum *Phytophthora*-Resistenz besaßen, ist deswegen von so hohem Wert, weil nach 1845–1848 diese Sorten durch die Krautfäule-Epidemien in Europa ausgerottet wurden. Ironischerweise sind nur solche darunter diesem Schicksal entgangen, die vor der *Phytophthora*-Epidemie nach Südafrika (Van der Planck 1946) oder nach Indien (Pal & Puschkarnat 1951) gelangten, und sich dort als Relikte früher europäischer Kultivare bis heute am Leben erhielten.

Im 19. Jh. wuchs – vor allem nach dem Krautfäule-Desaster in Irland – das Interesse der Pflanzenzüchter an der Introduktion südamerikanischer Primitivkartoffeln, um durch Kreuzung mit diesen die in Europa vorhandenen Sorten zu verbessern. Daß man auf diesem Wege – wohlgemerkt in der vormendelschen Epoche – schon recht erfolgreich war, beweisen z. B. die züchterischen Fortschritte bei Knollenform, -farbe und -qualität. Die planmässige Immunitätszüchtung, z. T. schon unter Verwendung von Wildkartoffeln begann in der Mitte des vergangenen Jahthunderts, vor allem in Grossbritannien. Patterson schuf 1856 in Dundee mittels umfangreicher Sämlingsaufzuchten die Sorte „Pattersons Victoria". Sutton kreuzte südamerikanische Wild- und Primitivformen seit 1879 in englische Landsorten ein, mit dem Ziel, deren Krankheitsresistenz zu erhöhen, und J. Nichol gewann 1876 einen zeitweiligen Zuchterfolg mit der Krautfäule widerstandsfähigen „Champion".

Es gab sogar schon einen Vorläufer einer „Gen-Bank" in der Mitte des 19. Jahrhunderts für Kartoffeln. Die Centralgesellschaft des Ackerbaus in Paris besaß eine lebende Sammlung von 217 Introduktionen und Landsorten.

In Altenburg (Sachsen) wurde im Jahre 1875 eine Kartoffel-Ausstellung abgehalten, deren Katalog über 600 Kartoffel-Sorten aufzählte. Darunter fanden wir Namen, die auf direkte Einführung aus Chile hinweisen, wie z. B. „Cabretas-Michunes", „Cauqui-Chili", „Huachal-Chili", „Guilges-Chili" und „Große vom See Lanquihué". Auf diese Bezeichnungen trafen wir auch bei unseren Reisen in Südchile. Bei Berchtold (1842) und bei Alefeld (1866) erscheinen unter den 55 „botanischen Varietäten" einige der schon von Putsche beschriebenen Sorten wieder. Regel (1865) zählt 440 Sorten auf.

Allerdings scheiterten die Versuche, die morphologische Vielfalt der Klone durch „Leitsorten" zu typisieren, vermutlich deswegen, weil die als entscheidend angesehenen Charaktere bei Blüte, Blattform und Knolle weder gekoppelt sind noch gemeinsam vererbt werden. Aus Kohlers Arbeit (1910) ging hervor, daß alle damaligen europäischen Sorten ziemlich eng miteinander verwandt sind und kaum Merkmalslücken zwischen ihnen bestehen. Rathleff (1932) ging darum den umgekehrten Weg und stellte die genealogischen Zusammenhänge zwischen den deutschen Kartoffelsorten dar. Sein Bemühen hatte den Erfolg, daß man erkannte, daß es nur 7 Gruppen gibt, die sich auf ganz wenige alte Sorten zurückführen lassen. Das heißt mit anderen Worten: Man hatte „im Kreise herumgezüchtet". Ich habe auf diesen bedauerlichen züchterischen Fehler einer Uniformierung der Sorten schon früher hingewiesen. Anstatt sich schon im vorigen Jahrhundert der zugänglichen genetischen Mannigfaltigkeit der amerikanischen Indianerkartoffeln zu bedienen, ließ man dieses enorm große „Genreservoir" sehr lange Zeit ungenutzt liegen. (Ross, 1960; Rothacker 1961–1969 und Simmonds, 1968)

G. Relikt-Kartoffeln in Südafrika, Indien und den Kanarischen Inseln

Im folgenden unternehmen wir den Versuch – auch auf die Gefahr hin, daß er recht unvollkommen ausfallen wird – indische, afrikanische, venezolanische sowie alteuropäische und Primitiv-Kartoffeln der Kanarischen Inseln morphologisch miteinander zu vergleichen. Mit Ausnahme der antiken europäischen Klone (die in Europa selbst nicht mehr lebend existieren, aber in Putsche's Kartoffelmonographie gut beschrieben wurden), stand uns lebendes Material „in situ" zur Verfügung.

Aufgrund unserer sich über viele Jahre und mehrere Kontinente hinziehenden Studien sind wir zur Überzeugung gelangt, daß die gegenwärtig noch in Sikkim oder Indien kultivierten „Desi-Kartoffeln", ähnlich wie die spontan in Südafrika wachsenden „Basuto-Kartoffeln" überlebende Relikte früher europäischer Klone sind, die aber mittlerweile in Europa verschwunden sind. Deren Ursprung läßt sich wiederum bis nach Südamerika zurückverfolgen, wofür die Landsorten im Gebirge von Teneriffa (Kanarische Inseln) letzte lebende Zeugen sind. Zu diesen biologischen Mustern gesellen sich die bibliographischen Urkunden (GERMERSHAUSEN, KRÜNITZ, PUTSCHE) mit den vorzüglich kolorierten Abbildungen des letztgenannten Autors (vgl. Abb. 3). Ein Vergleich dieser Muster und Urkunden mit dem uns wohl bekannten „Gene-Pool" andiner Kartoffeln Südamerikas erlaubte uns den Habitus und das physiologische Verhalten der frühen in Europa kultivierten Biotypen zu rekonstruieren. Wir sind hierbei zu der Überzeugung gelangt, daß es andine Introduktionen waren. Sie wurden schon 1595 von BAUHIN *Solanum tuberosum* genannt, ein Binom, das 1753 von LINNÉ definitiv anerkannt und kodifiziert wurde.

Aus den hier erwähnten Gründen widersetzen wir uns jedem Versuch, für die „Relikt-Kartoffeln" oder die frühesten europäischen Klone ein anderes lateinisches Binom einzuführen, etwa den Namen „*Solanum andigenum*", der von der VAVILOV-Schule geschaffen wurde.

Würde man den sowjetischen Autoren zustimmen, so ergäbe sich die groteske Situation, daß die frühesten europäischen Kartoffeln, also *S. tuberosum* (wie sie von BAUHIN, CLUSIUS, LINNÉ abgebildet und beschrieben wurden), als „*S. andigenum*" bezeichnet werden müßten, weil sie alle kennzeichnende Charaktere besitzen, die JUZEPZUK und BUKASOV für ihre Speziesdiagnose von *Solanum andigenum* zur Abgrenzung gegenüber *Solanum tuberosum* verwendet haben! Die relativ einfache, aber von den sowjetischen Autoren und ihren Anhängern bis heute nicht anerkannte Erklärung dieser reichlich grotesken Situation liegt darin, daß eben die ersten Kartoffeln, die nach Europa gelangten, aus den Anden stammten. Das Verständnis der Evolution und Domestikation der Kulturkartoffel würde wesentlich erleichtert und vereinfacht, wenn das unglückliche Epithet „andigenum" (oder wie es HAWKES modifizierte „andigena") in Zukunft nicht weiter verwendet würde und als Spezies- und Subspezies-Begriff vollkommen verschwände.

Als erste Gruppe unter den „Reliktkartoffeln" beschäftigen uns hier die in Spanien, Südafrika, Chiloé und im Altiplano existierenden „Hornkartoffeln". Ihren Namen erhielten sie wegen der hornförmig gebogenen Knollen. Außer dieser originellen Tuberkelform (spanisch: cachos, chorizos) sind es völlig normale Kartoffelpflanzen, die allerdings diploide, triploide und tetraploide Genomstruktur haben können. Hier behandeln wir die tetraploiden Formen: Sie sind von Chiloé und dem chilenischen Seengebiet im Süden durch Nordargentinien, Bolivien bis an den Titicaca-See weit verbreitet. Sie kamen in der Frühzeit des europäischen Kartoffelanbaus auch in Deutschland vor und wurden mehrfach als „Hörnchen" beschrieben und auch bei PUTSCHE z. B. abgebildet (vgl. Abb. 3). Als einziges europäisches Land besitzt Spanien immer noch in der Sierra de Cameros (LOPEZ u. ZUBELDIA 1958) verwildert wachsende „Choriza"-Kartoffeln. Diese werden nicht gepflanzt, aber gelegentlich aus spontanen Vermehrungen geerntet. Häufig sind diese „Cacho-Kartoffeln" dunkelrot oder blauschwarz gefärbt. In den Anden werden sie wegen ihres

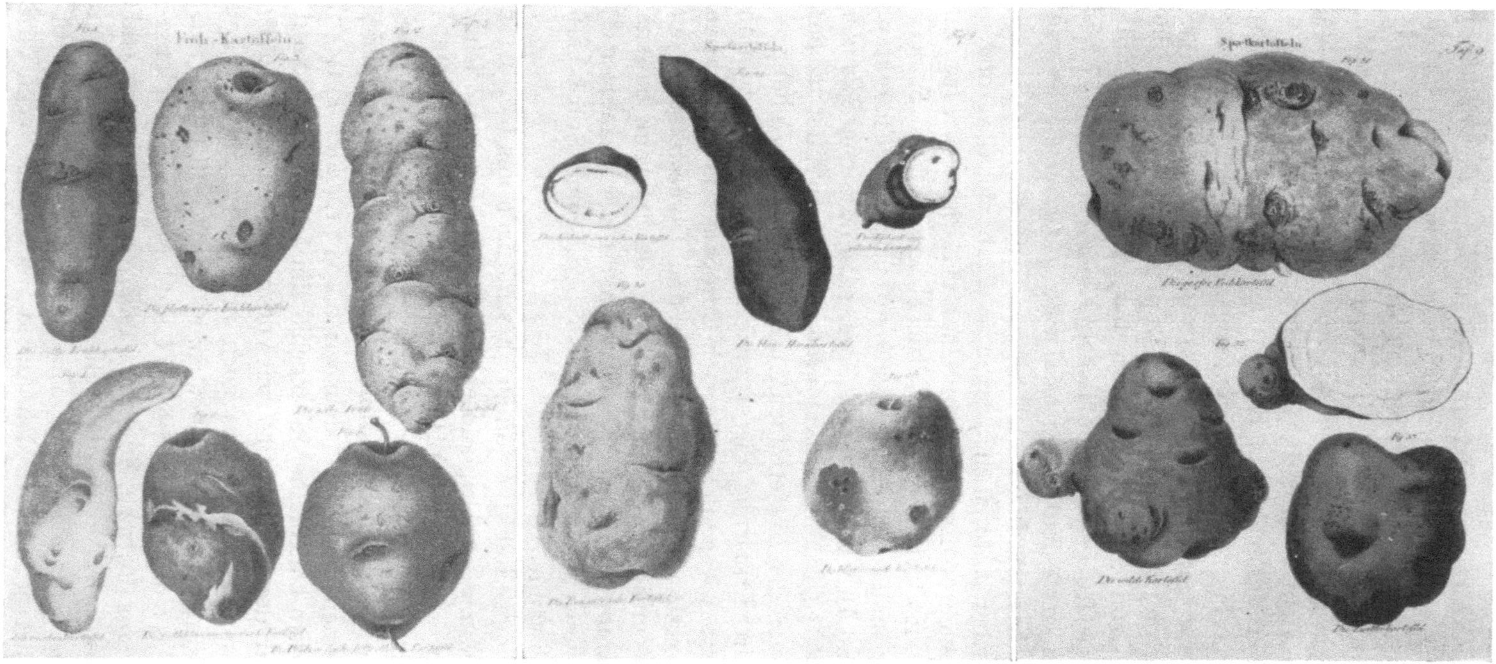

Abb. 3 PUTSCHE-Kartoffeln

Obere Reihe (von links nach rechts):
rothe Frühkartoffel, plattweiße Frühkartoffel, gelbe Frühkartoffel, blaue Hornkartoffel, große Viehkartoffel

Untere Reihe:
Gurkenkartoffel, rothblaumarmorierte Kartoffel, Pfälzer frühe hellrothe Kartoffel, Pommersche Kartoffel, Blaue runde Kartoffel, wilde Kartoffel, Zwitterkartoffel

hohen Anthozyan-Gehalts von den Bergindios bisweilen zum Färben von Textilien benutzt. Die Mapuche Südchiles wiederum nennen sie Teufelskartoffeln und verwenden sie zu rituell-mystischen Zwecken. PUTSCHE lobt diese dunkelschalige Hornkartoffel als besonders ertragreich. Nach Indien scheinen sie allerdings nicht gelangt zu sein, während wir in Südafrika einige mäßig hornförmige Tuberkel angetroffen haben.

Nicht nur die abnorme Form ist auffällig, auch im Innern der Knolle ist das Periderm manchmal von bunten Ringen durchzogen, oder das Knollenfleisch rot oder blauschwarz gefärbt.

Die Tatsache, daß diese nicht zu übersehenden, grotesk geformten Knollen aus dem Altiplano auch vereinzelt auf der Insel Chiloé vorkommen, hat uns seinerzeit (BRÜCHER 1963) als ein weiteres Argument dafür gedient, daß die Insel Chiloé überhaupt kein primäres „Genzentrum" für *Solanum* ist, sondern seine Kartoffeln erst sekundär aus nördlich gelegenen Häfen wie Callao, Arica, Mollendo, die in Kontakt mit den kartoffelproduzierenden Zonen der Zentralkordillere standen, erhalten hat.

Wir geben im folgenden eine tabellarische Zusammenstellung der Eigenschaften von zwei Hornkartoffeln, die wir den Beschreibungen von PUTSCHE (1819) und BRÜCHER (1963) entnommen haben, die deren Ähnlichkeit belegt:

Tabelle 1

	BLAUE HORN-KARTOFFEL (PUTSCHE 1819)	CHILOÉ Nr. 1158 (BRÜCHER 1963)
Stengel:	sehr ästig, dreikantig, kraus geflügelt, an der Basis braunblau gefärbt	sparriger Wuchs, deutlich geflügelt, dreikantig
Blätter:	mit Haaren, etwas löffelförmige, gerunzelte Fiederblättchen; mit 2 Paar Zwischenfiederchen	beiderseits behaart, mit löffelartig gestielten Fiederchen; Terminalfieder nicht größer als Seitenfieder. Wenige Zwischenfiedern.
Blüte:	weiß	weiß, mit bläulichem Stern, Kelchzipfel lang, behaart
Knollen:	auffallend hornförmig gekrümmt und gebogen, „vom Ansehen einer Gurke oder eines Kuhhorns", Augen flach, Oberfläche schwarzblau, Fleisch blaumarmoriert auf weißem Grund, oder mit blauen Ringen.	walzig-wurstförmig gekrümmt, wegen der Form „alhue-pogni" = Teufelskartoffel genannt. Augen flach. Periderm tiefblau, Fleisch weiß mit tintig blauen Ringen.
Bemerkungen:	spätreifend; es wird gesagt, daß diese Kartoffel aus Peru stamme, wo man sie auch zum Färben verwende.	spätreifende Knollen; werden gelegentlich wegen starken Anthozyangehalts zum Stofffärben benutzt. Die Mapuche-Indianer verwenden sie auch zu mystischen Handlungen.

a) Die Kanarischen Inseln:

Die Kanarischen Inseln Tenerifa und Las Palmas bildeten im 16. Jahrhundert für die spanischen Amerika-Flotten wichtige Zwischenlandeplätze. Infolgedessen ist es nicht verwunderlich, daß im dortigen günstigen subtropischen Klima auch Anbauversuche mit den Nutzpflanzen aus den neu entdeckten spanischen Besitzungen gemacht wurden. So kamen urkundlich durch Juan Bautista de Castro um 1622, aber wahrscheinlich auch schon früher durch andere Seefahrer, südamerikanische Kartoffeln auf die „Gran Canarias" (28° 30′ nördl. Br.).

Als ich diese Kartoffeln auf den Märkten sah, war ich stark davon beeindruckt, wie ähnlich sie einigen Knollentypen waren, die man in andinen Kordillerentälern antreffen kann.

Diese Reliktkartoffeln werden vor allem noch in den höheren Lagen des nördlichen Teils der Insel Tenerifa kultiviert. Zwischen Laguna und Buena Vista herrscht in 500 bis 1000 m Höhe ein gemäßigtes subtropisches Klima mit einer sommerlichen Tagestemperatur von 25 °C. Das nächtliche Minimum kann 5 °C erreichen. Die dortige Produktion geht vor allem auf lokale Märkte, während im tiefer gelegenen Küstenland englische Sorten angebaut und als Frühkartoffeln nach dem europäischen Festland verschifft werden. Wir haben damit den einzigartigen Fall, daß die Bergbevölkerung von Tenerifa aus Tradition Kartoffelsorten bevorzugt, die zumindest schon 300 Jahre ausschließlich auf der Insel vermehrt werden und sich in einem beachtenswert guten phytosanitären Zustand befinden, trotz mehrhundertfacher klonaler Multiplikation.

Nach einer glaubhaften Familientradition der Estancia „Icod el Alto" wurde das Ausgangsmaterial durch Don Juan Bautista de Castro aus Peru direkt nach Tenerifa gebracht. Zubeldia, Lopez und Sanudo (1955) haben eine Beschreibung der heute noch gebräuchlichen Landsorten der Kanarischen Inseln veröffentlicht und hierbei auf den bemerkenswerten Fall hingewiesen, daß außer den üblichen 48-chromosomigen Pflanzen auch eine triploide Landsorte (sie nennen sie „*S. mamilliferum*") vorkommt, wie sie auch jetzt noch in Peru existiert. Die meisten kanarischen Landsorten haben eine rote Knollenschale. Das spricht aber nicht – wie die drei spanischen Autoren meinen – für eine exklusive Herkunft aus der Zentralkordillere von Peru, denn auch die Chibcha-Kartoffeln der Paramos im heutigen Venezuela und Kolumbien enthalten zahlreiche Landsorten mit roter Schale.

b) Südafrika:

Als Vergleichsmaterial aus Afrika standen uns Sammlungen des Jahres 1965 aus den Bergen von Lesotho im südlichen Afrika zur Verfügung (vgl. deren kurze Beschreibung bei Brücher 1966). Infolge des geringen Ackerbaus, den die vorwiegend als Hirten lebenden Negerstämme der Basutos betreiben, trifft man die „Basutokartoffeln" teilweise als Ruderalpflanzen oder auch völlig verwildert, außerhalb der Felder an.

Die Tatsache, daß in den Drakensbergen Südafrikas, im Staate Lesotho, Kartoffeln wild wachsen, hat seinerzeit CORRELL in seinem bekannten Werk „The potato and its wild relatives" (1962) zu der Frage veranlaßt „Does section tuberarium occur naturally in Africa?". Wir haben aber die Möglichkeit einer „occurence of an indigenous species of section tuberarium on the African continent", für die CORRELL einige positive Argumente beibrachte, aufgrund eigener Forschungen in Lesotho selbst zurückgewiesen (vgl. BRÜCHER 1966).

Die Frage spontanen Vorkommens von Wildkartoffeln in Südafrika war insofern für mich von prinzipieller Bedeutung, als ich kurz zuvor einen „polyphyletischen Ursprung" (Chiloé – Zentralanden) der Kartoffel in Südamerika aufgrund intensiver Untersuchungen der beiden postulierten „Genzentren" abgelehnt hatte (BRÜCHER 1963, 1964). Die angebliche Existenz eines weiteren „Genzentrums", diesmal auf dem afrikanischen Kontinent, mußte infolgedessen unser besonderes Interesse erwecken, als ich nach Südafrika berufen wurde.

Mein Aufenthalt im Sommer 1965 in den Bergen von Basutoland[10] überzeugte mich davon, daß von Wildkartoffeln dort keine Rede sein kann. In dem bis auf 3000 m ansteigenden Gebirge trifft man hingegen in aufgelassenen Äckern oder in Steinwällen verwilderte Kartoffelstauden, deren Knollen von Negerfrauen- und -kindern ausgegraben und gekocht verzehrt werden. Ähnliches kann man übrigens auch im Altiplano und den Paramos Südamerikas und in den Vorbergen des Himalaya beobachten. Es gibt einige *Solanum*-Kultivare in den Drakensbergen, die so rustikal sind, daß sie sich offenbar seit mehr als hundert Jahren in rein vegetativer Weise ohne menschliches Zutun fortpflanzen, worauf schon VAN DER PLANK (1946) hingewiesen hat.

Die Basutokartoffeln lassen sich auf Introduktionen zurückführen, die der Missionar CASALIS nach 1820 über Philipolis (Kapprovinz) in das damals den Weißen verschlossene Bergland von Lesotho brachte. Hierbei dürfte es sich um ein Sortengemisch aus holländischen und englischen Kartoffeln gehandelt haben. Daß der Kartoffel-Anbau im östlichen Kapland florierte, geht aus Rechnungsbüchern des Jahres 1830 hervor.

Damit stellen die „Basutokartoffeln" eine heute noch lebende Kollektion derjenigen europäischen Landrassen dar, die durch Krankheiten und Vordringen neuer Sorten in Europa seit über hundert Jahren ausgerottet sind.

Da die Basuto-Neger vorwiegend ein Berghirtenvolk sind, wenden sie dem Ackerbau wenig Interesse zu, und darum ist für sie die Kartoffel im wesentlichen eine „Sammelfrucht" geblieben. Es werden keine Knollenselektionen

[10] Meine Forschungen innerhalb des Königreichs Lesotho wurden in sehr anerkennenswerter Weise durch die lokalen Behörden, vor allem dem damaligen Landwirtschaftsminister Dr. RADIPITPOLE unterstützt. Ohne deren Hilfe und die fleißige Unterstützung durch Einheimische beim Sammeln der „Basutokartoffeln" hätte das Problem nicht in so kurzer Zeit gelöst werden können.

vorgenommen. Im Gegenteil, es scheint, daß die dem Wildtyp näher stehenden Biotypen mit langen Stolonen in der Erhaltung begünstigt sind. Denn deren Knollen bleiben beim Nachsuchen am ehesten verborgen und können sich darum auch stärker vermehren. Aufgrund der starken ökologischen Differenzierung des Berglandes von Lesotho (ausgesprochene Trockenzonen im Südwesten, feuchte Nebelregion im zentralen Gebirge) scheinen sich bestimmte Primitivkartoffeln für bestimmte Distrikte adaptiert zu haben. Die Herkünfte Mpharana und Mokothlong unserer Sammlung besaßen z. B. Blätter, die kaum gefiedert waren, sondern eher einen „simplicifolium"-Habitus zeigten. (Man vergleiche die Abbildung bei Brücher 1966).

Wir fanden es erstaunlich, daß in den Kartoffel-Populationen von Lesotho nur ein geringer Virus-Befall vorkam, obschon sich diese Landsorten länger als 150 Generationen ohne jegliche Saatgut-Auslese fortpflanzen. Dieses Problem wurde zusammen mit Herold (1967) in Venezuela untersucht. Der Befall mit verschiedenen Virosen war folgender:

Von 29 verschiedenen Sammelplätzen innerhalb Lesothos wurden 126 Pflanzen aufgezogen, die jeweils mit serologischen Tests, der A-6-Methode, und elektronenmikroskopischen Untersuchungen auf ihre Virus-Infektion geprüft wurden. Hierbei ergab sich im Einzelnen: Von den 126 Individuen waren 8% mit Virus X infiziert, 4% hatten Virus Y (aber kein Y^n), und 3% zeigten Symptome von „Aucuba Mosaic". Im Vergleich zu der in Venezuela in der Umgebung des IVIC-Instituts gepflanzten lokalen Saatkartoffeln, die starke Virosen zeigten, beeindruckte uns die geringe Infektion der Basuto-Kartoffeln aus Afrika.

c) Indien und die Vorberge des Himalaya:

Schließlich sind noch die interessanten Primitiv-Kartoffeln zu erwähnen, die sich in den Vorbergen des Himalaya, in Nepal und in Sikkim seit Jahrhunderten erhalten haben. Sie existieren neben den in Indien in großem Maßstab angebauten eigenen Zuchtlinien und importierten kommerziellen Sorten. Diese „Desi" genannten lokalen Landsorten wurden von Pal, Pushkarnat (1951) und von Swaminathan (1958) beschrieben. Letzterer stellte dazu folgendes fest: „The 'Desi' potato varieties of India have many of the characters of the andigenum potato . . . they appear to be relics of strains introduced into Europe during the late 16th century. Since the 'Desi' varieties possess all the characters attributed normally to the andigenum type of potato . . . from the Andean region."

Sinha & Pushkarnat haben diese Forschungen 1964 noch erweitert und 14 verschiedene Charaktere der „Desi"-Formen Indiens mit andigenen Biotypen aus Südamerika verglichen. Auch wenn man hinsichtlich dessen, was ein „typischer" Vertreter der Andigenum-Gruppe ist, gewisse Reserven haben kann und auch die angewandte „Index-Methode" darunter leidet, so wurde doch die Ähnlichkeit zwischen den antiken indischen Landsorten und andinen

Solanum tuberosum offenbar. In ihrem Wuchs und Blatt-Index von 57–58 stehen die indischen „Desi"-Sorten bestimmten andinen Indianerkartoffeln aus Peru mit ebenfalls 58 und offenem Habitus recht nahe, während z. B. die Handelssorte „Up-to date" den Blatt-Index 69 hat. (Abb. 4).

Es bedarf kaum der Erwähnung, daß diese indischen Primitivkartoffeln mit dem „andinen Aspekt" keineswegs aus Südamerika direkt nach Indien gebracht wurden. Auch hierbei handelt es sich um „europäische" Herkünfte, die entweder mit Portugiesen oder Engländern im 17. Jahrhundert ankamen. Es gibt sogar einen Bericht darüber, daß auf einem Bankett in Ajmer schon im Jahre 1615 Kartoffeln angeboten wurden.

Im Jahre 1675 wird *Solanum tuberosum* aus den Gärten von Karanakt berichtet. Vor allem die in Indien lebenden Europäer kultivierten Kartoffeln als Gemüsepflanzen in ihren Gärten. Der Gouverneur WARREN HASTINGS (1772–85) setzte sich für ihren Anbau ein und übersandte u. a. auch dem Dalai-Lama Kartoffeln nach Tibet. Im Gebirge von Simla wurden sie 1828 in beträchtlicher Ausdehnung kultiviert. Auf einer landwirtschaftlichen Ausstellung in Calcutta (1848) berichtete JOHNSON, gute Kartoffelproduktion gesehen zu haben. Gegenwärtig (1971) erreicht der Kartoffelanbau in Indien etwa 0,5 Millionen Hektar.

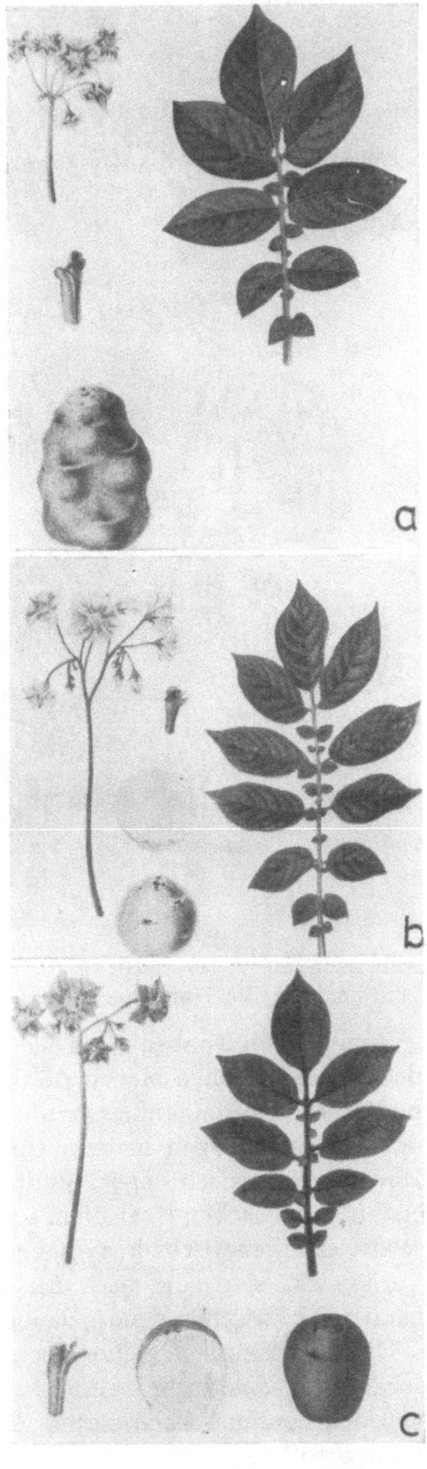

Abb. 4 Indische Kartoffeln (nach PUSHKARNAT u. Mitarb.)

a: Satho
b: Phulwa
c: Silbilati

Abb. 5 *Solanum vernei* BITTER u. WITTMACK aus Argentinien und Bolivien (ein möglicher Vorläufer der kultivierten Indianerkartoffel. Vgl. die großen Knollen!)

Zum Abschluß haben wir in der folgenden tabellarischen Übersicht die wesentlichen gemeinsamen Merkmale bestimmter Kartoffel-Klone aus Asien, Afrika und Europa miteinander verglichen. Es erscheint uns nicht ausgeschlossen, daß einige Biotypen in dem einen oder anderen Falle sogar identisch sind. Ihre morphologisch enge Affinität ist ein weiterer Hinweis darauf, daß die ersten europäischen Kartoffeln – zwischen dem 17. und 18. Jahrhundert – eine relativ enge genetische Basis haben und keineswegs repräsentativ für die enorme Variabilität sind, die man bei den andinen Formen von *S. tuberosum* auch heute noch zwischen Venezuela im Norden und Chiloé im Süden antreffen kann.

Die zur Diskussion stehenden Kartoffel-Klone sind alle seit 200 Jahren oder sogar schon viel länger im Anbau. Sie unterscheiden sich genetisch beträchtlich von den heutigen Zuchtsorten, die zum großen Teil durch Einkreuzung mit Wildkartoffeln verbessert wurden. Gewissermaßen stellen diese „Relikt-

Kartoffeln“ noch einen überlebenden „Gene-Pool“ der frühen europäischen Introduktionen dar.

Ziehen wir ein Fazit aus den hier wiedergegebenen historischen und morphologischen Vergleichen von geographisch aus vier verschiedenen Kontinenten stammenden *Solanum*-Sorten, so gewinnen wir den Eindruck, daß sie in wesentlichen Merkmalen einander sehr ähnlich, z. T. sogar genetisch identisch sind.

Abb. 6 Gerard beschrieb 1597 in England die Kartoffel in „The Herball“. Das wiedergegebene Bildnis stammt vom Titelblatt dieses Werkes und zeigt eine auffallend große Kartoffelblüte.

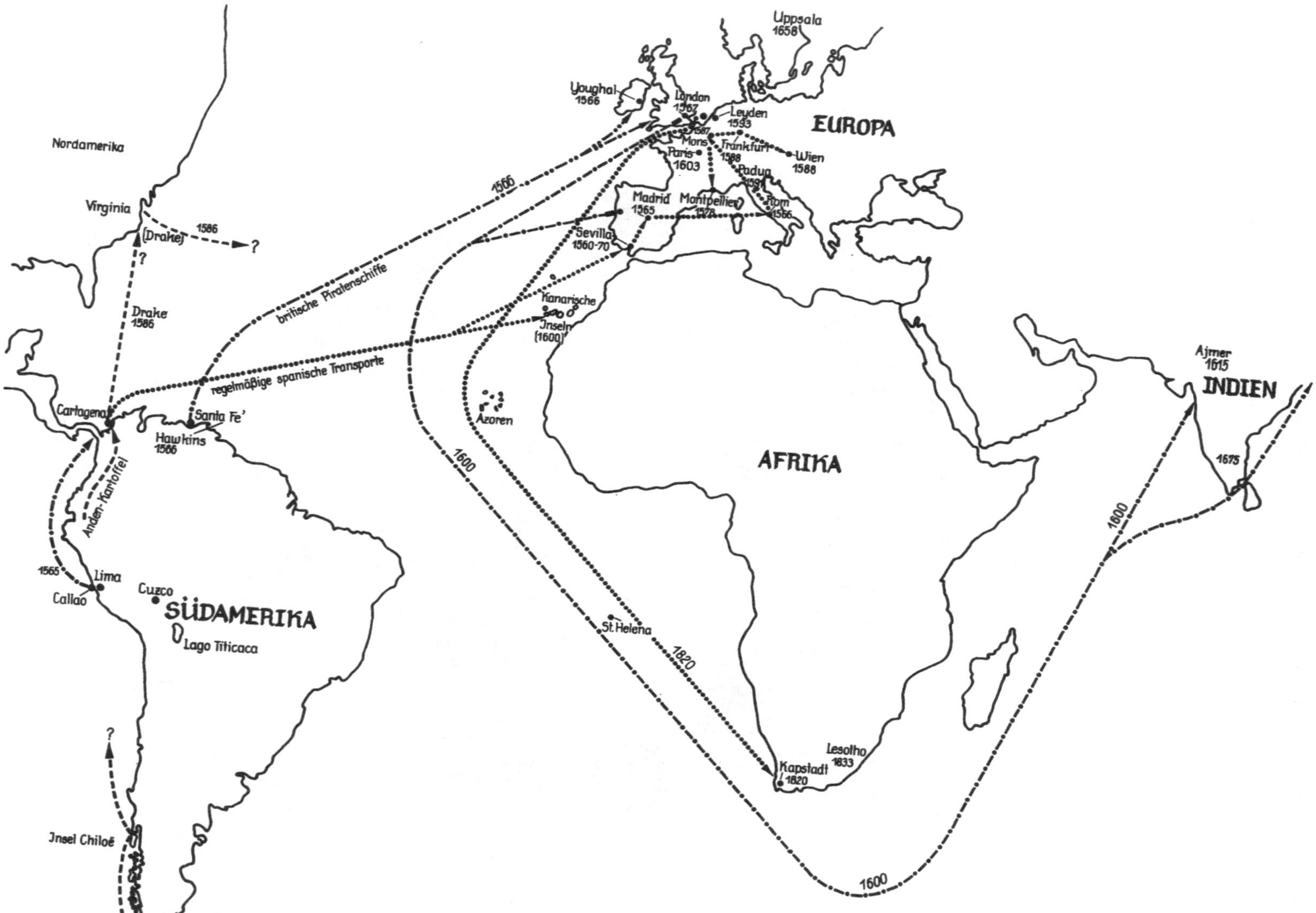

Abb. 7 Introduktionswege der Kartoffel (*Solanum tuberosum* L.)
(Bei „regelmäßige spanische Transporte" ist zu ergänzen: „1550–1565"; statt „Montpellier 1578" ist zu

Tabelle 2

	BONITA COLORADA (Tenerifa)	LESOTHO 15 (Südafrika)
Stengel:	hochwüchsig, strafferekter schmaler Stengel. Sieht aus wie „*S. andigenum*“.	erekt, ausgesprochener „andigener Typ“, wenig beblätterte Stengel.
Blätter:	Blattunterseite dicht behaart, offene Blattform, infolge Fehlens von Zwischenfiederchen, 3 schmale Fiederpaare	graugrün behaart, wenig gegliederte Form, 2–3-jochig, mit schmalen Fiederblättchen.
Blüte:	purpur mit weißen Spitzen, behaart, reichblütig und langanhaltend.	Korollen mit rot-weißlichen Spitzen
Knollen:	rund, unregelmäßig, tiefe Augenlage. Schale rot. Fleisch bleich-gelb. Keimlinge weißlich, Fleisch von guter Konsistenz.	rundlich, unregelmäßig, mittelgroß. Augen tiefliegend; Fleisch hellgelb, Keimlinge weiß, unbehaart.
Bemerkungen:	Starker Beerenansatz $2n = 48$ Chrom. nach ZUBELDIA gesunde Pflanzen.	Ohne Blattroll-Symptome, aber anfällig für *Phytophthora*.

Tabelle 3

	MORUNA (Oratava-Tenerifa)	PHULWA (Indien)
Stengel:	kräftig, mit Flügelleisten, unterer Teil anthozyangefleckt.	kräftig, hochwüchsig, solid, mäßige Flügelung, mit Anthozyanflecken.
Blätter:	groß, offene Form, dunkelgrün, 3–4 Fiederpaare; zahlreiche Zwischenfiederchen (5–7 Paare)	groß, offene Struktur, dunkelgrün. 4 Fiederpaare; zahlreiche Zwischenfiederchen, mittelgroß
Blüte:	purpur-rosa. Kelch behaart, etwas rötlich; Blütenstiele lang.	purpur mit rosa Stern. Kelch behaart, mit rötlichen Streifen; Blütenstiele über 1 cm lang.
Knollen:	oval, rotgefleckt auf gelbem Grund, Flecken häufig sehr ausgedehnt. Wenige Augen, die nicht tief liegen. Fleisch gelbweiß, Keimlinge rot, behaart.	oval-rund, rot gefleckt bis völlig rot auf gelbem Grund, mäßige Augenzahl, mitteltief. An den Augen stärker rotgefärbt. Fleisch gelblich; Keimlinge rot, behaart.
Bemerkungen:	wird wegen guter Qualität, Krankheitsresistenz und langer Lagerfähigkeit geschätzt. Wurde niemals einer Selektion unterworfen. „El material primitivo ha vivido pues aislado durante mas de 300 años.“	Widersteht Blattroll-Virus. Hat gute Knollenproduktion in der indischen Ebene. Scheint tagneutral zu sein, blüht sowohl unter Kurz- als auch Langtagbedingungen und bildet viel Knollen. Ausgezeichnete Lagerfähigkeit auch in warmem Klima. Ziemlich viel Stolonen. „Has been under cultivation in this country for generations without renewal of the seed.“

Tabelle 4

	GEISSBERGER KARTOFFEL (Putsche)	PUNJAB (Red Rocks, Indien)
Stengel:	kräftig, aufrecht, glatt; gerade Flügelleisten, mit blauroten Flecken.	hart, erekt, dick, fast glatt, mit Flügelleisten.
Blätter:	Fieder sind am Rand gewellt, mit zahlreichen abwechselnd-stehenden Zwischenfiederchen.	Fieder an Oberfläche gefaltet, zahlreiche Zwischenfiederchen.
Blüte:	rotblau	purpurrot
Knolle:	Schale rot, etwas rauhe Oberfläche. Form länglich, bisweilen plattgedrückt. Fleisch gelb, guter Geschmack.	Schale weinrot, manchmal rauh; Form unregelmäßig, länglich, mit tiefen Augen und überhöhten Wülsten, Fleisch gelblich.
Bemerkungen:	ergiebige Sorte mit hoher Produktion und langer Lagerfähigkeit. Galt einmal als Sorte ersten Ranges wegen Krankheitsresistenz.	ertragreiche Sorte. Hält sich wegen hoher Resistenz gegen Blattroll-Virus („only very slight rolling symptoms"). Wurde vor über hundert Jahren aus England nach Indien gebracht. Hat z. Zt. nur noch geringe kommerzielle Bedeutung.

Tabelle 5

	WUCHERFELDER KARTOFFEL (Putsche)	SATHOO (Indien)
Stengel:	dreikantig geflügelt, hoch, glatt, an der Basis blaugefleckt	dreikantig, hoch.
Blatt:	beiderseits behaart, dunkelgrün, langgestielt, wenig gefiedert; 2 Paar Zwischenfiederchen.	dunkelgrün, behaart, Fieder oval, wenig (2—3 Paar) Zwischenfiederchen.
Blüte:	rosa, mit ungleichen Staubbeuteln.	rosa, mit kurzen Staubbeuteln.
Knollen:	rundlich, aber ziemlich unregelmäßig; Schale rötlich, rauh, zahlreiche, tiefliegende Augen mit starken Wülsten.	rundlich-eiförmig. Schale rotgrau, rauh. Augen tiefliegend mit ausgeprägten Wülsten.
Bemerkungen:	selbst in schlechten Kartoffeljahren mit gutem Ertrag (15-fach). Soll sich nach Spätfrösten gut erholen.	rustikale Sorte mit gutem Ertrag.

Tabelle 6

	WESTERWALD-KARTOFFEL (Europa [PUTSCHE])	DARJEELING-RED-ROUND (Indien)	LESOTHO 5 (Südafrika)
Stengel:	aufrecht, dreieckig, kaum behaart; Knoten angeschwollen, rotbraun gefleckt	hart, aufrecht, leicht behaart; Knoten verdickt, anthozyangefleckt, mit Flügelleisten	aufrecht, geflügelt, anthozyangefleckt
Blätter:	hellgrün	gelblich-grün	hellgrün, eirunde Fiederblättchen, kaum Zwischenfiederchen
Blattstiel:	lang, behaart	rötlich, behaart	–
Fiederblätter:	eirund, runzelig, behaart, die unteren kleiner, Zwischenfiederchen abwechselnd einpaarig, die größeren rundlich	eiförmig-länglich, „wrinkled“ behaart, Zwischenfiederchen vorhanden, mittelgroß	–
Blüten:	zahlreich (10–12), weißlila	zahlreich, weiße Spitzen, Stern bläulich	zahlreich, weiß-blaue Felder
Knollen:	rund, mit tiefem Nabel, Augen nicht sehr tief; Schale dunkelrot, schuppig, rauh; Fleisch gelb, mit rosa Ringen in der Knolle; mittelgroß	rund, unregelmäßig, Augen mitteltief; Schale rot, rauh, manchmal etwas schuppig; Fleisch gelb, mit rosa gefärbten Ringen, mittelgroße Knollen	rundlich, mittel-klein, Schale rauh, rot; Augen mitteltief, Fleisch gelb mit roten Ringen im Innern
Bemerkungen:	späte Sorte, guter Geschmack, hoher Ertrag, viele Knollen	spätreifend, gute Qualität, hoher Ertrag in der indischen Ebene, tagneutral hinsichtlich Blühzeit „shortday variety“	lange Keimruhe, hohe Knollenproduktion auch unter Kurztag; Keimlinge weiß; Ohne Symptome von Blattroll-Virus

In ihrem Habitus, ihrem „offenen" meist ziemlich erekten Wuchstyp, aber auch in den Knolleneigenschaften entsprechen sie den frühen Introduktionen, wie sie von Sivry, Clusius und Bauhin abgebildet worden sind. Es sind keine Anhaltspunkte dafür vorhanden, daß man sie in zwei verschiedene Spezies (= *S. tuberosum, S. andigenum* im Sinne der sowjetischen Autoren) zu trennen hätte. Diese Reliktkartoffeln aus Südafrika, Indien und den Kanarischen Inseln, im Verein mit den heute noch von der venezolanischen Kordillere im Norden durch Kolumbien, Ekuador, Peru, Bolivien bis nach Nordargentinien sich erstreckenden Indianer-Kartoffeln gehören vielmehr alle zu *Solanum tuberosum*. Sie entsprechen den von den Begründern der systematischen Botanik hierfür geschaffenen Beschreibungen in Wort, Bild und Gestalt.

Zusammenfassung

Die Wanderung der Kartoffel (*Solanum tuberosum* L.) wird bis zur ursprünglichen Herkunft in Südamerika zurückverfolgt. Es wird betont, daß es nur eine taxonomisch gültige Bezeichnung für tetraploide Sorten, den legitimen Linné'schen Namen *Solanum tuberosum* gibt und später geschaffene Taxa wie „*S. andigenum, chileanum, chilotanum*" usw. grundsätzlich falsch und selbst auf der Subspecies-Ebene zu verwerfen sind.

Weiterhin wird festgestellt, daß die Insel Chiloé – oder Chile selbst – nicht als die „Urheimat der Kartoffel" angesehen werden kann, ein Glaube, der noch weit verbreitet ist und sich leider in Lehrbüchern hält. Pflanzengeographische Erhebungen während der letzten beiden Jahrzehnte in Chiloé, den andinen Hochländern bis zur nördlichen Cordillere von Venezuela brachten den Autor zur Überzeugung, daß Vavilov's „Genzentren"-Vorstellung auf Ursprung und Evolution der Kartoffel, *Solanum tuberosum*, nicht angewendet werden kann und daß sich speziell das Genzentrum VIII a = Chiloé als falsch erwies. Was als echte wilde *Solanum*-Art oder einheimische Kartoffel Chiloé's angesehen wurde, sind in Wirklichkeit Einführungen von Kartoffeln andiner Herkunft prähistorischer Epochen (oder sogar erst spanischer Zeiten über den Hafen Callao).

Die geschichtlichen Daten über das erste Auftauchen der Kartoffeln in Europa deuten mehr auf eine Herkunft aus der nördlichen Andenkette (Nueva Granada = das heutige Columbien – Venezuela) als auf die Zentralanden (Titicacagebiet Bolivien – Peru). Aus Transportgründen sind die spanischen Besitzungen Cartagena oder Santa Fé an der Karibischen See als Verschiffungshäfen der Kartoffeln wahrscheinlicher als Callao oder Mollendo an der südperuanischen Pazifikküste.

Die erste spanische Nachricht über Kartoffeln in der indianischen Landwirtschaft geht auf Cieza de Leon zurück, der 1538 Kartoffelpflanzungen in Popayan (Columbien) sah. Es ist durchaus möglich, daß verschiedene europäische Länder im Laufe des 16. Jahrhunderts *Solanum tuberosum*-Material aus verschiedenen Quellen und bei verschiedenen Anlässen erhielten, Zentralamerika und Virginia müssen jedoch bei solchen Erwägungen völlig ausgeschlossen werden. Spanische Segelschiffe unterhielten einen ziemlich regelmäßigen Transportverkehr zwischen Cartagena und den iberischen Häfen Cadiz und La Huelva. Sie mögen zwischen 1550–1565 die Kartoffeln, die 1570 bei Sevilla in kommerziell bedeutendem Ausmaß gepflanzt wurden, mitgebracht haben. Sehr wahrscheinlich transportierten auch englische Piratenschiffe (Hawkins 1566) Knollen mit anderen Waren nach England und Irland, wo über erfolgreiche Kartoffelanpflanzungen bei Youghal schon 1566 berichtet wird.

In diesem Frühstadium kamen keine Wildkartoffeln nach Europa und konnten daher nicht zu Kreuzungen oder zur Kartoffelverbesserung verwendet werden. Es ist jedoch bekannt, daß Clusius in Wien schon 1590 und auch Gerard in England Kartoffelpflanzen aus Samen, nicht nur vegetativ aus Knollen aufzogen. Trotzdem war der *Solanum tuberosum* „gene pool" in jenen Tagen recht beschränkt und auf die frühen Einfuhren südamerikanischer Primitivkartoffeln andiner Herkunft begrenzt. Selbst die Feldkartoffeln des 17. und 18. Jahrhunderts waren morphologisch den heutigen Indianer-Kartoffeln der Cordilleren-Täler noch recht ähnlich. Der einzige Unterschied ist, daß sie mehr und mehr auf eine physiologisch verschiedene Umwelt hin selektiert wurden, auf den europäischen Langtag. Linné legte 1753 solch einen andineuropäischen Klon seiner klassischen Beschreibung von *Solanum tuberosum* zugrunde, während die modernen Kartoffel-Sorten europäischer Züchter erhebliche morphologische Veränderungen gegenüber dem „Typus" erfahren haben.

Die ursprünglichen „Altweltkartoffeln" des 17. und 18. Jahrhunderts sind aus Europa verschwunden, seltsamerweise existieren jedoch Reste dieser alten Sorten noch in Afrika, auf den Canarischen Inseln und selbst in Asien, wohin sie durch englische, portugiesische und holländische Handelsschiffe gebracht worden waren.

Der Autor konnte durch morphologischen Vergleich zeigen, daß gewisse „Sorten" alter europäischer Kartoffeln (die ins 18. Jahrhundert zurückgehen und z. B. von Krünitz und von Putsche beschrieben wurden) eine schlagende Ähnlichkeit mit überlebenden Klonen in den Gebirgen von Lesotho oder Indien haben.

Es besteht die unmittelbare Gefahr, daß solche in subtropischen Gebirgsgegenden verschiedener Kontinente noch überlebende „Reliktkartoffeln" unter dem Druck der vordringenden ertragsreichen Handelssorten in naher Zukunft verloren gehen.

Es sollte daher Sorge getragen werden, ihr Keimplasma zu erhalten, besonders im Hinblick darauf, daß wir vor einigen Jahren zeigen konnten, daß die Lesotho-Kartoffeln aus südafrikanischen Gebirgen einen sehr geringen Virus-befall aufweisen. Die Tatsache allein, daß diese „wildwachsenden" Basuto-Kartoffeln sich über mehr als 150 Generationen und durch Klonvermehrung erhalten haben, deutet auf eine hohe Virusresistenz hin.

Summary

The Domestication and Migration of the common Potato Species (*Solanum tuberosum* L.)

The migration of the common potato species (*Solanum tuberosum* L.) is traced back to its original source in South America. It is emphasized that there is only one taxonomically valid term for tetraploid cultivars i. e. the legitimate Linnéan name *Solanum tuberosum*, and that taxa created later, like „*S. andigenum, S. chileanum, S. chilotanum*" etc. are basically wrong and should be rejected, even on subspecies level.

Furthermore it is stated that the Island Chiloé–or Chile itself–cannot be regarded as the "original homeland of the potato", a belief which is still widespread and unfortunately proliferates in textbooks. Phytogeographical explorations during the last two decades in Chiloé, the Andean Highlands until the Northern Cordillere of Venezuela, convinced the author that Vavilov's "Gene Center" concept cannot be applied to the origin and evolution of *Solanum tuberosum* and that especially "Gene Center Nr. 8 b = Chiloé" has been proved a mistake. What was considered as true wild *Solanum* or indigenous potatoes of Chiloé are in reality introductions of potatoes from Andine sources, in praehistorical (or even Spanish times i. e. via the harbour of Callao) epoches.

The historical dates of the first arrival of potatoes in Europe indicate more likely an origin from the Northern Range of the Andes (Nevua Granada = present day Colombia–Venezuela), than to the Central Andes (Titicaca region of Bolivia–Peru). From the transport viewpoint the Spanish possessions Cartagena or Sante Fé on the Caribbean Sea were more probable the shipping places for potatoes than Callao or Mollendo on the Southern Peruvian Pacific coast.

The first Spanish report about potatoes in Indian agriculture goes back to Cieza de Leon, who observed 1538 potato plantations in Popayan (Colombia). It is quite possible that different European countries received during the 16th century *Solanum tuberosum* from various sources and on different occasions, but Central-America and Virginia must be completely excluded from such considerations. Spanish sailingships maintained a rather regular transport service between Cartagena and the Iberian harbors of Cadiz and La Huelva and may have brought (between 1550–1565) those potatoes which were planted near Sevilla in 1570 in commercial significant amounts. But most probably English pirates (i. e. Hawkins 1566 f. e.) also transported tubers with other goods to England and Ireland, where potato plantation was recognised to be successful at Youghal as early as 1566.

No wild potatoes reached Europe at this early stage, thus they could not have been used for crossings or potato-improvement. But it is known that as early as 1590 CLUSIUS in Vienna and since 1597 also GERARD in England grew potato plants from true seeds and not only vegetatively from tubers. Nevertheless the *Solanum* genepool in these days was rather narrow and remained limited to the first introductory shipments of South American primitive potatoes of Andean origin. In their morphology even the field potatoes of the 17th and 18th century were still rather similar to actual Indian potatoes from the Cordillerean valleys. The only exception being that gradually they became more and more selected for a different physiological environment: The European longday. LINNÉ used 1753 such an Andean-European clon for his classical description of *Solanum tuberosum*, whilst the modern potato cultivars of European breeders have undergone considerably morphological changes in comparison with the "typus".

The original "Oldworld potatoes" of the 17th and 18th centuries have disappeared in Europe, but strange enough: relicts of those early cultivars still exist in Africa, the Canarian Islands and even in Asia, where they had been shipped by British, Portuguese and Dutch merchantships.

The autor was able to demonstrate by means of morphological comparison that certain "varieties" of old European potatoes (described i. e. by KRÜNITZ or PUTSCHE, and dating back to the 18th century) possess a striking similarity with surviving clones in Lesotho or Indian mountains. The danger is imminent that such "relict potatoes" which still survive in subtropical mountain regions of different continents may get lost in the near future, under the pressure of advancing high yielding commercial varieties. Therefore care should be taken to preserve their germplasm. Especially in view that we could demonstrate some years ago, that the Lesotho potatoes from South African mountains show a very low virotic infection. The very fact alone that these "wildgrowing" Basuto-potatoes are reproducing themselves since more than 150 generations only by clonal multiplication indicates a high biological resistance against virus diseases.

Краткое содержание

Доместикация и миграция *Solanum tuberosum* L.

Новые данные о старых проблемах происхождения и распространения картофеля из Южной Америки в Европу, Азию и Африку на основании находок реликтовых клонов с острова Чилоэ, Анд Венесуэлы, Драконовых гор в Южной Африке, предгорий Гималаев и с Канарских островов

Путь картофеля (*Solanum tuberosum* L.) прослеживается до его первоначального нахождения в Южной Америке. Подчеркивается, что существует только одно правильное таксономическое наименование для тетраплоидных сортов, это — законное линнеевское название *Solanum tuberosum*. Все таксоны, описанные позднее, как *S. andigenum*, *chileanum*, *chilotanum* и проч. не заслуживают внимания и должны быть отвергнуты даже на уровне подвида.

Далее автор, в противоположность весьма распространенному мнению, которое, к сожалению, высказывается и во многих учебниках, приходит к заключению, что остров Чилоэ, или даже все Чили, не может рассматриватся как «прародина картофеля». Ботанико-географические исследования двух последних десятилетий на Чилоэ и андийских высокогорьях до северных Кордильер Венесуэлы убедили автора в том, что представления Вавилова о «центрах происхождения культурных растений» не применимы к происхождению и эволюции картофеля, *Solanum tuberosum*, и, что сам «очаг VIIIа» (Чилоанский) оказался необоснованным. То, что считается настоящим дикорастущим автохтонным видом картофеля Чилоэ, в действительности — картофель андийского происхождения, завезенный сюда в доисторическую эпоху (или даже во времена испанцев, через гавань Кальяо).

Исторические данные о первом появлении картофеля в Европе говорят скорее в пользу его происхождения с северных андийских хребтов (Новая Гранада, т. е. части современных Колумбии и Венесуэлы), чем — с центральных Анд (область оз. Титикака в Боливии или Перу). С точки зрения транспорта испанские порты Картахена или Санта-Фе на Карибском море кажутся более вероятными пунктами вывоза картофеля, чем Кальяо или Мольендо на перуанском побережьи Тихого океана.

Первые испанские сведения о картофеле в сельском хозяйстве индейцев дал Сиеса де Леон, который видел насаждения Картофеля в Попаяне (Колумбия) в 1538 году. Весьма возможно, что различные европейские страны в течение 16 века получали материал *Solanum tuberosum* из различных мест и по различным поводам, однако о Центральной Америке и Виргинии, в этом случае, не может быть и речи. Довольно регулярное торговое сообщение осуществлялось испанскими парусниками между Картахеной и иберийскими портами Кадис и Ла Уэльва. Возможно, что эти суда завезли между 1550 и 1565 гг. тот картофель, который возделывался в 1570 г. около Севильи на площади, имеющей уже торговое значение. Весьма вероятным кажется и транспорт клубней на английских пиратских кораблях (Хоукинс 1566) с прочими товарами в Англию и Ирландию: об успешных насаждениях картофеля около Ягхола (Youghal) сообщается уже в 1566 г.

В эту раннюю эпоху дикорастущий картофель не был завезен в Европу и, следовательно, не мог употребляться в селекционных целях. Однако известно, что Клузиус в Вене уже в 1590 г., а Джерард в Англии выращивали картофель из семян, а не только вегетативным путем из клубней.

И все же генофонд картофеля в то время был не велик и ограничивался материалом ранних завозов южноамериканских примитивных форм андийского происхождения. Даже полевой картофель 17 и 18 вв. был морфологически близок сегодняшним формам картофеля индейцев, населяющих долины Кордильер. Разница состояла лишь в том, что отбор все больше и больше шел на приспособленность к иной физиологической среде, к европейскому длинному дню. Линней в 1753 г. положил в основу своего классического описания *Solanum tuberosum* один из таких андийско-европейских клонов, а современные сорта картофеля европейских селекционеров морфологически значительно отошли от этого «типа».

Первоначальный «картофель Старого Света» 17 и 18 вв. исчез из Европы, но, странным образом, остатки этих старых сортов существуют еще в Африке, на Канарских островах и даже в Азии, куда они были завезены английскими, португальскими и голландскими торговыми судами.

Путем морфологического сравнения автор показал поразительное сходство некоторых старых сортов европейского картофеля (созданных в 18 в. и описанных напр. Крюницем и Пуче) с сохранившимися еще клонами в горах Лесото в Ю. Африке или в Индии.

Этот «реликтовый картофель», сохранившийся еще в субтропических горных областях разных континентов, находится сейчас в большой опасности быть вытесненным, проникающими туда, более урожайными торговыми сортами и исчезнуть в ближайшем будущем.

Надо серьезно позаботится о сохранении его наследственной основы, тем более, что автору, несколько лет тому назад, удалось показать очень слабую степень поражаемости вирусом южноафриканского картофеля из гор Лесото. Уже сам факт сохранения «дикорастущего» картофеля племен Басуто в течение свыше 150 поколений при помощи клонового размножения указывает на его высокую устойчивость к вирусным болезням.

Literatur

Acosta, J. De, 1590: Historia natural y moral de las Indias. – Sevillia.

Alefeld, F., 1866: Landwirtschaftliche Flora. – Berlin.

Alström, J., 1727: Den svenska vårdande, Bihang om potatos eller jordpäron. – Stockholm.

Bauhin, C., 1596: Phytopinax. – Basel.

– 1623: Pinax theatri botanici. – Basel.

Bailey, L. H., 1925: The Standard Cyclopedia of Horticulture, II. ed. – New York.

Baker, J. G., 1884: A review of the tuber bearing species of *Solanum*. – Journ. Linn. Soc. (Bot.) London *20*, 489–507.

Banks, J., 1805: Royal. Hort. Soc.

Barrientos, P., 1949: Historia de Chiloe. Edit. Ancud, – Chiloé

Bastian, 1860: Prespanische Wanderwege.

Berges, E. De, 1860: Études sur l'histoire et la culture de la pomme de terre. Brügge.

Berchtold, F., 1842: Die Kartoffel, deren Geschichte und Charakteristik. – Herausgeb. K. K. Patron, oek. Ges. Böhmen. – Prag.

Berthault, P., 1911: Recherches botaniques sur les varietés cultivées de *Solanum tuberosum* et les espèces sauvages de *Solanum* tubérifères voisins. – Ann. Sci. Agron. *6*, 1–59, 248–291, Paris.

Benvenides, J., 1923: La papa. Diaro El Comercio. – Lima.

Bitter, G., 1912–1919: Solana nova vel minus cognita. – Feddes Rep. spec. nov. *10–15*.

Bricegno, Diego, 1586: Relaciones geograficas de las Indias. – (publ. in Madrid 1881).

Brücher, H., 1958: Beiträge zur Abstammung der Kulturkartoffel. – Deutsch. Akad. Landw. Wiss. z. Berlin, Sitzber. *VII* (8), 1–14.

– 1960: Problematisches zum Ursprung der Kulturkartoffel aus Chiloé. – Z. f. Pflanzenzüchtg. *43*, 241–265.

– 1960: Über das Wildvorkommen des Nematoden *Heterodera rostochiensis* in Nordargentinien. – Naturw. *47*, 21–22.

– 1963: Untersuchungen über die *Solanum* Cultivare der Insel Chiloé. – Z. f. Pflanzenzüchtg. *49*, 7–54.

– 1964: El origen de la papa (*Solanum tuberosum*). Nuevas consideraciones sobre un antigua problema. – Physis, B-Aires *24*, 439–452.

– 1966: Beitrag zur Kenntnis chilenischer Wildkartoffel-Arten. – Ber. deutsch. bot. Ges. *79*, 219–232.

– 1966: Wildkartoffeln in Afrika? – Zeitschr. Pflanzenzüchtg. *56*, 147–163.

– 1967: Rootknot-eelworm resistance in some Southamerican tuberforming *Solanum* species. – Amer. Potato Jour. *44*, 370–375.

– 1968: (Zytogenetische und morphologische Vergleiche zwischen *Solanum*-Arten der Pazifikküste und des Anden-Gebirges und ihre Bedeutung für den Ursprung und die Evolution der Kartoffel) (russ.). – Genetika, Moskau *4*, 80–89.

– 1968: Wildkartoffeln (Subsect. Basarthrum und Hyperbasarthrum) der Kordillere Venezuelas. Repert. Spec. Nov. *77*, 31–46.

– 1969: Venezuelas Primitivkartoffeln. – Angew. Botanik *42*, 179–188.

– 1969: Observations on origin and expansion of Y^n-Virus in South-America. – Angew. Botanik *43*, 241–249.

– 1970: Chromosomenzahlen argentinischer, chilenischer und venezolanischer Wildkartoffeln (*Solanum*, sect. Tuberarium). – Cytologia *35*, 153–170.

– 1970: Kartoffelanbau in tropischen Breiten. – Landw. im Ausland *4*, 104–106.

– 1971: Zur Widerlegung von Vavilov's geographisch-botanischer Differentialmethode. – Erdkunde Zt. f. wiss. Geographie *25*, 20–36.

– 1974: Die Sektion Tuberarium des Genus *Solanum* in Paraguay. – Ber. deutsch. bot. Ges. *87*, 405–420.

Bukasov, S., 1939: The origin of potato species. – Physis. B-Aires *18*, 41–46.

– 1959: Kartoffelsystematik (russ.). – Staatsverlag f. Landw. Moskau.

– 1966: Die Kulturarten der Kartoffel und ihre wildwachsenden Vorfahren. Zeitschr. Pflanzenzüchtg. *55*, 139–164.

– 1971: Systematik der Kartoffelarten der Sektion Tuberarium (DUN). BUK. im Genus *Solanum* (russ.) – Trud. Prikl. Bot. Genet. *46*, 1–44, Leningrad.

Burger, J., 1818: Vollständige Abhandlung über den Anbau und die Benutzung der Kartoffel. – Budapest.

Burton, W. G., 1966: The potato, a survey of its history and of factors influencing its yield, nutritive value and storage. – 2. ed. 382 S., Wageningen.

Canas-Pinochet, A., 1901: La papa. Investigaciones sobre su origin, sus cultivos y las enfermedades en Chile. – Soc. Cient. Chile *11*, 159–197.

CARDENAS, M., 1969: Manual de plantas economicas de Bolivia. – Imprenta Icthus, 421 S., Cochabamba.

CASTELLANOS, J., 1886: Historia des nuevo reino de Granada. – 1536 (publ. in Madrid 1886).

CIEZA DE LEÓN, P. DE, 1550–1553: La Chrónica de Peru. Sevilla.

CLUSIUS, C., 1576: Rariorum aliquot stirpium per Hispanias. – Obs. Historia. Antwerpen.

– 1601: Rariorum plantarum historia. – Antwerpen.

COBO, B., 1653: Historia del nuevo mundo. – Sevilla. Nachdruck 1915.

COLERUS, J. B., 1592: Calendarium oeconomicum et perpetuum. – Wittenberg.

COX, R., 1846: On the cultivation of potatoes. – J. Roy. Agric. Soc. *VI*, 482.

CORRELL, D., 1948: Collecting wild potatoes in Mexico. – USDA Circ. Nr. 797.

– 1952: Section Tuberarium of the genus *Solanum* in North America and Central America. – Agric. Monogr. Nr. 11, USDA, Washington.

– 1962: The potato and its wild relatives. – Renner Texas.

DANERT, S., 1956: Zur Systematik von *Solanum tuberosum*. – Kulturpflanze *4*, 83–129.

– 1957: Über den Sproßaufbau und die Blattentwicklung bei der Kartoffel. – Züchter *27*, 22–32.

– 1961: Morphologie und Anatomie. – In: „Die Kartoffel" Handbuch v. SCHICK und KLINKOWSKI, VEB Deutsch. Landw. Vlg. 19–44.

– 1961: Sortensystematik. – In: „Die Kartoffel", Handbuch v. SCHICK und KLINKOWSKI, VEB Deutsch. Landw. Vlg. 559–569.

DARWIN, CH., 1845: A naturalists voyage. – John Murray London.

DAWSON, T., 1596: The good housewifes jewell. – London, pag. 424.

DAVIDSON, W., 1936: The history of the potato and its progress in Ireland. – J. Dept. Agric. Eire. *34* (zit. nach SALAMAN).

DECANDOLLE, A., 1855: Géographie botanique raisonnée. Genf.

DODDS, K., 1962: Classification of cultivated potatoes. – In: CORRELL.

– 1965: The history and relationship of cultivated potatoes. – In: „Essay on Crop Plant Evolution". Cambridge.

– and G. PAXMAN, 1962: The genetic system of cultivated diploid potatoes. – Evolution (Lancaster) *16*, 154–167.

DODOENS, R., 1553: Cruydeboeck. – Antwerpen.

DUNAL, M. F., 1813: Histoire naturelle, médicale et économique des *Solanum*. – Montpellier.

– 1852: Solanaceae (Prodromus DECANDOLLE). 13. 27–387 Paris.

ELSHOLZ, J. S., 1684: Neuangelegter Gartenbau. III. – Berlin.

ENGEL, S., 1773: Anweisung und Nachricht über den Erdäpfelbau. 2 Teile. – Bern.

EVANS, C. and B. MEGGERS, 1966: Relationships between Mesoamerica and Ecuador. – Handbook of Middle American Indians *4*.

FREIHERR, V. D., 1820: Kartoffelbau in seiner höchsten Cultur. – Ed. Kaulfuss, Wien.

FUESS, W., 1935: Die Urheimat der Kartoffel. – In: Die Ernährung d. Pfl. *XXXI*, 288.

– 1938: Die Geschichte der Kartoffel. – Forsch. Inst. f. Stärkefabr. Berlin

GAY, C., 1849: Historia fisica y politica de Chile. Botánica V. – Santiago.

GARCILASO DE LA VEGA, 1609: Comentarios Reales de los Incas. Lissabon

GEORGI, I. G., 1775: Reise im Jahr 1772 in Russland. St. Petersburg, Bd. 1.

GERMERSHAUSEN, F. CH., 1785: Über Kartoffeln. – In: „Der Hausvater", 3 Bde. Leipzig.

GERARD, J., 1597: The Herball, or general histoire of plantes. – London.

GLEDITSCH, J. G., 1765–67: Vermischte phys. botanisch-oekonomische Abhandlungen über die Vermehrungsarten der Tartuffelstaude und ihre Fruchtbarkeit. – Halle.

Gomara, Lopez, 1606: Histoire generale des Indes et terres neuves . . . trad. p. Les. de Genille Mart. Fumée. – Paris.

Gonzalo de Oviedo, 1535: Historia Natural y General de las Indias. – Sevilla.

Hawkes, J. G., 1967: The history of the potato. – J. Roy. Hort. Soc. *92*, 207–224.

Hawkins, J., 1564: Voyage in purchas pilgrimages.

Heckel, E., 1907: Sur les origines de la pomme de terre cultivée. – 1–82. Marseille, Lit. Barlatier.

Hemsley, J., 1878: The native country of the potato. – Hortic. Soc. J. *5*, 123–125.

Henze, G., 1886: Notice sur l'introduction de la pomme de terre en France. – Paris.

Herold, F., 1967: Virus investigations of potatoes from Southafrica. – Amer. Potato J. *44*, 22–33.

Hooker, J. D., 1844–47: Flora Antarctica. – 574 pag. London.

Hoppe, G., 1747: Kurzer Bericht von den knollichten und essbaren Erdäpfeln. – Wolfenbüttel.

Howard, H. W., 1960: Potato cytology and genetics. 1952–1959. – Bibliogr. Genetica *19*, 87–216.

– 1970: Genetics of the potato. – Logos Press, London, 125 S.

Humboldt, A., 1824: Essai politique sur le royaume de la Nouvelle Espagne. – Paris.

Jackson, B. D., 1876: A catalogue of plants cultivated in the garden of John Gerard. – 1595–1599, London.

Juzepczuk, S. W. and S. M. Bukasov, 1929: A contribution to the question of the origin of the potato. – Proc. USSR Congr. Genet. *3*, 593–611.

Kameraz, A., 1959: Anbau, Züchtung und Selektion der Kartoffel (russ.). – Leningrad.

Khoss v. Sternegg, H., 1929: Die ersten Kartoffeln in Oesterreich. – Ernährg. d. Pfl. *25*, 515–519.

Klinkowski, M., 1960: Die Virosen von Kartoffel und Tabak. – In: Pflanzliche Virologie, – Paris.

Knight, T., 1810: On potatoes. – Trans. Hort. Soc. I. ed. 292.

Krünitz, G., 1785: Oekonomisch-technologische Enzyklopädie. – Teil 35, Berlin.

Lamm, R., 1945: Cytogenetic studies in *Solanum*, sect. Tuberarium. – Hereditas *31*, 1–128.

Laufer, B., 1929: The american plant migration. – Scient. Monthly *28*, *239–251*.

Lechnovitz, W., 1956: Zur Geschichte der Kartoffel in Russland. – Mater. po ist. Zeml. UdSSR *2*, 258–400.

– 1961: Introduction of the potato into Western and Central Europe. – Nature *191*, 518–519.

– 1961: Aus der Geschichte der europäischen Kulturkartoffel. – In: Handbuch „Die Kartoffel" v. Schick & Klinkowski, 571–594.

Linnaeus, C., 1737: Hortus Cliffortianus. Amsterdam.

– 1753: Species plantarum. Stockholm.

Lopez, G. & A. Zubeldia, 1958: Estudio y description de variedades antiguas de patata cultivadas en España. – Anales INIA *7*, 273–332.

MacMillan, H., 1940: Note on the origin of the potato. – Gartenb. Wiss. *1*, 308–325.

Magoon, M. and S. Ramanujam, 1960: Nature of chromosome pairing in the genus *Solanum*. – Indian. J. Genet. *20*, 21–44.

Maldonado, R., 1897: Estudios geograficos e hidrologicos sobre Chiloe. Santiago de Chile.

Malpeaux, L., 1899: Culture de la pomme de terre. – Encycl. scient. 1–207, Paris.

Matthioli, P., 1598: Opera quae extant omnia. Frankfurt a. M.

Mitchell, W. S., 1886: Raleigh and the potato. – Gardeners Chronicle *25*, 487.

Molina, I., 1782: Saggio sulla storia naturale de Chile. – Bologna.

MONARDES, N., 1577: Prima y segunda partes de la historia medicinal de las cosas . . . – 206 S., Sevilla, 1574 (eng. trad. by JOHN FRAMPTON, London).

MONTALDO, S., 1964: Bibliografia latinoamericana sobre papas. – Rev. Fac. Agron. UCV Maracay-Venezuela Nr. 7, 1–269.

OCHOA, C., 1965: Determinacion sistematica y recuentos cromosomicos de las papas indigenas cultivadas en el centro des Peru. – An. Cient. Univ. Agr. Lima *3*, 106–163.

OVIEDO y VALDES, 1851: Historia de las Indias. – Madrid.

PAL, B. & P. PUSCHKARNAT, 1951: Indian potato varieties. – I. C. A. R. Bull. *62*, 63.

PARKINSON, J., 1629: Paradisi in sole paradisus terrestris. – London.

PARMENTIER, P., 1781: Traité sur la culture et les usages des pommes de terre. – Barrois ed. *89*, Paris.

PARODI, L. 1959: Enciclopedia argentina de agricultura. – ACME-Buenos Aires.

PUSHKARNAT, P., 1964: Potatoes in India. I. Varieties. – I. C. A. R. New-Delhi.

PUTSCHE, K. W. E., 1819: Versuch einer Monographie der Kartoffeln. – Weimar.

RALEIGH, W., 1595: The discovery of the Guyana. – Harvard Classic *33*, New York.

RATHLEF, H. v., 1932: Die Stammtafel des Weltsortiments der Kartoffel und ihre generativ fruchtbaren Sorten. – Kühn-Archiv *33*, 297.

REGEL, E., 1865: Kartoffelkultur, Kartoffelkrankheit und vergleichende Versuche über den Wert von 440 verschiedenen Kartoffelsorten für den Anbau. – Erlangen.

REICHE, C., 1911: Flora de Chile. – Santiago.

REINHARDT, L., 1911: Kulturgeschichte der Nutzpflanzen. 2 Bde. – Berlin.

RODIEZKY, E., 1878: Die Biographie der Kartoffel. – Wien.

ROSS, H., 1960: Über die Zugehörigkeit der knollentragenden *Solanum*arten zu den pflanzengeographischen Formationen Südamerikas und damit verbundene Resistenzfragen. – Z. f. Pfl.-Züchtg. *43*, 217–240.

ROTHACKER, D., 1961: Die wilden und kultivierten mittel- und südamerikanischen Kartoffelspezies. – In: SCHICK & KLINKOWSKI: „Die Kartoffel", 353–558.

– 1969: Untersuchungen am Sortiment wilder und kultivierter Kartoffelspezies des Instituts für Pflanzenzüchtung Gr.-Lüsewitz. – Habilitationsschrift Landw. Fak. Univ. Rostock, 1–158 (mit umfangreichen Tabellen).

ROZE, E., 1898: Histoire de la pomme de terre. – 464 pag. Paris.

RYE, G., 1730: Considerations on Agriculture. –

SABINE, J., 1822: On the native country of the potato. – Trans. Hort. Soc. London, 524.

SAFFORD, W., 1925: The potato of romance and reality. – J. Heredity *16*, *4*, 5, 6.

SALAMAN, R., 1937: The potato in its early home and its introduction into Europe. – J. Roy. Hort. Soc. *62*, 61–77, 253–266.

– 1949: The history and social influence of the potato. – 685 p., Cambridge.

– and J. G. HAWKES, 1949: The character of the early European potato. – Proc. Linn. Society, London, *161*, 71–84.

SCHICK, R., 1931: Von dem Einfluss der Tageslänge auf den Knollenansatz der Kartoffel, – Züchter *3*, 365–369.

– und M. KLINKOWSKI, (Herausgeber) 1961: Die Kartoffel. – Handbuch in 2 Bd., VEB Deutsch. Landw. Verl., 2112 S.

SERRES, O. DE, 1600: Le théâtre d'agriculture et mesnage des champs. – Paris.

SIMMONDS, N. W., 1964: Studies on the tetraploid potatoes. I. The variability of the Andigena group. – J. Linn. Soc. London *58*, 461–474.

– 1968: Changes of leaf size in the evolution of the Tuberosum potatoes. – Euphytica *17*, 504–506.

SIMON, J., 1782: Von der jetzigen verderblichen Abartung der Kartoffel. – Prakt. Abh. über die Haus- u. Landwirtschaft. Frankfurt.

SINHA, K. and P. PUSHKARNAT, 1964: The relationship of Indian potato varieties to

Solanum tuberosum subsp. *andigena*. – Ind. Pot. Jour. *6*, 24–29.
SUTTON, A., 1907: Notes on some wild forms and species of tuber bearing Solanums. – J. Linn. Soc. Bot. *38*, 446–453.
SWAMINATHAN, M. S., 1958: The origin of the early european potato – evidence from Indian varieties. – Ind. J. Genet. Plantbr. *18*, 8–15.
– and H. W. HOWARD, 1953: The cytology and genetics of the potato (*Solanum tuberosum*) and related species. – Bibl. Genet. *16*, 1–192.
– and M. MAGOON, 1961: Origin and cytogenetics of the commercial potato. – Adv. Genetics *10*, 217–256.
SYKIN, A., 1971: Zur Frage der Abstammung und der wildwachsenden Vorfahren chilenischer Kulturkartoffeln. – Z. Pflanzenzüchtg. *65*, 1–14.
TABERNAEMONTANUS, J. T., 1588: Neuw Kreutterbuch. – Frankfurt a./M.
TURNER, S., 1568: A New Herbal. – London.
UGENT, D., 1968: The potato in Mexico. – Econ. Botany *22*, 109–122.
– 1970: The potato, how did it first become domesticated? – Science *170*, 1161–1166.
VAN DER PLANK, J., 1946: Origin of the first European potatoes and their reaction to lenght of day. – Nature *157*, 503–505.
VAVILOV, I., 1926: Studies on the origin of the cultivated plants. – Bull. Appl. Bot. Plant Breed. *16*, 1–245, Leningrad.
WOLLENWEBER, K., 1922: Die verschiedenen Methoden der Kartoffelzüchtung. – Beitr. z. Pfl. Züchtg. Heft 6, Parey, Berlin.
WIGHT, W. F., 1916: Origin introduction and primitive culture of the potato. III. – Ann. Mt. Potato Assoc. Amer. 35–49.
WITTMACK, L., 1909: Die Stammpflanze unserer Kartoffel. – Landwirtsch. Jahrb. Ergänzungsband *38b*, 551–604.
ZARATE, A., 1555: Historia del descubrimiento y conquista des Peru. – Antwerpen.
ZHUKOVSKI, P., 1959: Reise durch die Zentren des Ursprungs von kultivierten Pflanzen in Lateinamerika. – Bot. J. *44*, 722–737.
ZUBELDIA, A., G. LOPEZ & A. SANUDO, 1955: Estudio descripcion y clasificacion de un grupo de variedades primitivas de patata, cultivadas en las Islas Canarias. – Nr. 225, Boletin Nr. 33, INIA, 288–325.
ZWARTZ, J., 1967: Characterization of potato varieties by electrophoretic separation of the tuber proteins. – Medd. Landb. Hog. 9, 1–127, – Wageningen.

Nachtrag:

BRÜCHER, H., 1974: Über Art-Begriff und Art-Bildung bei *Solanum* (Sect. Tuberarium). – Beitr. Biol. Pflanzen *50*, 393–429.
– 1976: Zur Wieder-Entdeckuug von *Solanum commersonii* DUN. am Originalfundort in Uruguay. – Angew. Botanik, *50* (zum Druck).
LATCHAM, R., 1936: La agricultura pre-colombiana en Chile y paises vecinos. – Santiago.
LEPPIK, E., 1971: Assumed gene centers of peanuts and soybeans. – Econ. Bot. *25*, 188–195.

Anmerkung zu S. 51:

MANSFELD (1959) kritisierte mit Recht die von HAWKES eingeführte Modifikation und stellte fest, dass es taxonomisch ungerechtfertigt ist „andigena“ zu schreiben, was aber HAWKES und einige seiner Anhänger bisher nicht gehindert hat, auf ihrem Standpunkt zu beharren.

Kulturpflanze XXIII · 1975 · S. 75—81

Resistenzeigenschaften im Gersten- und Weizensortiment Gatersleben. 19. Prüfung von Sommergersten auf ihr Verhalten gegen Gelbrost, *Puccinia striiformis* West., Rasse 24

ILSE NOVER[1] und CHRISTIAN O. LEHMANN

(Eingegangen am 10. Januar 1975)

Seit dem ersten epidemischen Auftreten der Gersten-Gelbrostrasse 24 in Mitteleuropa 1961 ist sie hier vorherrschend, wenn es auch bisher noch nicht wieder zu einem weiträumigen, wirtschaftlich erheblichen Befall kam. Wir begannen damals in dem Sortiment Gatersleben nach Trägern von Resistenz gegen diese Rasse zu suchen (NOVER und LEHMANN 1966, 1970). Im folgenden wird über die Ergebnisse der fortgesetzten Untersuchungen berichtet.

Material und Methode

Es wurden 1650 Sommergersten geprüft, darunter sind 62 Sippen von *Hordeum spontaneum* Koch und 39 von *H.* × *agriocrithon* Åberg. Der größte Teil des Materials von *H. spontaneum* stammt entweder aus der Turkmenischen und Aserbaidshanischen SSR, wo es F. KH. BAKTEEV in den Jahren 1958 und 1960–62 sammelte, oder aus dem Iran, wo es von H. KUCKUCK in den Jahren 1952–54 gefunden wurde. Die Sippen von *H.* ×*agriocrithon* kommen aus der Kollektion von E. SCHIEMANN, die sie für ihre Untersuchungen zur Abstammung der Gersten zusammentrug (SCHIEMANN 1951). Zu den Kulturgersten gehören u. a. eine Sammlung von Zuchtsorten aus den 20er und 30er Jahren der Biologischen Bundesanstalt in Braunschweig, die von H. KUCKUCK in den Jahren 1952–54 im Iran gesammelten Gersten (KUCKUCK 1956) und neuere Zuchtsorten aus europäischen Ländern, Indien, Japan und den USA.

Die Gersten wurden zehn Tage nach der Aussaat infiziert. Nach Aufpinseln der Uredosporen auf das erste Blatt standen die Keimpflanzen 48 Stunden in einer Feuchtkammer dunkel, dann hell auf den mit feuchtem Torf belegten Gewächshaustischen bei Temperaturen zwischen 10–17 °C. Die Bewertung des Befalls erfolgte 14—18 Tage p. i. Sorten, die nicht relativ stark befallen waren, wurden wiederholt im Gewächshaus infiziert, die dabei mehrfach resistent erschienenen schließlich in einem künstlich verseuchten Infektionsgarten bis zur Reife beobachtet.

[1] Sektion Pflanzenproduktion der Universität Halle

Tabelle 1

Sommergersten mit hoher Gelbrostresistenz (geprüft mit Rasse 24)

Sortimentsnummer Gatersleben	Sorte/Herkunft	Morphologische Gruppe	*Puccinia hordei*	*Erysiphe graminis*
		Hordeum vulgare L.		
HOR 3027	'Abyssinian C. I. 4219' Sort. Braunschweig: BBA 1430	convar. *deficiens* (Steud.) Mansf. var. *deficiens* (Steud.) Körn.	a	mr, Gene *Ml-g* + ?
HOR 2895	'Algerie 48' Sort. Gembloux: 054/60	convar. *distichon* Alef. var. *erectum* (Rode) Alef.	a	(r) Gen *Ml-g*
HOR 3832	'C 138-2' Sort. Neu-Delhi	convar. *hexastichon* L. var. *hybernum* Vib.	a	a
HOR 3818	'Gujarat C. I. 3397' Sort. Braunschweig: BBA 1455	var. *hybernum* Vib.	(r)	(r) Gen *Ml-a4*
HOR 3941	'Israeli 46' Israel	convar. *distichon* Alef. var. *nutans* (Rode) Alef.	(r)	(r), Gene *Ml-g* + *Ml-a4*
HOR 2978	'Japan 1' Sort. Braunschweig: BBA 981	convar. *hexastichon* L. var. *nigripallidum* R. Regel	a	a
HOR 4558	'Jerusalem II' Eucarpia Sort. 1968: 28	convar. *distichon* Alef. var. *nutans* (Rode) Alef.	(r)	r
HOR 4260	'Lyallpur 3648' Sort. Lyallpur, Pakistan	var. *subnutans* (Orl.) Mansf.	a	mr
HOR 3007	'Peshawar' Sort. Braunschweig: BBA 1232	convar. *hexastichon* L. var. *hybernum* Vib.	a	a

HOR 2721	*3*	'Satsukimugi'	var. *subparallelum* (Orl.) Mansf.	a	a
		Japan: Norin 1			
HOR 2973		'Seigle Temondij'	var. *coeleste* L.	a	a
		Sort. Braunschweig: BBA 974			
HOR 141		Italien	var. *coeleste* L.	a	a
		Sort. Halle			
HOR 3998		Nordgriechenland	var. *hybernum* Vib.	a	(r)
		Balkan 1941: 2201, Agezi			
			convar. *distichon* Alef.		
HOR 4469		Syrien	var. *nutans* (Rode) Alef.	a	a
		Sort. VIR Leningrad: Kat. VIR 7633			
HOR 4082[1]		Jemen	var. *nutans* (Rode) Alef.	a	a
			convar. *hexastichon* L.		
HOR 2768		Iran 1952–54: 12 b, Ramhormos	var. *hybernum* Vib.	a	a
HOR 2772		Iran 1952–54: 187 a,	var. *hybernum* Vib.	a	a
		Farm nahe Abwaz			
HOR 2660		Tibet 1938–39:	var. *coeleste* L.	a	a
		Lhasa			
HOR 2951[1]		Sort. Braunschweig: BBA 806	var. *hybernum* Vib.	a	a
HOR 3664		Sort. Braunschweig: BBA 809	var. *hybernum* Vib.	a	a
HOR 3670		Sort. Braunschweig: BBA 836	var. *hybernum* Vib.	a	a
HOR 3672		Sort. Braunschweig: BBA 859	var. *hybernum* Vib.	a	a
HOR 3750		Sort. Braunschweig: BBA 1194	var. *hybernum* Vib.	a	a
			convar. *distichon* Alef.		
HOR 3807		Sort. Braunschweig: BBA 1401	var. *subnutans* (Orl.) Mansf.	a	a
			convar. *labile* (Schiem.) Mansf.		
HOR 2380		Bot. Garten Uppsala	var. *nigrum-steudelii*	a	a

Zeichenerklärung: a: anfällig, r: resistent, mr: mäßig resistent, (r): gegen einige Rassen resistent

[1] enthält einzelne anfällige Pflanzen

Tabelle 2
Sommergersten mit mäßiger Gelbrostresistenz
(geprüft mit Rasse 24)

Sortimentsnummer Gatersleben	Sorte/Herkunft	Morphologische Gruppe	*Puccinia hordei*	*Erysiphe graminis*
		Hordeum vulgare L. convar. *distichon* Alef.		
HOR 3025	'Abyssinische 6208/48' Sort. Braunschweig: BBA 1400	var. *duplialbum* Körn.	a	r Gen *Ml-o*
HOR 3940	'Israeli 264' Israel	var. *nutans* (Rode) Alef.	a	(r) Gen *Ml-g*
		convar. *hexastichon* L.		
HOR 3001	'Luxor' Sort. Braunschweig: BBA 1201	var. *hybernum* Vib.	a	(r) Gen *Ml-a4*
		convar. *deficiens* (Steud.) Mansf.		
HOR 3030	'Menelik C. I. 5862' Sort. Braunschweig: BBA 1446	var. *deficiens* (Steud.) Körn.	a	(r)
		convar. *hexastichon* L.		
HOR 2890	'Shiranuihadaka' Japan: Norin 12	var. *asiaticum* (Vav.) Mansf.	a	a
		convar. *distichon* Alef.		
HOR 2857	Iran 1952–54: 267a zwischen Ghazvin und Rasht	var. *medicum* Körn.	a	a
HOR 2610	Sort. Montpellier, Frankreich: Ra6	var. *nigrinudum* (Vav.) Mansf.	a	a
		convar. *hexastichon* L.		
HOR 2967	Spanien Sort. Braunschweig: BBA 946	var. *hybernum* Vib.	(r)	a
		convar. *distichon* Alef.		
HOR 2678	Äthiopien Sort. Halle: Ab. 1095	var. *contractum* Körn.	a	a

Zeichenerklärung: a: anfällig, r: resistent, (r): gegen einige Rassen resistent

Ergebnisse

Von den insgesamt 1650 Sommergersten zeigten rund 2% Widerstandsfähigkeit gegen die Gelbrostrasse 24. Sie gehören alle zur Saatgerste *H. vulgare* L. In der Tabelle 1 sind die 25 Sippen mit hoher, in der Tabelle 2 die neun Sippen mit mäßiger Resistenz zusammengestellt. Beide Tabellen bringen auch Angaben zu dem Verhalten dieser Sorten gegenüber *Puccinia hordei* Otth (Nover und Lehmann 1974) und *Erysiphe graminis* DC. f. sp. *hordei* Marchal (Nover und Lehmann 1972, 1973). Auf die gelegentlich vermerkten Gene für Mehltauresistenz wurde nur aus der rassenspezifischen Reaktion der Sorten geschlossen.

Als Gemisch von anfälligen mit resistenten Pflanzen erwiesen sich 15 Sippen von *H. vulgare* und zwei von *H. spontaneum*. Die übrigen 97% dieser Kollektion wurden als mehr oder weniger anfällig bewertet.

Besprechung der Ergebnisse

In Europa sind bisher nur zwei typische Gerstenrassen von *Puccinia striiformis* durch ihre sortenspezifische Befallsfähigkeit sicher zu unterscheiden. Sie wurden nach der fortlaufenden Numerierung der Gelbrostisolate von Gerste und Weizen als die Rassen 23 und 24 bekannt (Hassebrauk und Röbbelen 1974).

Gegen die zunächst vorherrschende Rasse 23 brachten zwei Landsorten Resistenz in die deutschen Gersten. Einmal kam sie von einer fränkischen Landgerste über die daraus ausgelesene 'Heils Franken' in das Zuchtmaterial. Zum anderen ist sie in alte bayerische Sorten, z. B. 'Ackermann Bavaria', zurückzuverfolgen, die aus einer Landgerste Niederbayerns ausgelesen wurden. Besonders durch die Sorte 'Isaria' aus der Kreuzung 'Bavaria' × 'Danubia' und deren spätere Kombinationen mit der Mehltau-Widerstandsfähigkeit der 'Weihenstephan CP 127422' fand diese Gelbrostresistenz allgemeine Verbreitung (vgl. den Sommergersten-Stammbaum, Knobloch 1969). Damit verstärkte sich ständig der Selektionsvorzug für die Rasse 24, die nicht nur alle für die Rasse 23 anfälligen Gersten befällt, sondern auch diejenigen mit der Resistenz der obengenannten süddeutschen Landsorten. Das führte in dem Jahr 1961 zu den außerordentlich hohen Einbußen an Quantität und Qualität der Sommergerstenerträge.

Das Verhalten der Rasse 24 weist darauf hin, daß das Gen für Gelbrostresistenz in 'Heils Franken' identisch mit dem in 'Ackermanns Bavaria' ist.

Zu der gleichen Annahme kam Honecker schon 1943 auf Grund seiner großen züchterischen Erfahrung (Honecker 1943). Die Annahme wird durch neuere Ergebnisse der Analyse von Kreuzungen mit 'Deba Abed', 'Europa' und 'Cambrinus' – Sorten, die von 'Isaria' bzw. 'Heils Franken' abstammen – bestätigt (Johnson 1968).

Die widerstandsfähigen Gersten in den Tabellen 1 und 2 kommen aus einem weiten geographischen Raum, der sich vom Mittelmeergebiet bis nach Ostasien erstreckt. Damit besteht eine gewisse Wahrscheinlichkeit für die genetische Variabilität ihrer Gelbrostresistenz. Die Braugerste 'Trumpf', in der DDR auf großen Flächen angebaut (Anonym 1973), hat die gute Rostresistenz aus äthiopischem Material erhalten. Sicher wird die Sorte wegen ihrer wertvollen Eigenschaften häufig als Partner in anderen Kombinationen Verwendung finden. So sind die Voraussetzungen gegeben, daß eine neue diesem Genotyp angepaßte Rasse von *P. striiformis* bei dem Zusammentreffen günstiger klimatischer Bedingungen zur Massenvermehrung kommen kann. Vorausschauend sollten deshalb die genetische Konstitution der Gelbrostresistenz von 'Trumpf' und von geographisch entfernten Landsorten (Tab. 1) bald geklärt werden, um das Merkmal rechtzeitig durch andere Gene abzusichern.

Zusammenfassung

Es wurde das Verhalten von 1650 Sommergersten des Sortiments Gatersleben, darunter 62 Sippen von *H. spontaneum* und 39 von *H.* × *agriocrithon*, gegenüber der zur Zeit virulentesten Gersten-Gelbrostrasse 24 geprüft.

Hohe Resistenz zeigten 25, mäßige 9 Zucht- und Landsorten. Ein Prozent aller geprüften Gersten, 15 Sippen von *H. vulgare* und zwei Sippen von *H. spontaneum*, enthielten neben anfälligen auch widerstandsfähige Pflanzen. Mäßig bis sehr anfällig waren 97% der Kollektion.

Summary

Resistance in the barley and wheat collection Gatersleben. 19. Testing spring barleys for their reaction to race 24 of stripe rust (*Puccinia striiformis* West.).

A total of 1650 spring barleys of the Gatersleben collection, including 62 samples of *H. spontaneum* and 39 of *H.* × *agriocrithon*, was tested with the hitherto most virulent race 24 of barley stripe rust.

High resistance was shown by 25, moderate resistance by nine varieties. They are listed in tables 1 and 2 resp. with additional notes on their reaction to dwarf leaf rust and mildew. Seed stocks of 15 samples of *H. vulgare* and two of *H. spontaneum* were heterogeneous for yellow rust reaction. Moderately to highly susceptible proved 97 per cent of this collection.

Краткое содержание

Устойчивость гатерслебенской коллекции ячменя и пшеницы. 13. Испытание яровых ячменей на их восприимчивость к желтой ржавчине, *Puccinia striiformis* West., раса 24

Изучалась реакция 1650 яровых ячменей гатерслебенской коллекции, в том числе 68 форм *Hordeum spontaneum* и 39 *H.* ×*agriocrithon* на, в настоящее время, наиболее вирулентную расу желтой ржавчины 24.

Высокую устойчивость проявили 25, умеренную – 9 селекционных и местных сортов. У 1% испытанных номеров ячменя (15 форм *H. vulgare* и 2 формы *H. spontaneum*) обнаружились наряду с восприимчивыми и устойчивые растения. Умеренно или сильно восприимчивыми оказались 97% всей коллекции.

Literatur

Anonym 1973: Sortenbeschreibung landwirtschaftlicher Kulturarten. Neuzulassungen 1973. – Zentralstelle f. Sortenwesen, Nossen. Hrsg. Landwirtschaftsausstellung der DDR, Markkleeberg.

Hassebrauk, K., und G. Röbbelen, 1974: Der Gelbrost, *Puccinia striiformis* West. III. Die Spezialisierung. – Mitt. BBA Berlin-Dahlem No. *156*, 150 S.

Honecker, L., 1943: Resistenzzüchtung gegen Mehltau und Rost bei Gerste. – Z. Pflanzenzücht. *25*, 209–234.

Johnson, R., 1968: Genetics of resistance of barley to yellow rust. – First Int. Congr. Pl. Path., London, 1968.

Knobloch, W., 1969: Abstammung und Verbreitung der in der Bundesrepublik Deutschland angebauten Braugerstensorten. – Bayer. Landw. Jb. *46*, 202–213.

Kuckuck, H., 1956: Report to the government of Iran on the distribution of cereals in Iran. – Rome 1956, FAO Report No. *517*.

Nover, I., und Chr. O. Lehmann, 1966: Resistenzeigenschaften im Gersten- und Weizensortiment Gatersleben. 6. Prüfung von Gersten auf ihr Verhalten gegen Gelbrost [*Puccinia striiformis* West. syn. *P. glumarum* (Schm.) Erikss. et Henn.]. – Kulturpflanze *14*, 257–262.

– –, 1970: –. 13. Prüfung von Wintergersten-Neuzugängen auf ihr Verhalten gegen Gelbrost, *Puccinia striiformis* West. – Kulturpflanze *18*, 107–108.

– –, 1972: –. 14. Prüfung von Sommergersten auf ihr Verhalten gegen Mehltau (*Erysiphe graminis* DC. f. sp. *hordei* Marchal). – Kulturpflanze *19*, 283–298.

– –, 1973: –. 17. Prüfung von Sommergersten auf ihr Verhalten gegen Mehltau (*Erysiphe graminis* DC. f. sp. *hordei* Marchal). – Kulturpflanze *21*, 275–294.

– –, 1974: –. 18. Prüfung von Sommergersten auf ihr Verhalten gegen Zwergrost (*Puccinia hordei* Otth). – Kulturpflanze *22*, 25–43.

Schiemann, E., 1951: Neue Gerstenformen aus Ost-Tibet und ein weiterer Fund von *Hordeum agriocrithon* Åberg. – Ber. Dtsch. Bot. Ges. *64*, 57–69.

Kulturpflanze XXIII · 1975 · S. 83–106

Zygnemataceen aus Kuba[1,2]

Alfred Rieth

(Eingegangen am 31. Januar 1975)

Als „Ergebnisse der 1. Kubanisch-Deutschen Alexander-von-Humboldt-Expedition 1967/68 in der Republik Kuba" Nr. 18; 20; 21; 25a und 28 wurde bereits über fünf Zygnemataceen-Arten berichtet (Rieth 1971a u. b; 1972a u. b, 1975). Es handelte sich dabei im wesentlichen um Untersuchungen an lebend mitgebrachtem vegetativem Material, das in Kultur zur Konjugation kam und artrein eingehender studiert werden konnte. Als Ergänzung seien hier die im Laufe der Expedition lebend an Freilandmaterial oder anschließend nach fixierten Proben bestimmten Formen behandelt. Um einen Gesamtüberblick zu geben, sind die fünf anhand von Kulturen festgestellten Arten mit erwähnt.

Da Veröffentlichungen zur Zygnemales-Flora der Insel – soweit mir bekannt ist – nicht vorliegen, dürften auch diese, sicherlich nur einen Bruchteil der vorhandenen Arten darstellenden Angaben von Interesse sein.

1. *Mougeotia drouetii* Transeau 1938

Fundorte: 1. Laguna La Luisa bei Rincón
SSW La Habana Okt. 1967 mit Zygoten gesammelt.
2. Alturas de Trinidad (Provinz Las Villas) Febr. 1968 in etwa 780 m Höhe steril gesammelt. Herbst 1968 in Kultur konjugierend und Zygoten bildend.
(Siehe Rieth 1971a!)

2. *Mougeotia abnormis* Kisselev 1927

Fundort: Alturas de Trinidad (Provinz Las Villas) Febr. 1968 in etwa 780 m Höhe steril gesammelt. In Kultur zunächst nur Aplanosporen, erst Ende Mai 1970 konjugierend und Zygoten bildend.
(Siehe Rieth 1972a!)

1 Ergebnisse der 1. Kubanisch-Deutschen „Alexander-von-Humboldt-Expedition 1967/68" Nr. 29.

2 Dem Andenken Siegfried Danerts in dankbarer Erinnerung an gemeinsame Expeditionsarbeit in Kuba gewidmet.

3. *Mougeotia guanahacabibensis* Rieth 1971

Fundort: Halbinsel Guanahacabibes (Provinz Pinar del Rio). November-Dezember 1967 in Meereshöhe mit Zygoten gesammelt. (Siehe Rieth 1971b!)

4. *Spirogyra quadrilaminata* Jao 1935

Fundorte: 1. Auf der Halbinsel Guanahacabibes (Provinz Pinar del Rio) in Meereshöhe verbreitet. November-Dezember 1967 mit Zygoten gesammelt.

2. Alturas de Trinidad (Provinz Las Villas) Februar 1968 in etwa 780 m Höhe steril gesammelt. In Kultur Ende 1968 konjugierend und Zygoten bildend. (Siehe Rieth 1972b!)

Die Zygoten des Materials aus der Umgebung von El Beral (Guanahacabibes) sind stark von *Blyttiomyces spinnulosus* (Blytt) Bartsch befallen. Der Parasit ist für Zygosporen von *Spirogyra* spec. und *Mougeotia* spec. für Kuba erstmals von Sparrow 1953 an zwei Fundstellen in der Provinz Las Villas nachgewiesen worden.

Nachgetragen sei das Verhältnis der Summe der Gametangienlängen zur Zygotenlänge: 2,45–4,60(–5,15) (Abb. 14, Fig. E) nach Freilandmaterial aus der Gegend von El Beral (Guanahacabibes, Provinz Pinar del Rio).

5. *Spirogyra biformis* Jao 1935

Fundort: Pfütze auf dem Weg von El Beral nach Guires (Halbinsel Guanahacabibes) Ende Oktober 1967 mit Zygoten gesammelt.

Vegetative Zellen Durchmesser: 39,0–41–44,0(–47,0) µm (Abb. 1, Fig. A); Länge: (53,0–)65,0–95,0(–228,5) µm (Abb. 1, Fig. E); mit glatten Endwänden. 2 deutlich gekielte Chromatophoren, die 2–3(–4) Umgänge in der Zelle machen. An einem reichlichen Material wurde nur seitliche Kopulation beobachtet. (Der in Abb. 2, Fig. c dargestellte Fall kann nicht als „leiterförmige" Konjugation angesprochen werden, da klar ersichtlich ist, daß ein zu seitlicher Kopulation am Zellende angelegter Kanal nur mehr oder minder zufällig nicht mit der Nachbarzelle Kontakt aufnahm, sondern einen Partner in einem anderen Faden fand. Das Beispiel zeigt aber, wie Übergänge zwischen beiden Konjugationstypen möglich sind.) Der Kopulationskanal wird unter Beteiligung beider, etwas größenverschiedener Gametangien gebildet. Das aufnehmende Gametangium ist fast stets etwas länger (Längendifferenz: (0–)7,0 (–23,5) µm) als das abgebende. Die Unterschiede sind nicht sehr groß aber eindeutig (Abb. 1, Fig. B) und bringen einen, allerdings geringfügigen Sexualdimorphismus zum Ausdruck. Der Gametangiendurchmesser, über einer Wand gemessen, entspricht dem Durchmesser vegetativer Zellen. Gametangienlänge: ♂ (35,0–)52,0–65,0(–83,0) µm; ♀ (41,5–)52,0–78,0(–90,0) µm Abb. 1, Fig. F u. G). Sterile Zellen in konjugierenden Fäden oft allseitig aufgetrieben und Durchmesser in der Zellmitte dann bis 64,0 µm (Abb. 2, Fig. b).

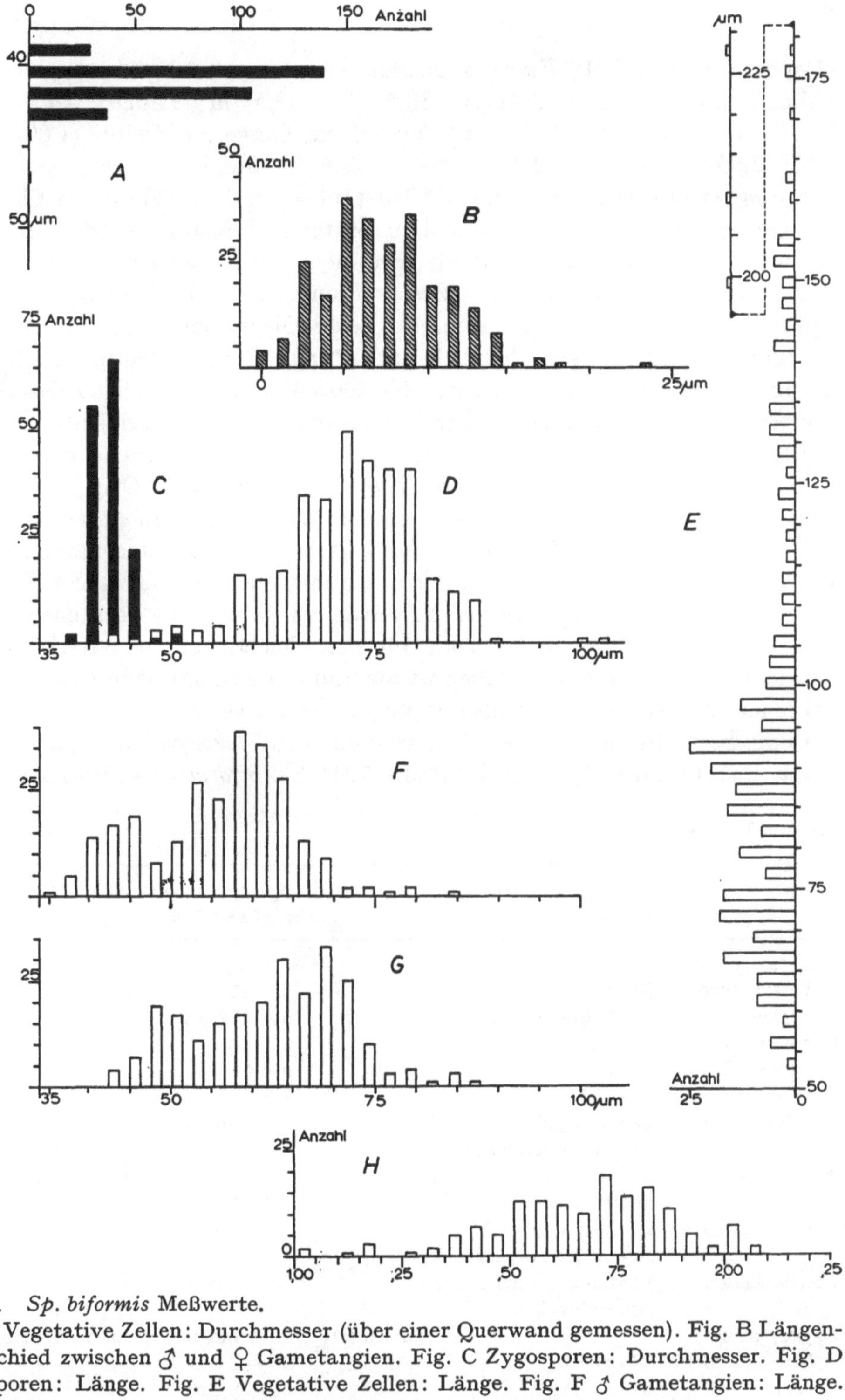

Abb. 1 *Sp. biformis* Meßwerte.
Fig. A Vegetative Zellen: Durchmesser (über einer Querwand gemessen). Fig. B Längenunterschied zwischen ♂ und ♀ Gametangien. Fig. C Zygosporen: Durchmesser. Fig. D Zygosporen: Länge. Fig. E Vegetative Zellen: Länge. Fig. F ♂ Gametangien: Länge. Fig. G ♀ Gametangien: Länge. Fig. H Zygosporen: Verhältnis Länge : Breite

Oosporen ellipsoidisch, Exospor farblos, Mesospor kräftig, braungelb, glatt (Abb. 2, Fig. e); Durchmesser: 36,5–41,5–49,5 µm; Länge: (41,5–)65,0–78,0(–101,5) µm (Abb. 1, Fig. C). Verhältnis Länge zu Breite: (1,00–)1,37–1,97(–2,09) (Abb. 1, Fig. H).

Spirogyra biformis wurde nach 1930 (Juli) von Reisfeldern bei Chunking (Szechwan, VR China) gesammeltem Material beschrieben, die 1934 eingereichte Arbeit, in der die Art als spec. nov. bezeichnet ist, erschien jedoch später (JAO 1936) als eine zweite Beschreibung, in der *Sp. biformis* bereits mit „JAO 1935" zitiert ist (JAO 1935). Da beide Diagnosen bis auf einen in der Fassung von 1935 augenscheinlich enthaltenen Druckfehler in der Längenangabe für die vegetativen Zellen: „46–150(–190) µ" statt „64–150(–190) µ" übereinstimmten, entstehen praktisch dadurch keine Schwierigkeiten.

1947 stellte TAFT nach Material von Holländisch Neu-Guinea eine neue Art, *Spirogyra hollandia*, auf, bei der es sich, wie ein Vergleich der Originaldiagnosen (siehe Tabelle 1!) zeigt, mit sehr großer Wahrscheinlichkeit ebenfalls um *Sp. biformis* handelt. Differential diagnostische Merkmale sind nicht genannt. Die Ansicht von der Identität beider Arten mit der Konsequenz, *Sp. hollandia* in die Synonymie von *Sp. biformis* zu setzen, wird durch die Tatsache gestützt, daß TRANSEAU (1951) *Sp. biformis* für das gleiche Sammelmaterial angibt, aus dem *Sp. hollandia* beschrieben wurde und – allerdings ohne Kommentar – bei jeder der zwei Arten jeweils auf die andere verweist.

In die Betrachtung einzubeziehen ist auch noch *Spirogyra plena* (West. W. et West, G. S.) Czurda 1932, da KRIEGER 1941 *Sp. biformis* zu dieser Art zieht,

Tabelle 1

	Spirogyra biformis Jao n. JAO 1936	*Spirogyra hollandia* Taft 1947 n. TAFT 1947
Vegetat. Zelle		
Durchmesser:	38–48 µm	36–41 µm
Länge	64–150(–190) µm	60–192 µm
Chromatophoren:	2–3	2
Pyrenoide:	groß	groß
Windungszahl:	1,5–4,5	1,5–2,5
Konjugationstyp:	gewöhnlich seitlich, selten leiterförmig	gewöhnlich seitlich, selten leiterförmig
Kopulationskanal:	von beiden Gametangien gebildet	von beiden Gametangien gebildet
Fertile Zellen:	zylindrisch, zuweilen erweitert	zylindrisch oder erweitert
Sterile Zellen:	zuweilen bis 58 µm angeschwollen	zuweilen angeschwollen
Zygosporen:	ellipsoid mit gerundeten Enden	ellipsoid mit gerundeten Enden
Durchmesser:	38–51 µm	38–42 µm
Länge:	64–83 µm	62–78 µm
Mesospor:	gelb, glatt	leuchtend gelb, glatt

mit der Begründung: „Der geringe Unterschied liegt in der Ausbildung des Kopulationskanals, der bei den chinesischen Formen nach der aufnehmenden Zelle zu nur ganz wenig erweitert ist" (KRIEGER 1941, S. 347). Ich halte die von W. und G. S. WEST (1907) als var. *plena* von *Spirogyra decimina* (Müller) Kütz. 1845 sehr knapp beschriebene[3] und abgebildete Form, die CZURDA (1932) – augenscheinlich, ohne selbst Material untersucht zu haben – in den Artrang erhob, für zu problematisch, um zu Gunsten ihrer den Namen der gut charakterisierten *Sp. biformis* aufzugeben, stimme aber zu, beide in einen

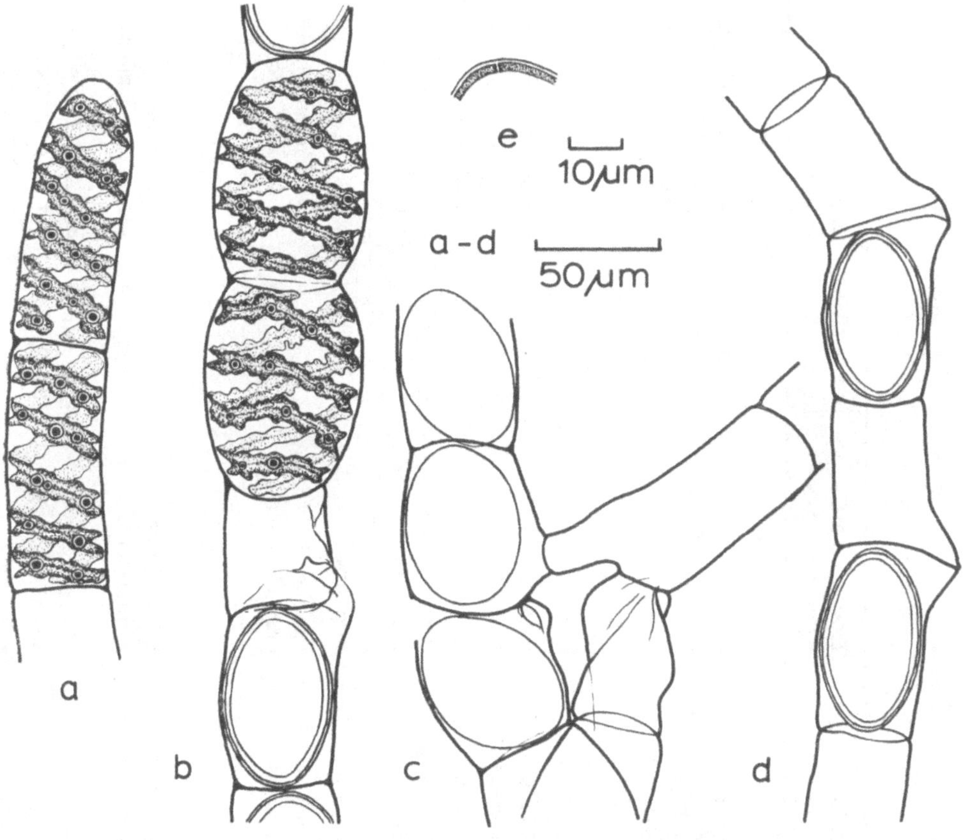

Abb. 2 *Sp. biformis*

Fig. a Ende eines vegetativen Fadens. Fig. b Fertiler Faden mit zwei aufgetriebenen steril gebliebenen Zellen. Fig. c Anormales Konjugationsstadium. Fig. d Normal, seitlich kopulierende Zellen mit Zygoten. Fig. e Zygotenwand: Endospor (mit Rißstelle) punktiert gezeichnet

[3] „Var. cellulis vegetativis paullo latioribus et brevioribus, diametro 1 $^1/_2$-2-plo longioribus; zygosporis cellulas complentibus. Crass. cell. veget. 38–44 µ; long. zygosp. 64–73 µ; lat. zygosp. 40–44 µ. Hab. – In flooded rice-fields, Burdwan (No. 24674)."
WEST, W. et WEST, G. S. 1907, S. 187

Tabelle 2

Spirogyra biformis

	Jao 1936	Transeau 1951 Randhawa 1959	Singh 1938 forma	Rieth 1975	Rao 1937 *Sp. plena* forma
Vegetat. Zelle					
Durchmesser:	38–48 μm	38–48 μm	45–46 μm	39–41–44 (–47) μm	38–46 μm
Länge:	64–150(–190) μm	64–150(–190) μm	105–150 μm	(53–) 65–95 (–227,5) μm	50–100 μm
Chromatophoren					
Anzahl:	2–3	(1–)2–3	–	2	–
Windungszahl:	1,5–4,5	1,5–4,5		2–3(–4)	–
Konjugationstyp:	Gewöhnl. seitl. selten leiterförmig	seitl., selten leiterförmig	nicht angegeben	nur seitlich	leiterförmig und seitlich
Fertile Zellen:	Zylindrisch, zuweilen leicht erweitert	zylindrisch, zuweilen leicht erweitert, zuweilen nur 38 μ lang		zylindrisch, zuweilen leicht erweitert	nach Fig. F. u. G Abb. 5 zylindrisch
Sterile Zellen in konjugierenden Fäden:	Zuweilen bis 58 μm angeschwollen	zuweilen bis 58 μm angeschwollen		zuweilen aufgeblasen bis 62 μm Durchmesser	nach Fig. F, Abb. 5 an der dem Partner zugewandten Seite aufgetrieben
Zygosporen					
Form:	Ellipsoid mit gerundeten Enden	ellipsoid mit gerundeten Enden	–	ellipsoid mit gerundeten Enden	nach den Fig. F. u. G Abb. 5 ellipsoid bis rund ellipsoid
Durchmesser:	38–51 μm	36–51 μm	45–60 μm	36,5–41,5–49,5 μm	(40–)52 μm
Länge:	64–83 μm	60–83 μm	60–97,5 μm	(41,5–)65,0–78,0(–101,5)	(50–)66(–80) μm
Mesospor:	glatt, gelb	glatt, gelb		glatt, braungelb	

Formenkreis zu vereinen. Auch spätere Autoren haben die Beschreibung von *Sp. plena* nicht wesentlich vervollständigt. So ist den immer wieder reproduzierten drei Figuren W. und G. S. West's (z. B. bei Czurda 1932, Fig. 203, a–b; Langer 1934; Krieger 1941, Fig. 479–481; Transeau 1951, Taf. XXVIII, Figs. 1–2; Randhawa 1959, Fig. 310, a–c) zwar zu entnehmen, daß seitliche und leiterförmige Kopulation vorkommen – wobei für letztere lediglich der ♀ Partner mit zwei Zellen dargestellt wird, sogar die Wiedergabe einer vollständigen Konjugationsbrücke also fehlt – Hinweise darauf, welcher Kopulationstyp vorherrscht, finden sich nicht. Rao (1937) bringt in seiner Fig. 5, F (S. 282) „*Sp. plena* forma" das Bild leiterförmig konjugierender Partner, demzufolge die Anschwellung steriler Zellen in fertilen Fäden nur auf der dem Partner zugewandten Seite in Erscheinung tritt. Seine forma soll sich dadurch von der typischen *Sp. plena* unterscheiden, daß: „Die Zygosporen im Durchschnitt breiter und kürzer seien". Man vergleiche dazu aber Tabelle 2!

Gauthier-Lièvre (1965), die die für Burma, China, Indien und die Staaten Jowa; Indiana; Kentucky; Ohio der USA genannte *Sp. plena* bei Katiola (Elfenbeinküste) fand, bildet nur leiterförmige Konjugation und eine vegetative Zelle mit 3 wohl nicht gekielten Chromatophoren ab (Taf. XXXXIX, B). Die von der Autorin gegebenen Maße (veget. Zelle: 40–44 × 170 µm; Zygospore: 45–50 × 80–88 µm) liegen im Bereich der Größenangaben von Krieger (1941) und Transeau (1951).

Zusammenfassend erscheint wesentlich festzustellen: *Spirogyra decimina* (Müller) Kütz. var. *plena* W. et G. S. West 1907; *Sp. plena* (W. et G. S. West) Czurda 1931; *Sp. biformis* Jao 1935; *Sp. plena* (W. et G. S. West) Czurda forma, Rao 1937; *Sp. biformis* Jao forma, Singh 1938; *Sp. hollandia* Taft 1947 sind derzeit nicht klar voneinander abgrenzbar, sondern in einen Formenkreis zu stellen, wie dies Krieger 1941 (bis auf die damals noch nicht bekannte *Sp. hollandia*) bereits tat, während Transeau 1951 und Randhawa 1959 wieder drei getrennte Arten unterscheiden. Ob man den Formenkreis *Sp. biformis* oder *Sp. plena* nennt, ist unwesentlich.

Spirogyra biformis (einschließlich *Sp. plena*) ist, soweit ich sehe, bisher für China (Czechwan); Neu-Guinea; die Philippinen; Brasilien; Indien; Afrika; die U. S. A. und nun Kuba bekannt.

6. *Spirogyra singularis* Nordstedt 1880

Fundort: Laguna „La Luisa" bei Rincón SSW La Habana.
Oktober 1967 mit Zygoten gesammelt.

Vegetative Zellen, Durchmesser: (28,5–)31,0–39,0 µm (Abb. 3, Fig. A); Länge: 57,0–114,5(–153,5) µm (Abb. 3, Fig. E); mit glatten Endwänden und einem relativ schmalen Chromatophorenband, das (2–)3(–5) Umgänge in der Zelle macht. Es wurde ausschließlich leiterförmige Konjugation beobachtet. Die Kopulationsbrücke wird unter Beteiligung beider Gametangien gebildet, jedoch ist der von der abgegebenen Zelle ausgehende Anteil etwas größer

(Abb. 4, Fig. c–f), gegen die aufnehmende Zelle zu ist der Kanal leicht erweitert (Abb. 4, Fig. a–f). Aufnehmende und abgebende Gametangien sind etwa gleich groß, zylindrisch. Gametangienlänge: ♂ 60–75–96(–125) µm; ♀ 62,5–70–83(–138) µm (Abb. 3, Fig. F u. G); der Gametangiendurchmesser (über einer Querwand gemessen): ♂ 28,5–35–39 µm; ♀ 28,5–35–36,5 µm (Abb. 3, Fig. I u. H) sind unter sich praktisch gleich und liegen im Bereich der Durchmesser vegetativer Zellen. Sterile Zellen in konjugierenden Fäden nicht aufgetrieben (Abb. 4, Fig. b u. c). Zygosporen ellipsoidisch, Exospor farblos, Mesospor glatt, gelbbraun, derb. Rißlinie meist sichtbar. Zygotendurchmesser: 34,0–44,0 µm; Länge: 52,0–62,0–78,0 µm (Abb. 3, Fig. C u. D). Verhältnis Länge zu Breite: (1,33–)1,50–1,90(–2,14) µm (Abb. 3, Fig. B). *Spirogyra singularis* wurde 1880 nach von Berggren in Neu-Seeland gesammeltem Material beschrieben[4]. Czurda (1932) führt sie mit der Begründung, daß „die angegebenen Merkmale zur Aufrechterhaltung der Species nicht ausreichen" unter den aufgelassenen Arten. Krieger (1941) stellt *Sp. singularis* mit Fragezeichen in die Synonymie von *Sp. decimina* (Müller) Kütz., für die von den meisten Autoren aber 2–3 Chromatophoren angegeben werden (z. B. von Petit 1880; Jao 1935; Transeau 1951; Gauthier-Lièvre 1965), nennt die Art jedoch auch bei „Unvollständigkeit bekannte und auszuschließende Formen" unter dem Hinweis „vielleicht *Sp. laxa*". Mit dieser Species kann eine Beziehung allerdings m. E. nicht hergestellt werden, da sie im Gegensatz zu *Sp. singularis* gefaltete Querwände besitzt.

Ich folge hier daher dem Vorgehen von Transeau 1951 und behalte die Art, wie das auch in jüngerer Zeit Gauthier-Lièvre (1965) tut, bei.

Verbreitung: Europa (Finland); Nordamerika (U. S. A.); Südamerika (Brasilien); Neu-Seeland; China (Czechwan); Indien; Südafrika und nun auch in Kuba nachgewiesen.

In Anbetracht der erwähnten Tatsache, daß die Berechtigung der Art von manchen Autoren als nicht ausreichend beschrieben bestritten wird, seien anhangsweise Beobachtungen an einer Population aus dem Harz mitgeteilt.

Anfang Juli 1971 sammelte ich auf überrieselter Erde im Harz (Drecktal, an der Straße Heimburg-Elbingerode) eine *Spirogyra* mit Zygoten, die ebenfalls in den Formenkreis von *Sp. singularis* gehört. Hier stand ein umfang-

[4] Original Diagnose n. Nordstedt 1888 (S. 23): „Cellulae apicibus interdum replicatis, vegetativae longitudinaliter lineolatae ut in *Spirogyra lineata* Suring., juniores fascia chlorophyllacea spirali anfractibus 3–4, diametro (30—36 µ) 4—5-rarius 7plo longiores, fertiles diametro subaequales 4plo longiores non tumidae; zygosporae ovales (diam. 25—30 µ, long. 46—64 µ) membrana fuscescente glabra."

Im englischen Text findet sich der ausdrückliche Hinweis „. . . the cells *not* replicated at the ends" und wird betont, daß die Zygosporen der Art nicht wie bei *Sp. longata* an den Enden abgerundet, sondern mehr zugespitzt seien (was bedeutet, daß die Sporen nicht „oval", sondern ellipsoidisch sind! Hinsichtlich der Streifung wird gesagt, daß dies Merkmal nicht von Wert sei, da es im Leben wahrscheinlich nicht zu sehen sein dürfte.

reicheres Material, auch aus artreinen Kulturen, zur Untersuchung zur Verfügung als in der Probe von Kuba. Die daher vollständigere Zufallskurven ergebenden Meßwerte dieser Form sind zum Vergleich in Abbildung 3 mit aufgenommen. Sie zeigt, daß sich die Kubanische Form in den Größenwerten gut in den Bereich der Daten der Harzpopulation einfügt. Lediglich die Zahl

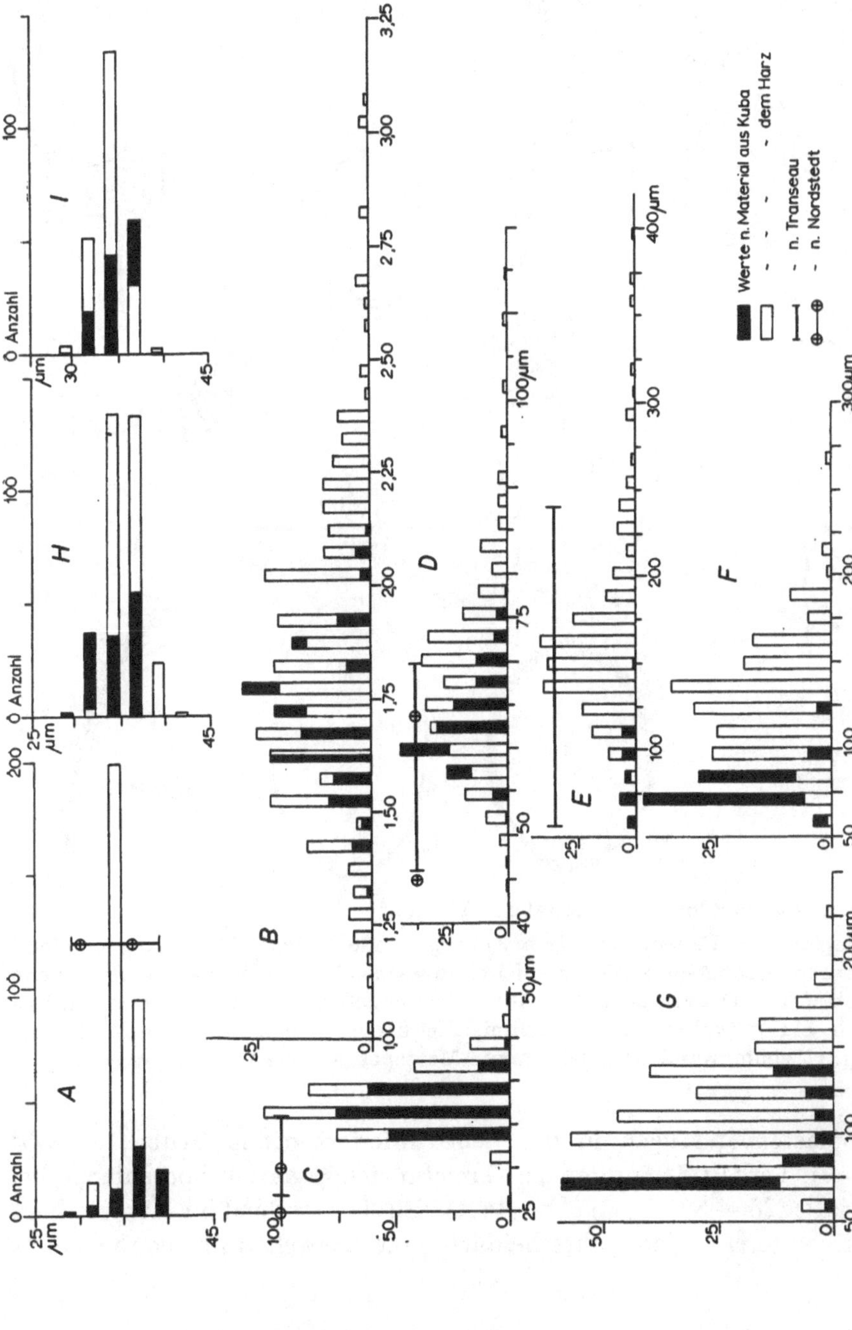

Abb. 3 *Spirogyra singularis* Meßwerte nach Material aus Kuba und aus dem Harz. Fig. A Vegetative Zellen: Durchmesser Fig. B Zygosporen: Verhältnis Länge zu Breite. Fig. C Zygosporen: Durchmesser. Fig D Zygosporen: Länge. Fig. E Vegetative Zellen: Länge. Fig. F ♂ Gametangien: Länge, Fig. G ♀ Gametangien: Länge. Fig. H ♀ Gametangien: Durchmesser. Fig I ♂ Gametangien: Durchmesser

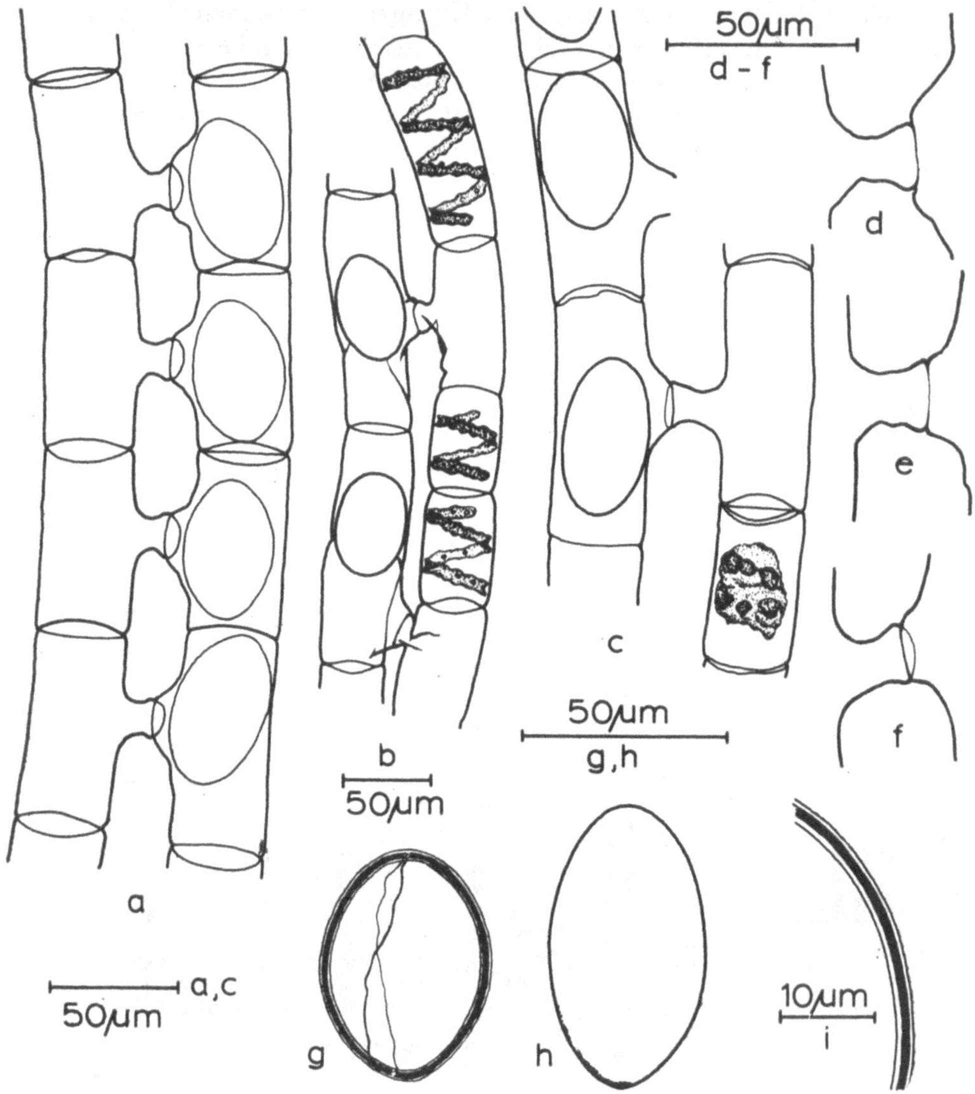

Abb. 4 *Spirogyra singularis* n. Material aus Kuba

Fig. a Konjugierendes Fadenpaar. Fig b Konjugierende Fäden, die im „abgebenden" Faden vegetativ gebliebenen Zellen nicht angeschwollen. Fig. c–f Verschiedene Kopulationsbrücken. Der etwas größere Anteil der „abgebenden" Zelle an ihrem Aufbau ist ersichtlich. Fig. g Zygosporen mit Rißlinie. Fig h Zygote etwa die Normalform darstellend. Fig. i Zygotenwand. Das gelbbraune Mesospor ist schwarz eingetragen.

der Chloroplastenwindungen in der Zelle differiert etwas (Kuba: 2–3–5; Harz: 3–5–7), Verhältnis Summe der Gametangienlängen zur Sporenlänge bei Harzmaterial: 2,26–4,82(–5,30) (Abb. 14 A). Ein Unterschied im Habitus konjugierenden Materials, der wahrscheinlich von Umwelteinflüssen bestimmt wird, sei noch erwähnt. Während sich im Kubamaterial typische Konjugations-„Leitern" finden – ♂ und ♀ Fäden liegen streckenweise parallel nebeneinander und viele ihrer Zellen sind durch Kopulationsbrücken verbunden (Abb. 4, Fig. a) – sieht man solche Stadien in der Harzpopulation (Abb. 5, Fig. a–d) kaum. Zwar werden auch hier in ♀ Fäden reihenweise Zellen zu Gametangien, ihre Kopulationsfortsätze gehen jedoch nicht wie die Sprossen einer Leiter zu den Zellen eines parallel liegenden ♂ Fadens, sondern nehmen Verbindung auf mit Zellen verschiedener Fäden, in denen oft nur eine Zelle als Gametangium funktioniert, die übrigens aber vegetativ bleiben. So kopulieren z. B. in dem auf Abb. 5, Fig. d dargestellten Falle 4 nebeneinanderliegende Zellen eines ♀ Fadenstückes mit Partnern aus vier verschiedenen, sonst vegetativen Fäden. Solche Bilder vermitteln den Eindruck, daß die Determinierung der ♂ Gametangien erst durch Kontakt mit der Zelle eines ♀ Fadens zustande kommt. Recht häufig sind auch Fälle, in denen ein Partner (bemerkenswerterweise stets der „abgebende") mit einem Ende Kontakt zur „aufnehmenden" Zelle nimmt (Abb. 5, a–c).

Soweit ich sehe, handelt es sich bei dem Fund im Harz um den ersten Nachweis der Art für Mitteleuropa.

7. *Spirogyra chungkingensis* Jao 1935

Fundort: Kleiner eutropher See mit Eichhornia und Potamogeton etwa 1 $^1/_2$ km N der Carreteria Central zwischen Cuatro Caminos und Jamaica. Am 9. Nov. 1967 mit Zygoten gesammelt.

Vegetative Zellen, Durchmesser: 19,5–26,0–33,8 µm (Abb. 6, Fig. A); Länge: 78,0–90,0–210,0(–340,5) µm (Abb. 6, Fig. E); Querwände glatt; mit 3, sehr selten 2 oder 4 Chromatophoren. Kopulation leiterförmig, beide Gametangien beteiligen sich gleichmäßig an der Bildung der deutlich abgesetzten Konjugationsbrücke. Aufnehmende Zellen allseitig etwa 25% angeschwollen: Durchmesser (über einer Querwand gemessen): 23,5–26,0–31,0 µm; größter Durchmesser: 31,0–41,5–49,5 µm (Abb. 6, Fig. H); Länge: 78,0–114,5–166,5(–192,5) µm (Abb. 6, Fig. G). Der Durchmesser abgebender Zellen entspricht dem vegetativer Zellen: 23,5–26,0–34,0 µm (Abb. 6, Fig. I). In der Länge: 57,0–104,0–140,5(–182,0) µm sind sie kaum von aufnehmenden Zellen verschieden (Abb. 6, Fig. F). Steril bleibende Zellen in konjugierenden Fäden nicht angeschwollen aber häufig mit verdickter Wand (Abb. 6, Fig. a). Zygosporen ellipsoidisch mit abgerundeten Enden: 28,5–37,5–46,5×52,0–59,0–104,0(–117,0) µm (Abb. 6, Fig. C u. D). Verhältnis Länge zu Breite: (1,47–)1,50–2,00–2,50(–2,86) (Abb. 6, Fig. B). Verhältnis der Summe der Gametangienlängen zur Zygotenlänge: 1,83–3,20(–4,56) (Abb. 14, Fig. B). Zygotenwand aus 5 Schichten bestehend. In halbierten, zur Trennung der einzelnen Wandschichten etwas gequetschten reifen Zygosporen läßt sich folgender Wandaufbau feststellen (Abb. 6, Fig. e–f): Ein dünnes, farbloses Exospor (1) umschließt eine sehr zarte ungefärbte, besonders im Phasenkontrastbild

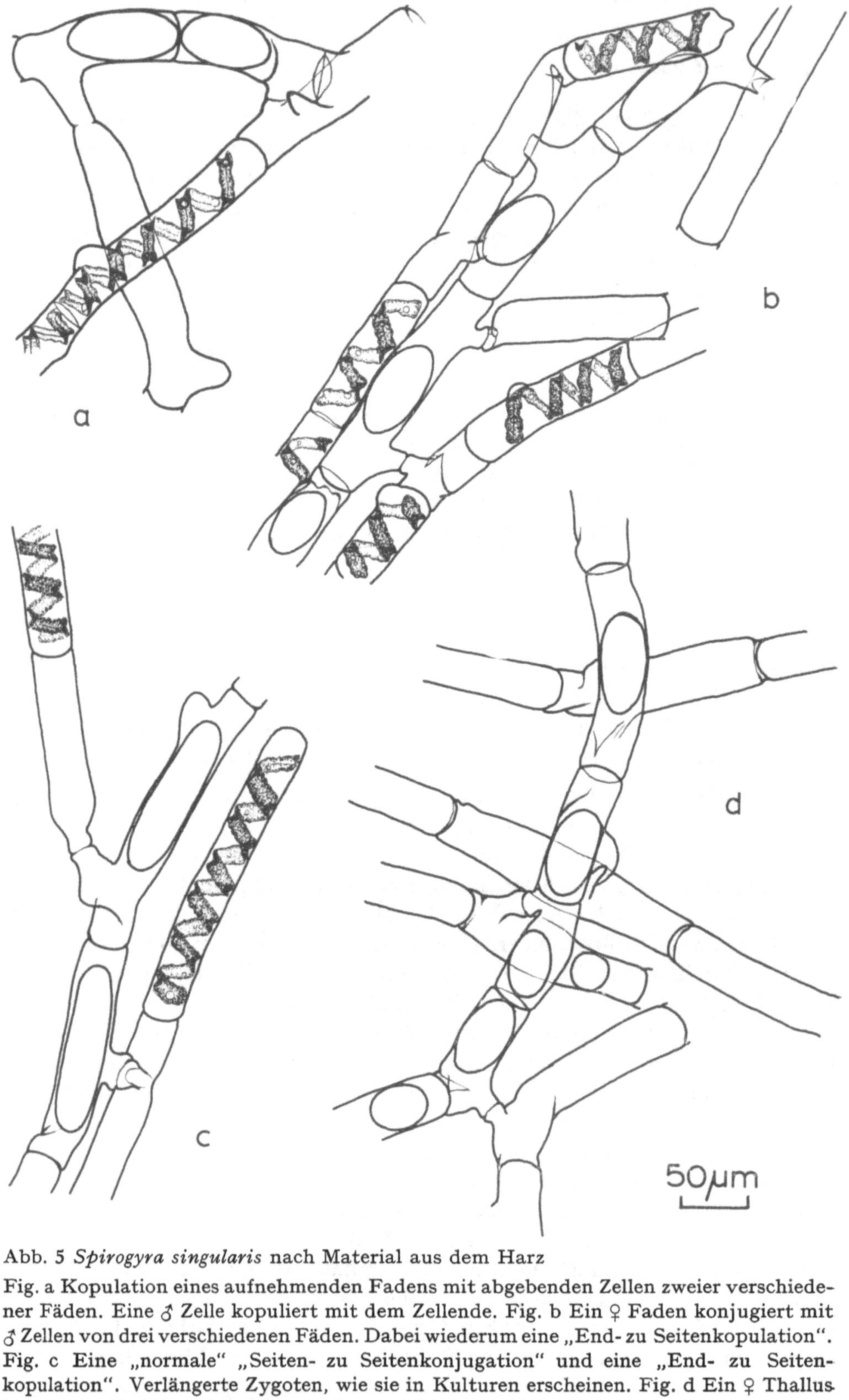

Abb. 5 *Spirogyra singularis* nach Material aus dem Harz

Fig. a Kopulation eines aufnehmenden Fadens mit abgebenden Zellen zweier verschiedener Fäden. Eine ♂ Zelle kopuliert mit dem Zellende. Fig. b Ein ♀ Faden konjugiert mit ♂ Zellen von drei verschiedenen Fäden. Dabei wiederum eine „End- zu Seitenkopulation". Fig. c Eine „normale" „Seiten- zu Seitenkonjugation" und eine „End- zu Seitenkopulation". Verlängerte Zygoten, wie sie in Kulturen erscheinen. Fig. d Ein ♀ Thallus kopuliert mit ♂ Gametangien aus vier verschiedenen Fäden.

hervortretende Hülle (2), der nach innen 2 Mesosporschichten folgen: 1. ein braungelbes, etwas faltiges aber sonst unornamentiertes „Mesospor I" (3) und 2. ein ebenfalls braungelb gefärbtes, faltiges „Mesospor II", das fein punktiert oder durch ein undeutliches Mäandermuster ornamentiert ist (4). Die innerste Hülle, das Endospor, ist zart und nicht gefärbt (5).

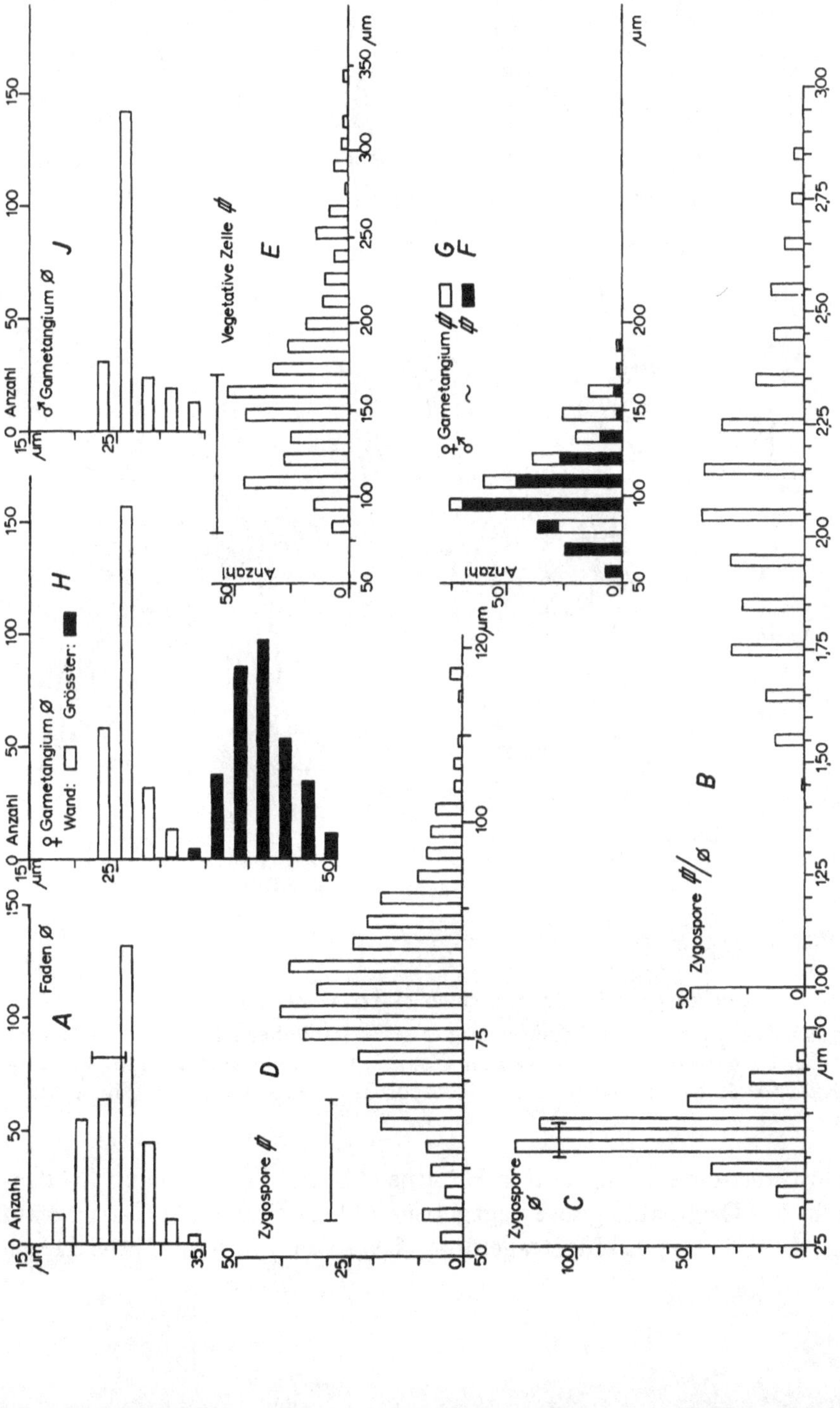

Abb. 6 *Spirogyra chungkingensis.* Meßwerte

Fig. A Vegetative Zelle: Durchmesser (über einer Querwand gemessen). Fig. B Zygosporen: Verhältnis Länge zu Breite. Fig. C Zygosporen: Durchmesser. Fig. D Zygosporen: Länge. Fig. E Vegetative Zelle: Länge. Fig. F u. G ♂ und ♀ Gametangien: Länge. Fig. H ♀ Gametangien: Durchmesser. Fig. I ♂ Gametangien: Durchmesser

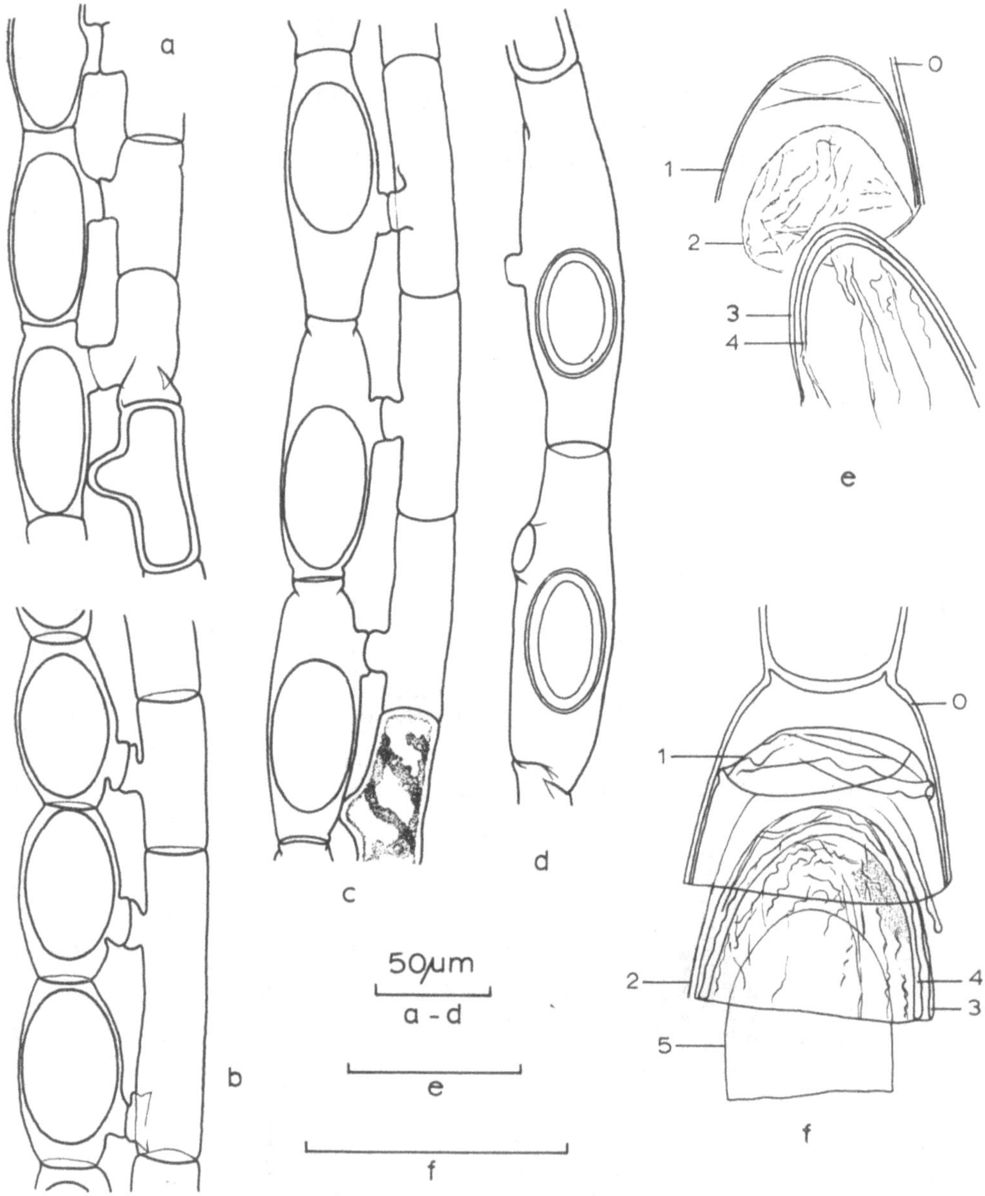

Abb. 7 *Spirogyra chungkingensis*. Habitus nach Material aus Kuba

Fig. a–d Habitus konjugierender Fäden in Fig. a steril gebliebene Zelle mit verdickter Wand. Fig. e u. f Analyse des Zygotenwandaufbaues, 0 = Gametangienwand, 1 = Exospor 1, 2 = Exospor 2, 3 = Mesospor I, 4 = Mesospor II, 5 = Endospor (in Fig. e nicht eingetragen)

Die so charakterisierte Form steht in Habitus (Abb. 6, Fig. a–d) und Größenmaßen (die in der Originaldiagnose angegebenen Maße sind als Maßstriche auf Abb. 6, Fig. A, C, D und E eingetragen) der 1935 von Jao nach Material von einem permanent überfluteten Reisfeld bei Chungking beschriebenen *Spirogyra chungkingensis* (nicht „*chunkingensis*", wie KRIEGER 1942 schreibt) nahe, für die seither weitere Fundorte nicht bekannt sind. Als charakteristisch für die Species gibt JAO (1935) an: Vegetative Zellen mit glatten Endwänden und 3 Chloroplasten. Konjugation leiterförmig, fertile Zellen aufgeblasen, Zygosporen ellipsoid mit ± gerundeten Enden. Sporenwand vierschichtig, Epispor farblos und dünn, äußeres Mesospor bräunlich mit ± dichten welligen Längslinien, inneres Mesospor braun, fein und unregelmäßig, Endospor dünn und glatt.

Beim Vergleich der Beschreibungen sind, bei guter Übereinstimmung in den meisten Merkmalen, hinsichtlich der Zygotenwandstruktur gewisse Abweichungen nicht zu übersehen. Dabei erscheint mir der Umstand, daß JAO nur 4 Schichten angibt, während an meinem Material deren 5 feststellbar sind, nicht so wesentlich, ist die zwischen Exospor und Mesospor I zu findende Hülle 2 doch nur schwer, eindeutig lediglich bei sorgfältiger Präparation, erkennbar. An Totalpräparaten tritt sie kaum hervor, und JAO könnte sie übersehen haben. Die Verschiedenheit der Strukturierung des Mesospors II aber kann nicht ignoriert werden, als „finely and irregularly reticulate" ist seine Ornamentierung bei der Population aus Kuba kaum zu bezeichnen. Ich stelle die Form daher nur mit Vorbehalt hier her.

8. *Spirogyra novae-angliae* Transeau 1915 fo.

Fundort: Gupeyal Bezirk Yateras, Provinz Oriente. Mit Typha bestandener kleiner Teich etwa 1 km N der biologischen Station.

Vegetative Zellen mit glatten Querwänden und 3–4–5 Chromatophoren, die 1,5–2–3(–4) Umgänge in der Zelle machen (Abb. 8, Fig. K; Abb. 9, Fig. a u. 1). Durchmesser: 46,5–53–65,0 µm (Abb. 8, Fig. A); Länge: (93,5–)151,0–343,0 µm (Abb. 6, Fig. E). Kopulation leiterförmig, Konjugationsbrücke von beiden Partnern, zuweilen auch vornehmlich vom abgebenden Gametangium gebildet (Abb. 9, Fig. b–j). Aufnehmende Zellen an der Kopulationsseite oft etwas angeschwollen, Länge: 93,5–205,5(–231,5) µm (im Mittel 137,8 µm) (Abb. 8, Fig. G). Abgebende Zellen Länge: (85,5–)93,5–187,0(–221,0) µm (Im Mittel 132,5 µm) (Abb. 8, Fig. F). Die Querwand-Durchmesser der Gametangien entsprechen denen vegetativer Zellen. Zygoten ellipsoidisch mit abgerundeten Enden, zuweilen bis fast kugelig (Abb. 9, Fig. l–p). Durchmesser: 49,5–57,0–67,5 µm; Länge: (57,0–)62,5–78,0(–93,5) µm (Abb. 8, Fig. C u. D). Längen- zu Breitenverhältnis: 1,00–1,62 (Abb. 8, Fig. B). Verhältnis der Summe der Gametangienlängen zur Länge der von ihrem Inhalt gebildeten Spore: (2,85–)3,00–5,00(–5,54) (Abb. 14, Fig. C). Exospor der Zygote farblos, glatt; Mesospor derb, gelbbraun getüpfelt (Abb. 9, Fig. 9). Steril bleibende Zellen in konjugierenden Fäden derbwandig, aber nicht angeschwollen.

Das Material aus Kuba kann nur mit Vorbehalt dem Formenkreis von *Sp. novae-angliae* zugeordnet werden, die TRANSEAU (1915) nach Funden in

Massachusetts (USA) knapp und ohne Abbildungen beschrieben und 1951 für die Staaten „Iowa and Wisconsin to Louisiana, and eastward to Massachusetts" angegeben hat. Bei relativ guter Übereinstimmung in den Maßen (Abb. 6, Fig. A, C, D, E, die Werte aus der Originaldiagnose TRANSEAU's (1915) sind als Maßstriche, die 1951 gegebenen Erweiterungen der Werte gestrichelt eingetragen), bestehen Unterschiede in der Mesosporbeschreibung. In unserem Material ist das Mesospor getüpfelt, eine zusätzliche Netzstruktur der Oberfläche ist aber nicht feststellbar. Hinsichtlich der einseitigen Anschwellung der aufnehmenden Zellen findet sich bei TRANSEAU (1915): „Fertile cells not inflated", dementsprechend bei KRIEGER (1941): „Aufnehmende

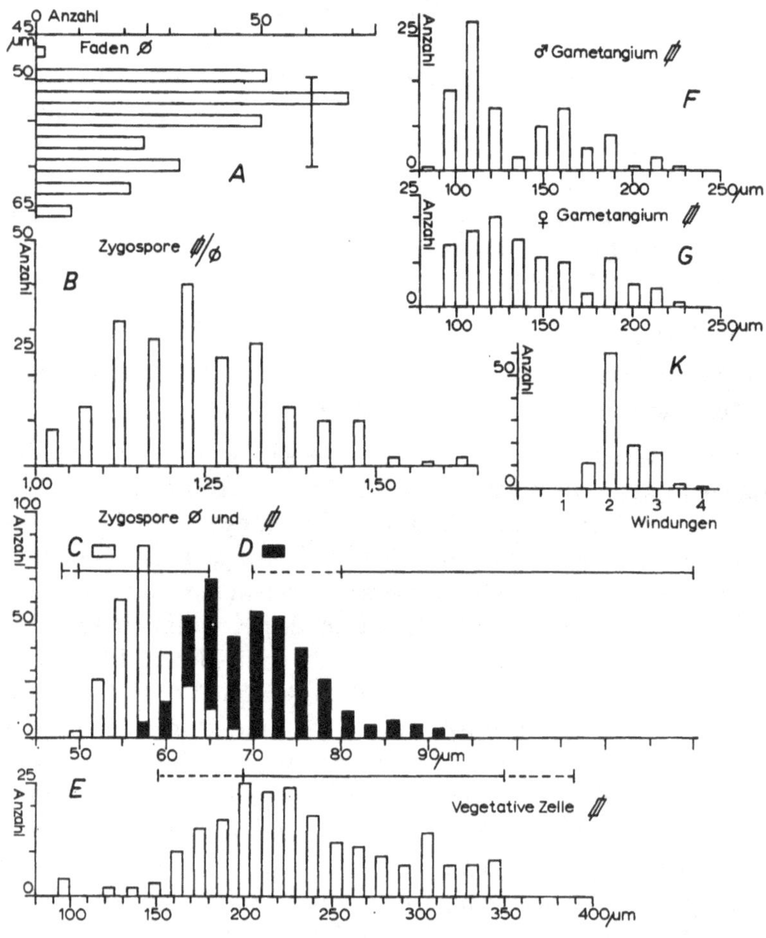

Abb. 8 *Spirogyra novae-angliae* fo. Meßwerte

Fig. A Vegetative Zelle: Durchmesser. Fig. B Zygosporen: Verhältnis Länge zu Breite, Fig. C Zygosporen: Durchmesser. Fig. D Zygosporen: Länge. Fig. E Vegetative Zelle: Länge. Fig. F ♂ Gametangien: Länge. Fig. G ♀ Gametangien: Länge. Fig. K Windungszahl der Chloroplasten pro Zelle

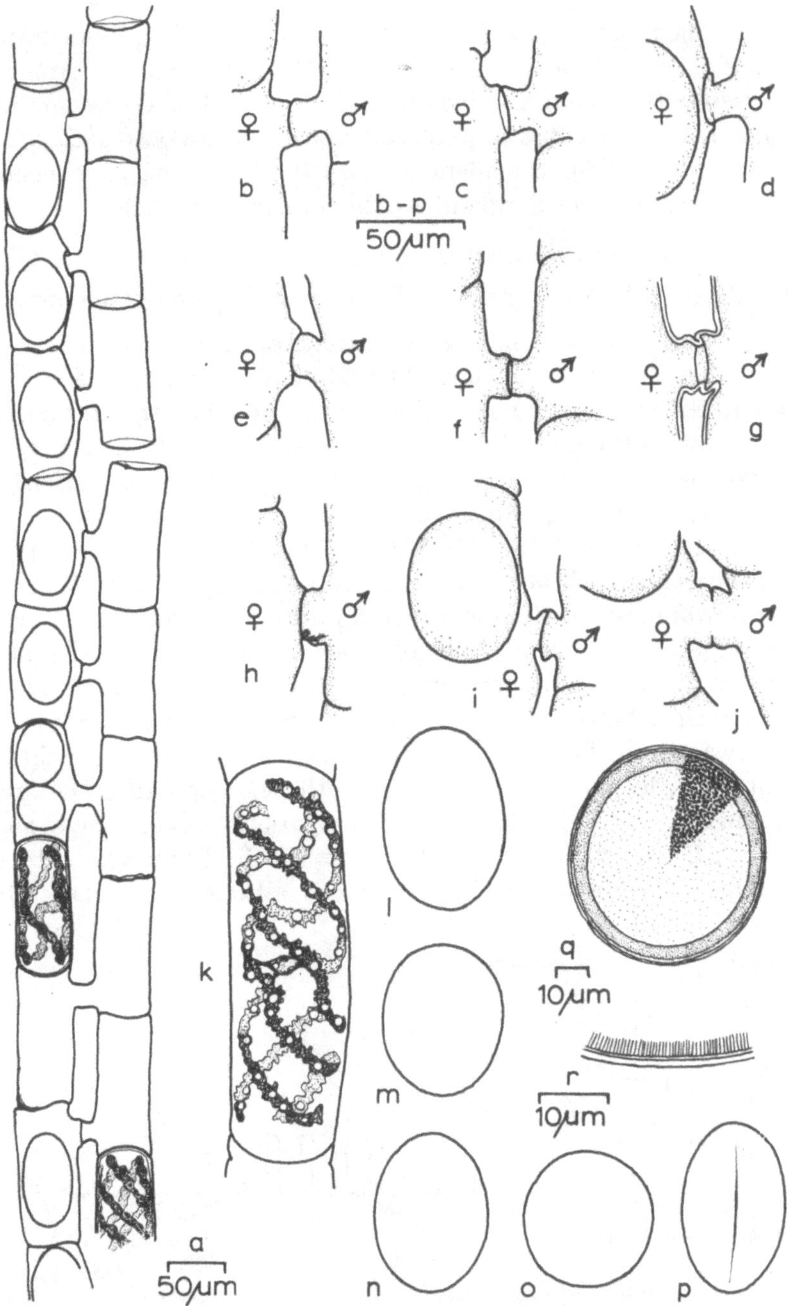

Abb. 9 *Spirogyra novae-angliae* fo. Habitus nach Material aus Kuba

Fig. a Konjugierender Faden, Habitus (es konjugiert ein Faden, dessen Zellen 4 Chloroplasten enthalten, mit einem Thallus der 5 Chloroplasten pro Zelle hat.). Fig. b–j Ausbildung der Konjugationsbrücke. Fig. k Vegetative Zelle mit 3 Chloroplasten. Fig. l–p Zygotenformen. Fig. q–r Zygotenwandstruktur. Das gelbbraun gefärbte Mesospor ist punktiert gezeichnet, die Ornamentierung ist in einem Sektor (Fig. 9) eingetragen.

Zellen nicht angeschwollen". 1951 jedoch schreibt TRANSEAU: Fertile cells cylindric or enlarged". Soweit ich sehe, liegt von der Art bisher nur eine skizzenhafte Zeichnung, lediglich ein ♂ und 1 ♀ Gametangium mit Zygote darstellend „nach BLUM" publiziert vor (bei TRANSEAU 1951, übernommen von RANDHAWA 1959). Nachdem die Art für Louisiana angegeben ist, erscheint ihr Vorkommen im Bergland Kubas durchaus möglich.

9. *Spirogyra emilianensis* Bonhomme 1858

Fundort: Wie Nr. 7. Am 9. XI. 1967 mit Zygoten gesammelt.

Vegetative Zellen mit 4–5 Chromatophoren und glatten Querwänden. Durchmesser: 56,0–62,5 µm (Abb. 10, Fig. A); Länge: 83,0–271 µm. Kopulation leiterförmig, Konjugationsbrücke von beiden Partnern gebildet, klar abgesetzt. Aufnehmende, wie auch steril bleibende Zellen zylindrisch, nicht angeschwollen (Abb. 11, Fig. b–e). Zygoten ellipsoidisch. Durchmesser: 46,5–49,5–55,0 µm; Länge: 65,0–101,5 µm (Abb. 10, Fig. C u. D); Verhältnis Länge zu Breite: 1,25–160–1,95 (Abb. 10, Fig. B). Mesospor braun, derb, ohne besondere Ornamentierung (Abb. 11, Fig. f). Das Material reichte nur zur Gewinnung von Zufallskurven für die Oosporenmaße und den Durchmesser der vegetativen Zellen (Abb. 10). Den Habitus der Form gibt Abbildung 11 wieder. Zunächst hatte ich das Material als *Spirogyra hyalina* Cleve 1868 notiert, die auf Grund ihres Nachweises für die USA und Puerto Rico in Kuba durchaus zu erwarten ist. Die genauere Untersuchung ergab jedoch nicht zu übersehende Unterschiede. So sah ich nie Fälle seitlicher Kopulation, wie sie für diese Art als neben der leiterförmigen Konjugation vorkommend angegeben wird. Statt „2, 3 oder 4 Chromatophoren" weist die Form aus Kuba deren 4 oder 5 auf. Die aufnehmenden Zellen sind nicht „allseits um ungefähr 50 % angeschwol-

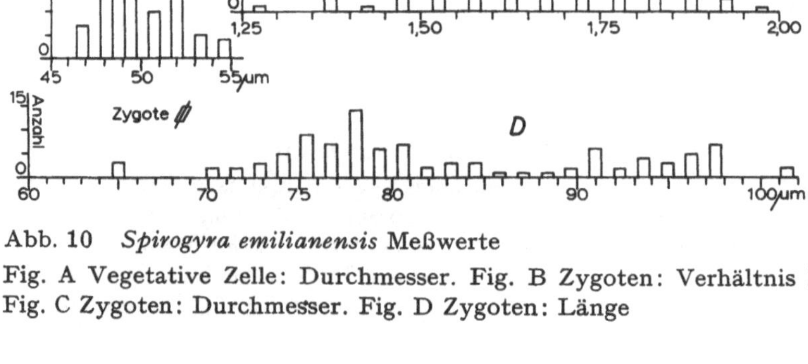

Abb. 10 *Spirogyra emilianensis* Meßwerte

Fig. A Vegetative Zelle: Durchmesser. Fig. B Zygoten: Verhältnis Länge zu Breite. Fig. C Zygoten: Durchmesser. Fig. D Zygoten: Länge

len", wie KRIEGER (1941) schreibt und auf den Abbildungen CLEVE's (1886, Taf. II) zu erkennen ist. Der Kopulationskanal ist nicht „charakteristisch lang". Recht gut dagegen stimmt die vorliegende Spezies, bis auf etwas geringere Sporengröße, mit der Beschreibung von *Spirogyra emilianensis* (Bonhomme 1858) überein, eine Art, die KRIEGER (1941) als ungenügend beschrieben strich, TRANSEAU (1951) jedoch beibehalten hat.

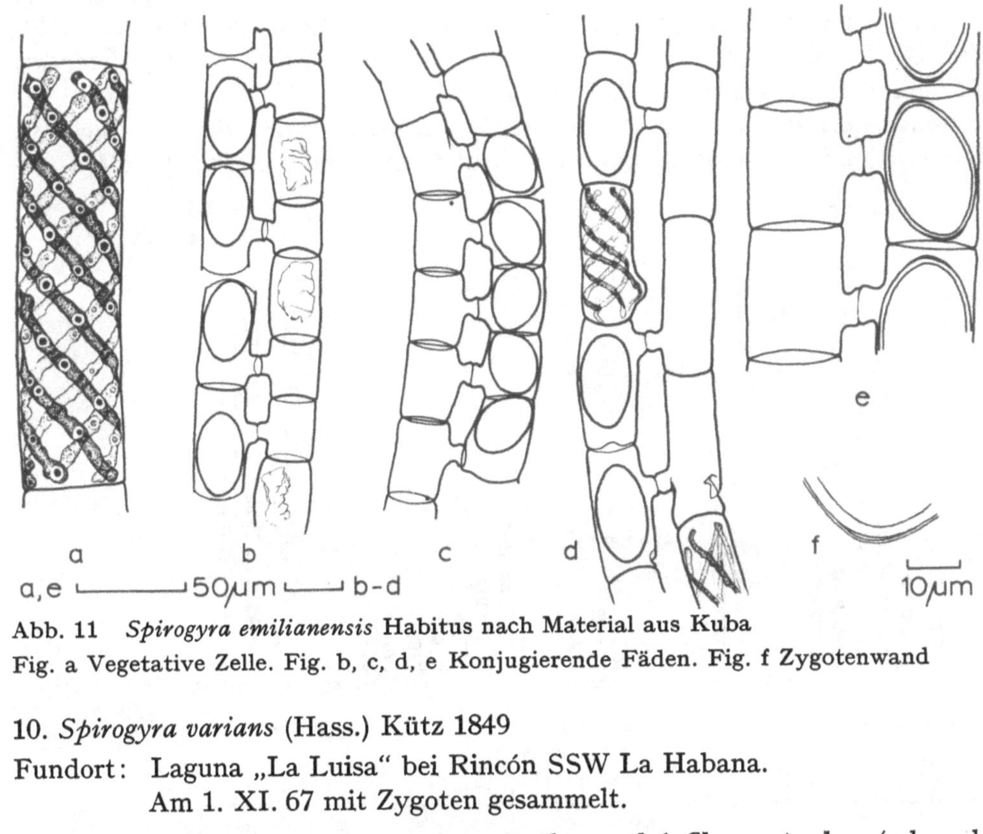

Abb. 11 *Spirogyra emilianensis* Habitus nach Material aus Kuba
Fig. a Vegetative Zelle. Fig. b, c, d, e Konjugierende Fäden. Fig. f Zygotenwand

10. *Spirogyra varians* (Hass.) Kütz 1849

Fundort: Laguna „La Luisa" bei Rincón SSW La Habana.
Am 1. XI. 67 mit Zygoten gesammelt.

Vegetative Zellen mit glatten Querwänden und 1 Chromatophor (sehr selten 2), der mit 1,5–9 (meist 3–6) Umgängen in der Zelle gewunden ist. Zelldurchmesser: 31,0–35,0–39,0 µm; Länge: (36,5–)49,5–205,5 µm (Abb. 11, Fig. A u. E). Kopulation nur leiterförmig gesehen (Abb. 13, Fig. a u. b). Konjugationsbrücke von beiden Partnern unter etwas stärkerer Beteiligung der abgebenden Zelle gebildet, gegen die aufnehmende Zelle zu etwas trichterartig auf 13,0–18,0–23,5 µm erweitert (Abb. 12, Fig. L). Aufnehmende Zellen an der Kopulationsseite etwas aufgetrieben (Abb. 13, Fig. d); Länge: 41,0–122,0(–148,0) µm. Abgebende Zellen Länge: 44,0–69,0–114,5 µm (Abb. 11, Fig. G u. E). Der Durchmesser der Gametangien über einer Querwand gemessen entspricht dem vegetativer Zellen (Abb. 12, Fig. A). Zygoten in der Masse ellipsoidisch, vereinzelt aber auch Ei-förmig oder kugelig (Abb. 13,

Fig. c). Durchmesser: 31,0–39,0–47,0 µm (Abb. 12, Fig. C); Länge: 36,5–60,0–82,0 µm (Abb. 12, Fig. D). Ein Vergleich von an lebendem Material gewonnenen Maßwerten (schwarze Säulen in Fig. A, C u. D, Abb. 12) mit Werten nach fixierten und 7 Jahre aufbewahrten Teilen der gleichen Probe (umrandete Säulen dieser Figuren) zeigt, daß die Zygoten geringfügig schrumpften, die Fadendurchmesser an Querwänden aber unverändert blieben. Längen- zu Breitenverhältnis: 1,05–1,55–2,04 (Abb. 12, Fig. B); Verhältnis der Summe der Gametangienlängen zur Zygotenlänge: 1,88–2,60–3,50 (Abb. 14, Fig. D). Mesospor gelbbraun, glatt. Steril bleibende Zellen in konjugierenden Fäden nicht angeschwollen (Abb. 13, Fig. e).

Sp. varians ist, wie TRANSEAU (1951) vermerkt, eine sehr variable Art. Sie wird in der Literatur, schon auf Grund der Tatsache, daß die alten Be-

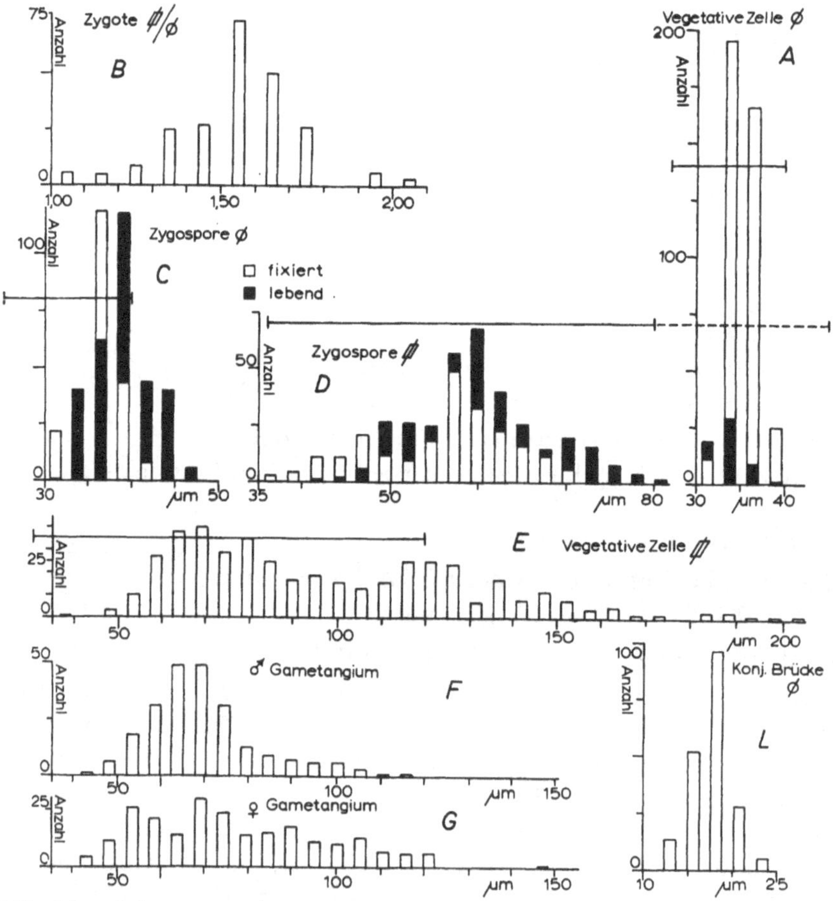

Abb. 12 *Spirogyra varians* Meßwerte

Fig. A Vegetative Zelle: Durchmesser. Fig. B Zygoten: Verhältnis Länge zu Breite. Fig. C Zygoten: Durchmesser. Fig. D Zygoten: Länge. Fig. E Vegetative Zelle: Länge. Fig. F ♂ Gametangien: Länge. Fig. G ♀ Gametangien: Länge. Fig. L Konjugationsbrücke: Durchmesser

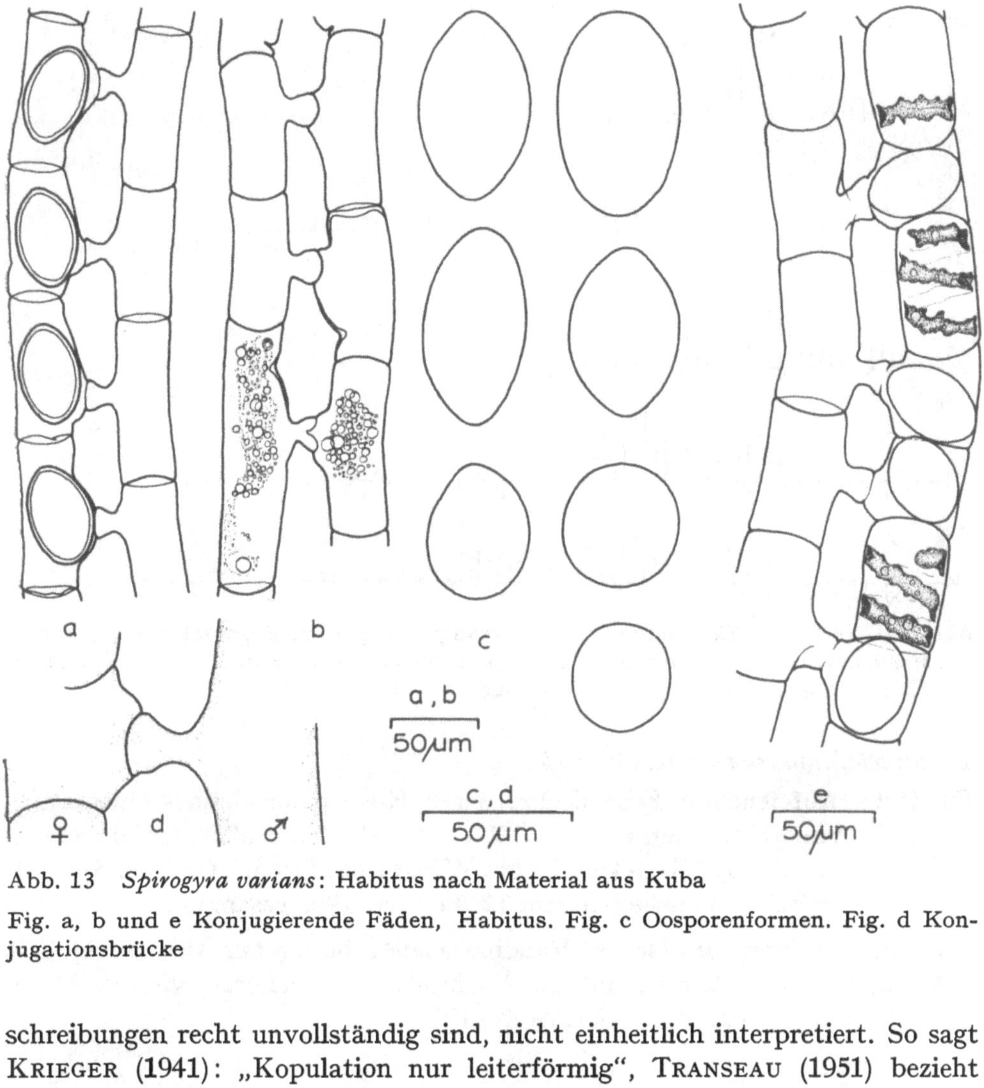

Abb. 13 *Spirogyra varians*: Habitus nach Material aus Kuba

Fig. a, b und e Konjugierende Fäden, Habitus. Fig. c Oosporenformen. Fig. d Konjugationsbrücke

schreibungen recht unvollständig sind, nicht einheitlich interpretiert. So sagt KRIEGER (1941): „Kopulation nur leiterförmig", TRANSEAU (1951) bezieht *Sp. woodsii* Czurda mit ein und gibt daher an: „conjugation scalariform and lateral". Unser Material weicht bei sonst guter Übereinstimmung von den für *Sp. varians* gegebenen Beschreibungen durch das Fehlen einer Anschwellung der in konjugierenden Fäden steril bleibenden Zellen ab (CZURDA 1932): „. . . schwellen stark tonnenförmig an"; KRIEGER (1941): „. . . schwellen oft stark an (bis 63 µ breit)"; TRANSEAU (1951): „some of the sterile cells usually inflated").

Die Art ist weltweit verbreitet (Europa, Afrika, Asien, Australien, N-Amerika einschl. Alaska, S-Amerika) und muß solange nicht die einzelnen Populationen genauer charakterisiert sind, wie es hier für das Kubamaterial versucht wird, als Sammelart aufgefaßt werden.

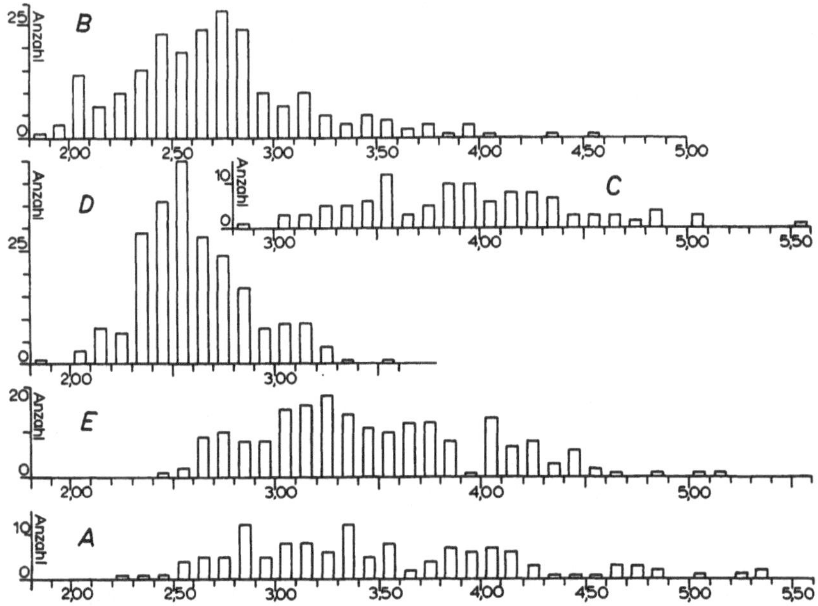

Abb. 14 Verhältnis der Summe der Gametangienlängen zur Zygotenlänge bei Fig. A *Sp. singularis* (n. Harz-Material). Fig. B *Sp. chungkingensis*. Fig. C *Sp. novae-angliae*. Fig. D *Sp. varians*. Fig. E *Sp. quadrilaminata*

11. *Sirocladium cubense* Rieth 1975

Fundort: Auf feuchter Erde (Lehm) eines Kokospalmenhaines einer Bergbauernhütte am Fuß des „El Yunque de Baracoa" in der Umgebung von Tabajo (Toa-Tal), 17 km W Baracoa, Provinz Oriente. Spärlich zwischen Vaucherien. Am 12. Februar 1968 gesammelt.

Da die Gattung *Sirocladium* Randhawa 1941 bisher nur aus Indien (mit 3 Arten) bekannt ist, erscheint der Nachweis einer weiteren, vierten Art in Kuba bemerkenswert. (Siehe RIETH 1975!)

Zusammenfassung

Die Untersuchung des auf der „Kubanisch-Deutschen ALEXANDER-VON-HUMBOLDT-Expedition in Kuba 1967/68 gesammelten Süßwasseralgenmaterials ergab 11 bestimmbare Zygnemataceae: 3 *Mougeotia*- und 7 *Spirogyra*-Arten, sowie einen Vertreter (*S. cubense* Rieth), der bisher nur aus Indien bekannten Gattung *Sirocladium* Randhawa.

Summary

Zygnemataceae from Cuba

The freshwater algae collection from the „Cuban-German ALEXANDER VON HUMBOLDT Expedition in Cuba 1967/68" contains 11 members of the Zygnemataceae: 3 *Mougeotia* species, 7 *Spirogyra* species and one representant of *Sirocladium* Randhawa (*S. cubense* Rieth), a genus hitherto only known from India.

Краткое содержание

Zygnemataceae с о. Кубы

Из сборов «Кубинско-германской экспедиции им. А. ГУМБОЛЬДТА 1967/68 гг. на Кубе» было определено 11 форм пресноводных водорослей Zygnemataceae: 3 вида *Mougeotia*, 7 видов *Spirogyra* и один представитель рода *Sirocladium* Randhawa (*S. cubense* Rieth), известного до сих пор только из Индии.

Literatur

CZURDA, V., 1932: Zygnemales. – In: PASCHER, A.: Die Süßwasser-Flora Mitteleuropas. – H. 9, Jena, 232 S. (S. 193, 194).

GAUTHIER-LIÈVRE, I., 1965: Zygnémacées africaines. Weinheim. – S. 142, 143; Taf. XLIX, Fig. B.

JAO, CHIN-CHIN, 1935: Studies on the Freshwater Algae of China. I. Zygnemataceae from Szechwan. – Sinensia *6*, 551–645 (S. 594–595, Taf. VI, S. 632, Fig. 67, 68. S. 592, Taf. V, S. 630, Fig. 62, S. 600, Taf. VIII, S. 636, Fig. 85, 86).

–, – 1936: New Zygnemataceae collected in China. – American Journal of Botany *23*, 53–60 (S. 53, Fig. 4 u. 5, S. 54).

KRIEGER, H., 1941: In: KOLKWITZ, R. und KRIEGER, H.: Zygnemales, Dr. L. Rabenhorst's Kryptogamenflora von Deutschland und der Schweiz XIII, Leipzig.

LANGER, S., 1934: Monographische Bearbeitung der Spirogyren mit besonderer Berücksichtigung der vorkriegs-ungarischen Verhältnisse. – Folia Cryptogamica Szeged *I*, 1253–1306, Taf. XXXI–XXXV (S. 1272; Taf. XXXII, Fig. 95 u. 96).

NORDSTEDT, O., 1888: Fresh-Water Algae collected by Dr. S. Berggren in New Zealand and Australia. – Kongl. Svenska Vetenskaps-Akademiens handlingar *22* (8): 3–98; Taf. I–VII (S. 23, 24).

PETIT, P., 1880: *Spirogyra* des environs de Paris. – Paris (S. 25, 26, Taf. VIII, Fig. 1–3).

RANDHAWA, M. S., 1959: Zygnemaceae. – New Delhi. 478 S.

– 1941: *Sirocladium*, a new terrestrial member of the Zygnematales. – The Botanical Gazette *103* (1), 192–197.

RAO, C. B., 1937: The Zygnemoideae of the United Provinces, India – I., – The Journal of the Botanical Society *XVI*, 269–288 (S. 283; Fig. 5, F, G, S. 282).

RIETH, A., 1971 a: Süßwasser-Algenarten in Einzeldarstellung. III. *Mougeotia drouetii* Transeau 1938 nach Material aus Kuba. – Biologisches Zentralblatt *90*, 745–754. (Ergebnisse der 1. Kubanisch-Deutschen „ALEXANDER von HUMBOLDT-Expedition" 1967/68 Nr. 18).

– 1971 b: Süßwasser-Algenarten in Einzeldarstellung. IV. *Mougeotia guanahacabibensis*, eine neue Art der Laetevirens-Gruppe in der Sektion: Mesocarpus (Zygnematales). – Archiv für Protistenkunde *113*, 185–194; Taf. 23 u. 24. (Ergebnisse der 1. Kubanisch-Deutschen „ALEXANDER VON HUMBOLDT-Expedition" 1967/68 Nr. 21).

– 1972 a: Süßwasser-Algenarten in Einzeldarstellung. I. Über „*Plagiospermum tenue* Cleve 1868". – Die Kulturpflanze *XIX*, 11–35; Taf. 1–3. (Ergebnisse der 1. Kubanisch-Deutschen „ALEXANDER VON HUMBOLDT-Expedition" 1967/68 Nr. 20).

– 1972 b: Süßwasser-Algenarten in Einzeldarstellung. V. *Spirogyra quadrilaminata* Jao 1935 nach Material aus Kuba. – Archiv für Protistenkunde *114*, 353–366; Taf. 42 u. 43. (Ergebnisse der 1. Kubanisch-Deutschen „ALEXANDER VON HUMBOLDT-Expedition" 1967/68 Nr. 25 a).

– 1975: *Sirocladium cubense* nov. spec. – Archiv für Protistenkunde *117* (3) 276–289 (Ergebnisse der 1. Kubanisch-Deutschen „ALEXANDER VON HUMBOLDT-Expedition" 1967/68 Nr. 28).

SINGH, R. N., 1938: The Zygnemoideae of the United Provinces, India – II. – The Journal of the Indian Botanical Society *XVII*, 369–384 (S. 374).

SPARROW, F. K., 1953: A contribution to our knowledge of the Phycomycetes of Cuba.– Revista de la sociedad cubana de Botanica. La Habana 1953 (Sonderdruck).

TAFT, C., 1947: *Spirogyra hollandia*, a new species from New Guinea. – The Ohio Journal of Science *XLVII*, 173.

TRANSEAU, E. N., 1915: Notes on the Zygnemales. – The Ohio Journal of Science *XVI* (1), 17–31 (S. 26).

– 1951: The Zygnemataceae. – Columbus, 327 S.

WEST, W. and WEST, G. S., 1907: Fresh-Water Algae from Burma, including a few from Bengal and Madras. – Annals of the Royal Botanic Garden Calcutta *VI*, 175–280; Taf. X–XVI. (S. 187; Taf. X, Fig. 6–8).

WITTROCK, V. et NORDSTEDT, O., 1889: Algae Aquae dulcis exsiccatae. Fasc. 21 – Stockholmiae, 92 S. (S. 29).

WOODHEAD, N. and TWEED, R. D., 1958: A check list of tropical West African algae. – Hydrobiologia *XI*, 299–395 (S. 377).

Kulturpflanze XXIII · 1975 · S. 107—129

Beiträge zur Kenntnis der als Obstpflanzen kultivierten *Passiflora*-Arten

HARALD OHLE

(Eingegangen am 29. Januar 1975)

Von den rund 400 tropischen und subtropischen *Passiflora*-Arten besitzen etwa 60 Sippen eßbare Früchte, jedoch werden nur ca. 20 Arten in verschiedenen Ländern der tropischen und subtropischen Zonen landwirtschaftlich oder gärtnerisch genutzt (34). Die Früchte weniger Arten (z. B. *Passiflora edulis* Sims, *P. quadrangularis* L. und *P. mollissima* (H. B. K.) Bailey) bilden Rohstoffe für eine umfangreiche Verwertungsindustrie in den Anbauländern Südamerikas, Mittelamerikas, Südafrikas, Indiens, in Australien und Hawaii. Spezielle Züchtungsinstitute und entsprechende Einrichtungen u. a. an Universitäten befassen sich in diesen Ländern mit der Biologie, Züchtungsbiologie und ertragsmäßigen Verbesserung der kultivierten *Passiflora*-Arten und beginnen, auch seltener oder z. Z. noch nicht angebaute Arten der Gattung in die Züchtung einzubeziehen. Ebenso wird an der Erforschung der Inhaltsstoffe sowie der speziellen Schädlinge und Krankheiten dieser Pflanzen intensiv gearbeitet. Das Schrifttum zu den kultivierten Passifloraarten ist leider sehr verstreut und in Mitteleuropa meist nur schwer zugänglich. Wir betrachten es daher als wichtige Aufgabe, mit der Sammlung und Erhaltung eines lebenden Kultur- und Wildartensortimentes eine Zusammenfassung der taxonomischen und auf die Züchtung und Anbaugeschichte bezogenen Literatur dieser Sippen zu verbinden, um den Genbanken und Kulturpflanzensortimenten auch außertropischer Länder Daten zur wirtschaftlichen Bedeutung und Nutzungsmöglichkeit tropischer Kulturpflanzen zur Verwendung übergeben zu können.

Die umfassende, katalogartige Aufzählung der landwirtschaftlich oder gärtnerisch genutzten Kulturpflanzen der Welt, die von MANSFELD (24) erarbeitet wurde, bedarf dringend der Vervollständigung. Im folgenden sollen daher die nach 1959 bekanntgewordenen Kultursippen der Gattung Passiflora den früher im genannten Verzeichnis angeführten Arten zugeordnet, alle Kulturarten mit einem Bestimmungsschlüssel versehen und, als Vorarbeit für eine erweiterte Neuauflage des „MANSFELD-Verzeichnisses", wichtige Fakten zur Verbreitung, zum Anbau und zur Nutzung der heute bekannten und geprüften *Passiflora*-Arten zusammengetragen werden.

Die im o. g. Verzeichnis angeführte Art *Passiflora membranacea* Benth. ist nur als Zierpflanze bekannt und wird daher von mir nicht berücksichtigt. Auf Grund fehlender Literatur mußte auf die Beschreibung der von Uphof (32) als Kulturpflanze angegebenen *Passiflora tripartita* (Juss.) Poir. in vorliegender Studie verzichtet werden.

Schlüssel der kultivierten *Passiflora*-Arten

1 Operculum[1] faltig

17. ***Passiflora vespertilio*** **L.**

1 Operculum glatt

2 Operculum hängend, Rand nicht gekrümmt; Kelchröhre meist langzylindrisch

3 Nebenkrone aus 1–2 Reihen bestehend, Nebenkronteile knoten- oder warzenartig; Kelchröhre länger als die Kelchblätter

4 Hochblätter am Grunde nicht verwachsen, am Rande meist gesägt oder zerrissen

1. ***Passiflora pinnatistipula*** **Cav.**

4 Hochblätter meist bis zur Mitte, mindestens aber am Grunde verwachsen

5 Sproß stielrund, nur jüngere Teile schwach kantig

6 Kelchröhre weniger als 6 mm im Querschnitt, freie Hochblatteile schmal lanzettlich

2. ***Passiflora psilantha*** **(Sodiro) Killip**

6 Kelchröhre mehr als 6 mm im Querschnitt, freie Hochblatteile eiförmig bis eilanzettlich

3. ***Passiflora mollissima*** **(H. B. K.) Bailey**

5 Sproß deutlich kantig

4. ***Passiflora mixta*** **L. f.**

3 Nebenkrone aus mehr als 2 Kreisen, mindestens der äußere Kreis aus fadenförmigen Kronstrahlen bestehend; Kelchröhre kürzer als die Kelchblätter

7 Kronfilamente jedes Kreises bis zum Grunde getrennt

5. ***Passiflora antioquiensis*** **Karst.**

7 Kronfilamente des inneren Kreises zu einer röhrenartigen Membran verwachsen

18. ***Passiflora coccinea*** **Aubl.**

[1] Das Operculum ist in der Blüte der *Passiflora*-Arten der an die innersten Reihen der Nebenkrone anschließende, meist membranartige Ring, der die eingetiefte Blütenachse je nach seiner Biegung von oben her mehr oder weniger verschließt.

2 Operculum aufrecht oder abstehend, niemals hängend
8 Hochblätter zerrissen bis gezähnt oder zweifach fiederschnittig
19. ***Passiflora foetida* L.**
8 Hochblätter ganzrandig oder fein gesägt
9 Sproß vierkantig, die Kanten ± breit geflügelt, Samen mehr als 5 mm breit
10 Blattstiel mit 4–6 Drüsen, Nebenblätter eiförmig bis eilanzettlich, mindestens 1,5 cm breit
6. ***Passiflora quadrangularis* L.**
10 Blattstiel mit 2–4 Drüsen, Nebenblätter lineal- bis lineal-lanzettlich, weniger als 1 cm breit
7. ***Passiflora alata* Dryand**
9 Sproß stielrund oder schwach kantig, die Kanten nicht geflügelt, Samen weniger als 5 mm breit
11 Hochblätter zumindest am Grunde verwachsen
12 Laubblätter 5–7-lappig
8. ***Passiflora serrato-digitata* L.**
12 Laubblätter ganz oder 3-lappig
13 Stieldrüsen zungenförmig, mindestens 3 mm lang
9. ***Passiflora ligularis* Juss.**
14 Stieldrüsen an der Blattstielspitze angelegt
10. ***Passiflora seemannii* Griseb.**
14 Drüsen in der Blattstielmitte angelegt
11. ***Passiflora maliformis* L.**
11 Hochblätter bis zum Grunde gelappt
15 Nebenblätter fädlich bis linealisch, meist rasch abfallend
16 Laubblätter ganz
17 Blattstieldrüsen meist fehlend, Blütenstiel sehr dünn, mehr als 7 cm lang
12. ***Passiflora popenovii* Killip**
17 Blattstieldrüsen stets vorhanden, Blütenstiel derb, selten bis 7 cmlang
13. ***Passiflora laurifolia* L.**

16 Laubblätter 3–7-lappig oder zusammengesetzt
18 Pflanze haarig, Hochblätter weniger als 1 cm lang, Blätter oberseits matt

14. ***Passiflora incarnata* L.**

18 Pflanze kahl, Hochblätter länger als 1 cm, Blätter oberseits glänzend

15. ***Passiflora edulis* Sims**

15 Nebenblätter laubblattartig, halbeiförmig bis länglich, zuweilen nierenförmig, bleibend

16. ***Passiflora caerulea* L.**

1. ***Passiflora pinnatistipula*** Cav., Ic. pl. *5* (1799) 16. – *Tacsonia pinnatistipula* Juss. in Ann. Mus. Hist. Paris *6* (1805) 393; *T. purupuru* DC. ex Mast. in Mart. Fl. Brasil. *13*, 1 (1822) 537; *Passiflora chilensis* Miers. Trav. Chil. *2* (1826) 522; *P. pennipes* M. Roem., Fam. Nat. Syn. *2* (1846) 194.
Abbildungen: Young in Rec. Auckl. Inst. Mus. *7* (1970) fig. 19–22.
Namen: englisch: Mrs. Marygatt's tacsonia; Kolumbien: gulupa; Peru: tin-tin, puru-puru.

Kräftige Kletterpflanze; Sproß kantig, drüsig-wollig, kahlend; Nebenblätter 5–7×4–5 mm, fiederteilig oder handförmig geteilt; Blattstiel bis 3,5 cm lang, mit 4–6 kleinen, sitzenden Drüsen; Laubblätter 5–10×6–13 cm, tief dreilappig, lederig, Lappen lanzettlich, spitz, am Rande ± scharf gesägt; Blütenstiel kurz, wollig; Kelchröhre 4–5 cm lang, Kelch innen weiß, außen dicht flaumig; Kronblätter länger als die Kelchlappen, 3–4×1 cm, stumpf, stachelspitzig, grünlich-rosa, filzig; Nebenkrone 2-reihig, äußere Nebenkronstrahlen fadenförmig, hellblau und rötlich, am Grunde hellpurpurn gebändert, die inneren Nebenkronstrahlen knotenartig verkürzt, purpurn; Operculum weiß, hängend; Fruchtknoten ei- bis birnenförmig; Frucht grünlich-gelb, fast kugelig, bis 6 cm lang, 5 cm im Querschnitt, Fruchtschale brüchig, lederig, kahl bis flaumig, Pulpe süßlich-fad bis säuerlich schmeckend.

Verbreitung und Nutzung

Diese südamerikanische Art kommt spontan in den Anden Kolumbiens, Chiles und Perus vor. In diesen Ländern liegt auch ihr Hauptanbaugebiet, das in Höhen von 2500 bis 3800 m bis nach Zentralbolivien reicht. In dem Kulturareal kommt es oft zu spontanen Bastardierungen mit *Passiflora mollis*-

sima (H. B. K.) Bailey. In Europa wird die Art in Botanischen Gärten angebaut. Die Früchte der Art variieren im Grad der Brüchigkeit ihrer lederigen Schale sowie in der Süße der Pulpe.

Der Anbau von *P. pinnatistipula* Car. erfolgt nicht so intensiv wie der von *P. mollissima* (H. B. K.) Bailey und ihre Früchte sind auf den inländischen Märkten auch nicht so häufig. Von der einheimischen Bevölkerung Südamerikas werden die süßen bis leicht säuerlichen Früchte vor allem zur Herstellung von Getränken und zur Bereitung erfrischender Speisen (Eiskrems) verwertet. Die reifen ganzen Früchte werden auch roh gegessen.

Literatur: 13, 17, 24, 25, 32

2. ***Passiflora psilantha*** (Sodiro) Killip in Journ. Wash. Acad. Sc. *14* (1924) 203. – *Tacsonia psilantha* Sodiro in Anal. Univ. Quito *18* (1903) 417.

Pflanze kräftig, kletternd, 6–7 m lang werdend; Sproß stielrund bis schwach kantig, weich flaumig; Nebenblätter 8–10×5 cm, schwach nierenförmig, drüsig-gezähnt, stachelspitzig; Blattstiel bis 2,5 cm lang, mit 8–10 Drüsen besetzt; Laubblätter 6–8×7–10 cm, mehr oder weniger tief dreilappig, Lappen länglich-lanzettlich, spitz, Spreite am Grunde herzförmig, Rand gesägtgezähnt, Oberseite kahlend, unterseits weich flaumig; Blütenstiel bis 2,5 cm lang, Hochblätter unter der Mitte verwachsen, freie Teile lanzettlich, spitz; Blüten hellrot bis weiß; Kelchblätter schmal-länglich, 2–3 cm lang, stachelspitzig, anders gestaltet als die Kronblätter, diese klein-höckerig, ringförmig verwachsen; Operculum abstehend, Rand rückgebogen; Fruchtknoten seidigfilzig; Frucht eiförmig, 5 cm lang, ca. 2,5 cm im Querschnitt; Fruchtschale weich flaumig.

Verbreitung und Nutzung

Das Heimat- und Kulturareal liegt in Südamerika in den Anden von Ecuador. Hier wird die Art im Gebiet von Cuenca bis in Höhen von 2600 m häufig kultiviert. Ihre Früchte werden von der einheimischen Bevölkerung nur örtlich als Fruchtsaftspender und Frischobst genutzt.

Passiflora psilantha (Sodiro) Killip scheint als Bastardpflanze aus einer Kreuzung von *P. mollissima* (H. B. K.) Bailey mit *P. tripartita* (Juss.) Poir. hervorgegangen zu sein und in ihren morphologischen Merkmalen steht sie zwischen beiden Arten. Diese 1903 erstmalig beschriebene Sippe ist wenig bekannt und in europäischen Gärten bisher noch nicht kultiviert worden.

Literatur: 17, 23.

3. ***Passiflora mollissima*** (H. B. K.) Bailey in Rhodora *18* (1916) 156. – *Tacsonia mollissima* H. B. K., Nov. Gen. et Sp. *2* (1817) 144; *Murucuja mollissima* Spreng., Syst. Veg. *3* (1826) 43; *Passiflora tomentosa* Lam. var. *mollissima* Tr. et Planch. in Ann. Sci. Nat. V. Bot. *17* (1873) 131.

Abbildungen: MARTIN et NAKASONE in Econ. Bot. *24* (1970) fig. 4; YOUNG in Rec. Auckl. Inst. Mus. *7* (1970) figg. 29–32.
Namen: englisch: banana passion fruit; Kolumbien: curuba; Peru: tumbo, trompos.

Pflanze kräftig, kletternd; Sproß stielrund, gerieft, weich gelbhaarig oder rauh; Nebenblätter fast nierenförmig, stachelspitzig; Blattstiel 3 cm lang, mit 8–12 sitzenden Drüsen; Laubblätter am Grunde herzförmig, tief dreiteilig, 5–10×6–12 cm, Blattlappen eiförmig-lanzettlich, oberseits dunkelgrün-flaumig, unterseits bleich gelbhaarig-filzig, Blattrand scharf gesägt-gezähnt; Blütenstiel 2–6 cm lang, Hochblätter 2,5–3 cm lang, zum Teil verwachsen, spitz, weich-filzig; Kelchröhre 6,5–8 cm lang, olivgrün, kahl bis flaumig, außen oft rötlich gefleckt, innen weiß; Kelchblätter 2,5–3,5 cm lang, stumpf, dünnspitzig; Kronblätter stumpf, rosa, Nebenkronstrahlen reduziert zu einem Ring rosafarbiger Knoten oder Kerben; Operculum weiß, abspreizend; Fruchtknoten länglich, gelblich-weich-flaumig; Frucht elliptisch, 6–12 cm lang, 3–3,5 cm im Querschnitt, Schale dicklederig, gelb-flaumig, Pulpe säuerlich; Samen breit-eiförmig, 6×5 mm, Samenschale netzig. 2n = 18.

Verbreitung und Nutzung
Die Art ist in den Anden von Kolumbien bis Peru in Höhen von 1800 bis 2700 m heimisch. Sie kommt in den tropischen Tiefländern nicht vor. Anbaugebiete liegen in Ecuador vor allem bei Abató und Ibarra. In größerem Maßstab erfolgt die Kultur in Kolumbien bei Santa Fé und Bogotá. Außerhalb Südamerikas finden wir Kulturareale in Mexiko, im südlichen Kalifornien und auch in Indien (hier vor allem als Zierpflanze angebaut). Nach KILLIP (17) soll die Art auch in Europa zu Versuchzwecken kultiviert werden. Da sie jedoch etwas frostempfindlich ist, kann sie für den Anbau in temperaten Gebieten als nur bedingt geeignet gelten.

Die Früchte dieser Art sind begehrter als die der *Passiflora pinnatistipula* Cav., obwohl ihre Pulpe weniger süß ist. Sie eignen sich auch nur wenig zum rohen Genuß, dienen aber zur Herstellung von Sherbets und Cocktails. Der sehr ascorbinsäurehaltige Saft wird in Nordamerika in den Handel gebracht. In Kolumbien und Ecuador wird die reife Frucht häufig auf Märkten angeboten. Dort wird aus ihrem Saft ein „crema de curuba" genannter Eiskrem bereitet.

Die leichte Kreuzbarkeit mit anderen *Passiflora*-Arten kann in der Kultur spontan zu kulturfähigen Varietäten führen. Eine züchterische Verwertung ist deshalb auf dem Wege der Artkreuzung möglich.
Literatur: 2, 5, 17, 23, 25, 27, 32, 33.

4. ***Passiflora mixta*** L. f., Suppl. (1781) 408. – *Passiflora longiflora* Lam., Encycl. *3* (1789) 39; *P. tacso* Cav., Diss. *10* (1790) 451; *Tacsonia mixta* Juss. in Ann. Mus. Hist. Nat. *6* (1805) 394; *T. longiflora* Pers., Syn. Pl. *2* (1807) 223;

T. speciosa H. B. K., Nov. Gen. et Sp. *2* (1817) 43; *T. quitens* Benth., Pl. Hartw. (1848) 184; *T. bicoronata* Mast. in Mart., Fl. Bras. *13*, 1 (1872) 541, t. 128, fig. 1; *Passiflora urceolata* Killip in Journ. Wash. Acad. Sci. *17* (1927) 428.

Pflanze kletternd, Sproß vierkantig, kahl oder flaumig; Nebenblätter fast nierenförmig, 10–12×5–10 mm, gesägt-gezähnt; Blattstiel bis 3 cm lang, mit 4–8 fast sitzenden Drüsen; Laubblätter 4–10×6–13 cm, mehr oder weniger dreilappig, am Grunde gestutzt bis schwach herzförmig, lederig, feingesägt, beidseitig kahl; Blütenstiel steif, 6 cm lang; Hochblätter röhrigglockig, außen gelbgrün bis rötlich, innen kremfarbig; Kelchblätter 3–4×1,5 cm, stumpf, stachelspitzig, außen gelb, rosa oder weiß, innen rötlich oder weiß; Kronblätter rosa bis orange, am Grunde weiß; Nebenkronstrahlen zu Höckern reduziert, diese 1–2-reihig, 1 mm lang, purpurn; Operculum 2–3 mm hoch, gebogen abstehend, Rand leicht gekerbt; Frucht eiförmig, 4–6×2,5 cm, kahl bis flaumig, Pulpe kremgelb; Samen eiförmig, 4–5×3–4 mm, Samenschale netzig. $2n = 18$.

Verbreitung und Nutzung

Das südamerikanische Areal der Art umfaßt Venezuela, Kolumbien, Ecuador, das südliche Peru und Bolivien. Sie wurde nach Java und Neuguinea eingeführt, und hier wird sie in Höhen zwischen 1500 und 3600 m mit Erfolg kultiviert. Eine Kreuzung mit anderen Arten der Gattung gelingt leicht und führt zu fertilen Hybriden (z. B. entstand *P.* × *rosea* (Karst.) Killip aus *P. mollissima* (H. B. K.) Bailey und *P. mixta* L. f.). P. mixta L. f. ist daher für züchterische Vorhaben gut geeignet. Da ihre Früchte, die von den Einheimischen der Anbauländer gegessen werden, von guter Qualität sind und ihre Pulpe einen sehr aromatischen Saft enthält, kann man sie als wertvollen Kreuzungspartner betrachten.

Literatur: 1, 11, 17, 23, 35.

5. ***Passiflora antioquiensis*** Karst. in Linnaea *30* (1859) 162. – *Tacsonia Volxemi* Funck in Journ. Hort. Prat. Belg. *5* (1861) 25; *T. Van-Volxemii* Lem., Ill. Hort. 10 (1863) tab. 381; *Passiflora Van-Volxemii* Tr. et Fl. in Ann. Sci. Nat. V. Bot. *17* (1893) 141.

Abbildungen: Young in Rec. Auckl. Inst. Mus. *7* (1970) fig. 16.

Namen: englisch: Van-Volxemian passion flower; Neuseeland: Vanilla passionsfruit; Bogotá: Cumba quiteña.

Pflanze kletternd; Sproß stielrund, schlank, rotbraun-flaumig; Nebenblätter pfriemlich, 5–7 mm lang; Blattstiel bis 4 cm lang, drüsig; Laubblatt 7–15×3–8 cm, zweiförmig: entweder ungelappt eiförmig bis eilanzettlich oder gelappt-dreiteilig, am Grunde abgerundet, Lappen lanzettlich-zugespitzt, ungleich fein gesägt, rotbraun behaart oder beidseitig kahlend; Hochblätter klein, länglich-lanzettlich, fein gesägt, kurz stachelspitzig, kahl; Blüten 13–18 cm breit, einzeln an langen, flaumigen Stielen hängend; Kelchröhre 6 cm lang, grün, am Grunde aufgeblasen-kugelig, Kelchlappen lineal-länglich, am Grunde gelblich; Nebenkronstrahlen dreireihig, die äußeren Reihen reduziert, höckerig-knotig, die inneren fadenförmig oder höckerig (beide oft in derselben Blüte), Strahlen allgemein violett bis rosa oder leuchtend rot; Operculum dünn, Rand rückgebogen, ganz oder fein gezähnelt; Fruchtknoten schmal eiförmig; Frucht elliptisch bis spindelförmig, bis 12 cm lang, kremgelb.

Verbreitung und Nutzung

Diese südamerikanische Art ist in den Gebirgen Kolumbiens bis in 3000 m Höhe heimisch. Ein lokaler Anbau der Pflanze zur Gewinnung der saftreichen Früchte erfolgt hier und in ähnlichen Lagen in den benachbarten Ländern. Außerhalb Amerikas kultiviert man *P. antioquiensis* Karst. in Neuguinea. Die Früchte, die von den Südamerikanern roh oder gekocht (als Marmelade) gegessen werden, enthalten eine angenehm nach Vanille schmeckende Pulpe.

Die Pflanze ist wahrscheinlich die einzige Art mit polymorphen Blättern. Als Zierpflanze wird sie hauptsächlich in nordamerikanischen und europäischen Gärten gezogen, wo auch spontan Bastarde mit verschiedenen anderen *Passiflora*-Arten entstanden sind (*P. militaris* hort. = *P. antioquiensis* Karst. × *P. manicata* Pers.; *P. exoniensis* Bailey = *P. antioquiensis* Karst. × *P. mollissima* (H. B. K.) Bailey). Diese Bastardformen sind aber von der Züchtung bisher kaum genutzt worden.

Literatur: 2, 9, 11, 17, 23, 27, 32.

6. ***Passiflora quadrangularis*** L., Syst. ed. *10* (1759) 1248. – *Granadilla quadrangularis* Medik., Malvenfam. (1787) 97; *Passiflora grandiflora* Salisb., Prodr. (1796) 154; *P. tetragona* M. Roem., Fam. Nat. Syn. *2* (1846) 165; *P. macrocarpa* Masters in Gard. Chron. (1869) 1012.
Abbildungen: Wealth of India 6 (1966) tab. 122.
Namen: deutsch: Barbadine, Königsgranadille; englisch: giant granadilla; Südamerika: parcha granadina, tumbo, badea, timbo.

Robuste Kletterpflanze; Sproß vierkantig, geflügelt, kahl; Nebenblätter lanzettlich bis eiförmig, 2–3,5×1–2 cm, fein gesägt; Blattstiel 2–5 cm lang, oberseits rinnig, steif, mit 4–6-paarig sitzenden Drüsen; Blätter ungeteilt, breit eiförmig bis eilänglich, am Grunde herz-eiförmig, 10–20×8–15 cm, zugespitzt, ganzrandig; Blütenstiel bis 3 cm lang, dreikantig; Blüten bis 12 cm breit; Kelchröhre glockenförmig, Kelchblätter länglich-eiförmig, am Ende kapuzenförmig gebogen, außen grünlich-rot, innen weiß, violett oder rosa; Kronblätter länglich-lanzettlich bis -eiförmig, 3–4×1–2 cm, weiß bis rosa; Nebenkrone fünfreihig, äußere Kronstrahlen 6 cm lang, fädlich, am Grunde rot-weiß gebändert, in der Mitte blau, am Ende rosablau bis rot, die inneren Reihen teils knotig reduziert, teils kurz-fädlich, rötlich-weiß gebändert, Rand zuweilen zerrissen oder gespalten; Operculum 4–6 mm hoch, weiß, nach innen geneigt, Rand rötlich; Frucht länglich-walzig bis -eiförmig, 20–30 cm lang, bis 15 cm im Querschnitt, Fruchtschale grünlich, dünn; Samen kugelig bis herzförmig, 7–10 mm lang. 2n = 18.

Verbreitung und Nutzung

Das natürliche Areal der Art ist unbekannt. Eine hybridogene Entstehung wird angenommen. Als Ursprungsgebiet vermutet man Südamerika, wo auch die größten Kulturflächen zu finden sind. Weitere Anbaugebiete liegen in der tropischen Zone Indiens, Australiens, der Philippinen, Hawaiis und auf den Fiji-Inseln. Auf die Malayische Halbinsel wurde die Art schon im 18. Jahrhundert eingeführt. Unter den Kultursippen (z. B. der var. *macrocarpa* (Mast.) Killip) befinden sich zahlreiche, ertragsstarke Formen, deren Früchte eine gewisse Variabilität in Größe und Form zeigen.

Das Fruchtfleisch ist, reif oder unreif, ein gutes Obst und wird in Form von Fruchtsalaten gegessen. Die Pulpe der reifen Frucht ist reich an Ascorbinsäure und Vitamin A, sie hat einen frischen, an Melonensaft erinnernden Geschmack. In großen Mengen genossen soll sie aber etwas narkotisch wirken. In gekochtem Zustand werden die Wurzeln zu Marmeladen verarbeitet, in rohem Zustand sind sie jedoch durch den Gehalt an Passiflorin giftig.

Durch ihren raschen Wuchs und die dichte Belaubung ist die Pflanze geeignet zur Anpflanzung an Wänden und Zäunen. Auch als Zierpflanze ist sie durch ihre großen, schön gefärbten Blüten von gärtnerischem Wert. Hervorzuheben ist, daß die Art auch unter weniger warmfeuchten Bedingungen als in den Tropen gut gedeiht.

Literatur: 1, 11, 17, 23, 25, 27, 30, 32, 33.

7. ***Passiflora alata*** Dryand, in Bot. Mag. *2* (1788) 66. – *P. alata* Ait., Hort. Kew. ed. 1, *3* (1789) 306; *P. citrifolia* Salisb., Prodr. (1796) 154; *P. mauritiana* Thou. in Ann. Mus. Hist. Nat. *6* (1805) 457; *P. maliformis* Vell., Fl. Flumin. *9* (1827) 73, non L.; *P. brasiliana* Desf., Cat. pl. Hort. Paris, ed. 3 (1829) 411; *P. phoenicea* Lindl., Bot. Reg. *19* (1833) t. 603; *P. oviformis* Roem., Fam. Nat. Syn. *2* (1846) 167; *P. tetragona* Roem. l. c. (1846) 165.

Abbildungen: Lodd., Bot. Cab. *3* (1818) 246; Engler et Prantl, Nat. Pfl. Fam. III, *6a* (1893) 90, fig. 31; Gard. Chron., ser. 3, *15* (1894) 19.

Namen: englisch: winged passion flower; Brasilien: maracujá de refresco.

Pflanze kletternd; Sproß kahl, steif, vierkantig, an den Kanten breit geflügelt; Nebenblätter linealisch bis lineal-lanzettlich, 1–2×0,3–1 cm, ganzrandig bis fein gezähnelt; Blattstiel 3–5 cm lang, mit 2–4 kugeligen, sitzenden Drüsen; Blätter ± eiförmig bis eilänglich, ganz, 8–15×7–10 cm, zugespitzt, am Grunde abgerundet bis schwach herzförmig, ganzrandig oder fein gezähnelt; Hochblätter eiförmig, 1,5×1 cm, spitz; Blüten 10–12 cm breit, stark duftend; Kelchblätter länglich-stumpf, an der Spitze stachelspitzig, innen tief rot; Kronblätter länglich, innen tief rot; Nebenkrone vierreihig, die 2 äußeren Reihen fadenförmig, Fäden 3–4 cm lang, rot-weiß-gebändert; innere Reihen warzig-höckerig, Höcker 2–3 mm lang; Operculum waagerecht, nach innen abspreizend; Fruchtknoten länglich-eiförmig, gerieft; Frucht ei- bis birnenförmig, 8–10×4–6 cm, gelb, Fruchtschale dünn.

Verbreitung, Variabilität und Nutzung

Das Wildareal der Art liegt in Südamerika, wahrscheinlich in Brasilien (oder in Peru?). Sie wird in den tropischen Zonen Südamerikas vielfach kultiviert. 1772 gelangte sie durch Miller nach England und danach auch in die Gewächshäuser des europäischen Festlandes. Die hübschen, duftenden Blüten der Pflanze mit ihren brillianten Farben geben ihr einen hohen gärtnerischen Wert. Die Pulpe der gänseeigroßen Frucht dient in den Anbauländern Südamerikas zur Herstellung von erfrischenden Fruchtgetränken, ihr Saft wird zur Herstellung von Eiskrems herangezogen. Die ganze reife (und unreife) Frucht dient zur Bereitung von Fruchtsalaten.

In der Zahl ihrer Blattstieldrüsen, der Form der Nebenblätter und Laubblätter sowie in Kronenblattmerkmalen ist die Art sehr variabel und oft von *Passiflora quadrangularis* L. nur schwer unterscheidbar. Damit wird eine Verwandtschaft beider Arten angezeigt, die auch durch die leichte Kreuzbarkeit beider unterstrichen wird (vgl. Bastardformen bei 23).

Literatur: 9, 17, 23, 32.

8. ***Passiflora serrato-digitata*** L., Spec. Pl. (1753) 960. – *P. serrata* L., Syst. ed. *10* (1759) 1248; *P. digitata* L., Spec. pl. ed. *2* (1763) 1360; *P. palmata* Lodd., Bot. Cab. *1* (1817) tab. 97; *P. digitata* R. et P. ex Roemer, Fam. Nat. Syn. *2* (1846) 183; *P. cearensis* Barb. Rodr. in Contr. Jard. Bot. Rio de Janeiro *4* (1907) 92.

Abbildungen: Mart., Fl. Brasil. *13* (1736) tab. 113, Barb. Rodr. l. c. 4 (1907) tab. 16.

Namen: Brasilien: maracuja pedra, maracujá de cobra; Peru: ccoto-gguantte; Puerto Rico: tgua-tgua.

Pflanzen kletternd; Sproß stielrund, kahl; Nebenblätter lineal-pfriemlich, 15 mm lang, zur Spitze hin kleindrüsig-gesägt; Blattstiel bis 10 cm lang, mit 2 keulen- oder zungenförmigen Drüsen; Laubblätter 15×18 cm, handförmig geteilt, 5–7-lappig, am Grunde herzförmig, Blattlappen länglich-lanzettlich, spitz, fein gesägt, stumpf oder glänzend; Blütenstiel 4 cm lang, dünn; Hochblätter eiförmig-lanzettlich, 3–5 cm lang, zum Teil verwachsen, außen meist kahl bis flaumig, grün, rötlich gefleckt, innen weiß; Blüten 6–8 cm breit; Kelchröhre 2 cm lang, außen grünlich, innen weiß bis kremfarbig, beidseitig rot gefleckt; Kelchblätter länglich, 3,5×1,5 cm, außen grünlich-weiß, innen bläulich; Kronblätter 3 cm lang, stumpf, rosa-bläulich gefärbt; Nebenkrone mehrreihig, äußere Strahlen fadenförmig, 1–1,5 cm lang, mittlere Strahlen 2–2,5 cm lang, blau oder purpur mit weiß gebändert, innere reduziert zu tief rosafarbigen Höckern; Operculum nach innen abstehend, rosa; Fruchtknoten eiförmig, gestielt; Frucht kugelig, 4–5 cm im Querschnitt, Fruchtschale brüchig, Pulpe weißlich, süß; Samen eiförmig, 6–7×3 mm, Samenschale netzig.

Verbreitung und Nutzung

Die Art kommt in den tropischen Regionen Südamerikas, im Amazonasbecken von Brasilien, in Bolivien und Peru wild vor. Sie wird in diesen Gebieten, wie auch in Puerto Rico, Guadeloupe, Martinique, Trinidad, Tabago und Surinam vorwiegend zur Gewinnung der nach Guayave schmeckenden Fruchtpulpe kultiviert, über deren Nährwert allerdings Angaben fehlen. Die Kultur zur Gewinnung der Früchte hat nur örtliche Bedeutung für die einheimische Bevölkerung.
Literatur: 17, 23.

9. ***Passiflora ligularis*** Juss. in Ann. Mus. Paris *6* (1805) 113; – *P. serratistipula* Moc. et Sessé ex DC., Prodr. *3* (1828) 328; *P. tiliaefolia* Sessé et Moc., Pl. Nov. Hisp. (1887) 154, non L.
Abbildungen: Bot. Mag. *57* (1850) tab. 2967; Standley et Williams in Fieldiana *24* (1961) fig. 16.
Namen: englisch: sweet granadilla; Guatemala: cranix; Bogotá: granadilla de china.

Kräftige, am Grunde verholzende, stark verzweigte kahle Kletterpflanze; Sproß stielrund; Nebenblätter eiförmig-lanzettlich, 10–25×8–12 mm, zugespitzt, am Grunde verschmälert, schwach gesägt; Blattstiel 4–10 cm lang, mit 4–6 zungen- oder fadenförmigen Drüsen besetzt; Laubblätter ganzrandig, breit eiförmig, 8–15×6–13 cm, am Grunde tief herzförmig, ± zugespitzt, oberseits hellgrün, unterseits bleichgrün; Blütenstiele einzeln oder paarig, 2–4 cm lang; Hochblätter 2–3,5×1–1,5 cm, am Grunde zum Teil verwachsen; Blüten 6–10 cm breit, Kelchröhre glockenförmig; Kelchblätter eiförmig-länglich, 2,5–3,5×1–1,5 cm, außen grün, innen weiß; Kronblätter länglich, 30×8–10 mm, weiß oder rosa; Nebenkrone 5–7-reihig, Filamente der äußeren Kreise fadenförmig, am Ende blau, am Grunde weiß-rötlich gebändert, innere Strahlen reduziert, kaum 2 mm lang; Operculum leicht eingebogen; Fruchtknoten rundlich; Frucht eiförmig, 6–8×4–5 cm, Schale gelb bis dunkelrot, pergamentartig-fest, Pulpe weiß, aromatisch; Samen 6×4 mm, Spitze dreizähnig, Samenschale netzig. $2n=18$.

Verbreitung und Nutzung

Spontane Vorkommen der Art liegen im tropischen Südamerika (Guatemala, Ecuador) in dichten, feuchten Mischwäldern. Sie liegen in Höhen von 900 bis 2500 m.

Diese Art ist die einzige, die als begehrte Obstpflanze überall in Zentral- und Südamerika (von Mexiko bis Peru, Bolivien und Venezuela) angebaut wird.

Die Kultur der Pflanze erfolgt daneben auch in geringerem Umfang in El Salvador, Honduras, Costa Rica, auf Hawaii und auf Neuseeland. Die Pflanze wird seit 1830 auch in europäischen Gärten angebaut.

Die in Farbe und Größe an Orangen erinnernden Früchte der kultivierten und auch der wilden Pflanze werden auf vielen südamerikanischen Märkten angeboten. Sie dienen zur Herstellung erfrischender Getränke, als Geschmacksstoffe für Eiskrems und zur Bereitung von Rohkostsalaten. Pro 100 g Frischgewicht enthalten sie 86% Wasser, 1,1 mg Proteine, 0,1 mg Fett, 12 mg Kohlenhydrate und 20 mg Ascorbinsäure (23). Die scharfen, knusprigen und ölhaltigen Samen werden roh mit reichlich Pulpe gegessen. Im Geschmack stehen die Früchte der Art über denen von *Passiflora maliformis* L. und *Passiflora laurifolia* L.

Literatur: 2, 6, 11, 17, 23, 25, 27, 32, 34.

10. ***Passiflora seemannii*** Griseb. in Bonplandia *6* (1858) 7. – *P. orbifolia* Pl. et Lind. in Ann. Sci. Nat. V. Bot. *17* (1873) 150; *P. incana* Seemann ex Mast. in Journ. Linn. Soc. *20* (1883) 40, non Ker.

Pflanze kletternd, Sproß stielrund, blaugrün, kahl; Nebenblätter schmal lineal, 1–1,5 cm lang; Blattstiel 3–7 cm lang, distal mit 2 (zuweilen 4) sitzenden, 1 mm langen Drüsen; Laubblätter herz-eiförmig, 6–9×5–6 (ältere bis 13–15) cm, zuweilen ungleich drei- oder ungleich zweilappig, Blattspitze abgerundet, zugespitzt, am Grund tief herzförmig, mit sich überdeckenden Seitenlappen, ganzrandig bis fein gezähnt; Blütenstiele einzeln, 6–10 cm lang; Hochblätter bis zur Hälfte verwachsen, Segmente breitlanzettlich, zugespitzt, weiß, mit Purpur gefleckt, ganzrandig; Blüten 8–10 cm breit, duftend; Kelchröhre glocken- bis trichterförmig; Kelchblätter eiförmig-lanzettlich, 3,5–4 cm lang, weiß mit violett; Kronblätter purpurn; Nebenkrone zweireihig, äußere Kronfilamente 1–1,5 cm lang, mit purpur, weiß und violett gebändert, die inneren ± aufrecht, kurz, Spitzen leicht nach außen gebogen, Innenwand der Kronröhre mit rudimentären, warzenförmigen Filamenten besetzt, Operculum fast aufrecht, 2 mm hoch, ganzrandig bis fein gezähnt; Frucht eiförmig 4–5×2–4 cm; Samen kugelig, 3×3 mm, Samenschale netzig. 2n=18.

Verbreitung und Nutzung

Passiflora seemannii Griseb. ist im südlichen Mittelamerika (Panama) und in den Anden von Kolumbien heimisch und wächst dort bis in Höhen von 1600 m. Anbaugebiete befinden sich in Mexiko, Panama, Nicaragua, Kolumbien und auf Hawaii. Die Art wird wegen ihrer Früchte, auf Hawaii auch wegen ihrer schöngefärbten und wohlriechenden Blüten geschätzt.

Hinsichtlich der Blattzerteilung zeigt sie eine gewisse Variabilität. Meist sind die Laubblätter ungeteilt, zuweilen werden auch Pflanzen mit dreilappigen Blättern angetroffen.

Literatur: 17, 23.

11. ***Passiflora maliformis*** L., Spec. pl. (1753) 956. – *P. ornata* H. B. K., Gen. et Sp. *2* (1817) 129; *P. laurifolia* Guill. in Mém. Mus. Hist. Nat. n. s. Bot. *8* (1859) 148, non L.; *P. maliformis* L. var. *pubescens* Tr. et Pl. in Ann. Sci. Nat. V. Bot. *17* (1873) 149.
Abbildungen: VELLOZO, Fl. Flumin. *9* (1827) tab. 73; KERNER, Hort. Sempervir. (1831) tab. 845.
Namen: englisch: water lemon, conch apple, couch nut; Kuba: granadilla de mono; Kolumbien: granadilla de nuesa; Ecuador: granadilla de hueso.

Pflanze klettern, kahl oder fein behaart; Sproß rund, jüngere Teile schwach kantig; Nebenblätter ± schmal lanzettlich bis linealisch, 9–15×1–2 mm, ganzrandig oder fein gesägt; Blattstiel bis 5 cm lang, Drüsen 2, in der Stielmitte angelegt, fast sitzend; Laubblätter eiförmig bis eilanzettlich, 6–12× 4–10 cm, spitz, am Grunde gestutzt bis schwach herzförmig, Rand wellig oder fein gesägt; Blütenstiel bis 5 cm lang; Hochblätter breit eiförmig, 4–6×3,5 cm, vom Grunde an zum Teil verwachsen; Kelchröhre glockenförmig, 1 cm lang; Kelchblätter länglich-lanzettlich, 4×1,5 cm, gekielt, an der Spitze kapuzenförmig umgebogen, stachelspitzig, fleischig, grün; Kronblätter lineal-lanzettlich 30×5 mm, grün, innen rot gefleckt; Nebenkrone mehrreihig, zwei äußere Kreise stielrund bis zungenförmig, 3 cm lang, weiß, am Ende violett, am Grunde rosarot gebändert, die inneren Reihen aus knotig reduzierten Fäden bestehend, tief purpurn, grünspitzig; Operculum napfförmig, häutig, bleichgrün, Rand gezähnelt, eingebogen; Frucht kugelig, 3–4 cm im Querschnitt, Fruchtschale grün bis orange; hart; Pulpe aromatisch, orangefarbig; Samen 5–6×4 mm, grau. 2n = 18.

Verbreitung und Nutzung

Das Wildareal der Art schließt die Kleinen Antillen, Venezuela, Kolumbien und Ecuador ein. In diesen Ländern wächst sie bis in Höhen von 1700 m und wird vor allem in Nordbrasilien, Ecuador, Kolumbien und auf den Antilleninseln kultiviert. Ein weniger ausgedehnter Anbau erfolgt auch in Neukaledonien, Tonga, Rarotonga und Neuseeland. In allen diesen Gebieten wird *P. maliformis* L. als Zier- und Obstpflanze genutzt.

Die Schale der reifen Frucht ist sehr hart und muß zur Gewinnung der Pulpe maschinell aufgebrochen und entfernt werden. Die Pulpe hat einen säuerlichen, aber sehr aromatischen, orangenartigen Geschmack; der Saft ist durch seinen Gehalt an Ascorbinsäure wertvoll und erfrischend und wird, meist im Gemisch mit anderen Fruchtsäften getrunken. Auf Haiti wird die Pulpe mit Wein und Zucker angerichtet.

Unter den kultivierten Pflanzen sind zwei Formen zu unterscheiden. Die häufigere Form auf den Antillen-Inseln ist kahl und hat längere wellige Laubblätter. In Südamerika ist die entsprechende Kulturform weniger behaart, die Blätter sind rund und der Blattrand ist gesägt.

Literatur: 17, 21, 23, 25, 32.

12. ***Passiflora popenovii*** Killip in Journn. Wash. Acad. Sci. *12* (1922) 332. – Namen: Ecuador: Granadilla de Quijos.

Bis 8 m lange Schling- oder Kletterpflanze; Sproß kahl, am Grunde stielrund, oben 4– bis 5kantig; Nebenblätter schmal lineal-pfriemlich, bis 1 cm lang; Blattstiel dünn, 8–10 cm lang, ohne Drüsen; Laubblätter länglich-eiförmig, 7–14×4–7 cm, am Grunde abgerundet, ganzrandig, beidseitig glänzend; Blütenstiel dünn, 8–10 cm lang; Hochblätter 2–2,5×1,5 cm, an der Spitze gespalten; Blüten bis 10 cm breit, duftend; Kelchröhre 1,2 cm lang, tief rot, Kelchblätter 3–3,5 cm lang, Kronblätter linealisch, 3 cm lang, weiß, Nebenkrone vierreihig, die Filamente der zwei äußeren Reihen weiß-rot gebändert, die der 2. Reihe fleischig, zungenförmig, die der inneren Reihen 2 mm lang; Fruchtknoten dicht flaumig, kugelig; Frucht größer als die von *P. ligularis* Juss., Rinde dicklich, grün, Pulpe weiß, wohlschmeckend.

Verbreitung und Nutzung

Killip (17) nennt als Heimatareal der südamerikanischen Art die östlichen Ausläufer der Anden von Ecuador. In diesem Gebiet wird sie von der einheimischen Bevölkerung vielfach angebaut und als eine der besten Kulturarten geschätzt. Ihre Früchte werden auf den Märkten von Baños und Riobamba (Ecuador) angeboten (vgl. 32). Ihre Kultur ist auch wegen der schönen, duftenden Blüten lohnenswert. Die Art ist selbstinkompatibel (wie auch andere *Passiflora*-Arten) und bringt im Einzelanbau keine Früchte hervor.

P. popenovii Killip weist große Ähnlichkeit mit *P. laurifolia* L. in ihren Blütenmerkmalen auf. Durch das Fehlen der Blattstieldrüsen und die schlankeren Blütenstiele ist *P. popenovii* Killip von der genannten Art jedoch gut zu unterscheiden.

Literatur: 17, 23, 25, 32.

13. ***Passiflora laurifolia*** L., Spec. pl. (1753) 956. – *Granadilla laurifolia* Medic., Malvenfam. (1787) 97; *Passiflora tinifolia* Juss. in Ann. Mus. Hist. Nat. *6* (1805) 113; *P. acuminata* DC., Prodr. *3* (1828) 328.
Abbildungen: Bot. Mag. (1857) tab. 4958.
Namen: englisch: Jamaica honey suckle, golden apple, yellow granadilla; französisch: pomme d'or; Malayische Halbinsel: buah susu; Kuba: cibey; Mexiko: granadilla de china; Brasilien: maracuyá lauranyá.

Pflanzen kletternd; Sproß kahl, stielrund; Nebenblätter schmal linealisch, 3–4 mm lang, lederig; Blattstiel kurz, unter der Spreite mit 2 Drüsen besetzt; Laubblätter eiförmig-länglich, 6–12×3,5–8 cm, abgerundet oder stumpf, spitzig, am Grunde ausgerandet, dick, lederig, glänzend; Blütenstiel 2–3 cm lang; Hochblätter eiförmig-länglich 2,5×2–2,5 cm, fein flaumig; Blüten 5–7 cm breit; Kelchröhre glockenförmig bis zylindrisch; Kelchblätter 2–2,5×1 cm, außen grün und rot gefleckt, innen rot; Kronblätter wenig kleiner als die Kelchblätter, rot; Nebenkrone 6-reihig, Filamente der 2 äußeren

Reihen zungenförmig, 20×2 mm, rot-blau-violett gebändert, die folgenden und innersten Reihen kurz, ähnlich gefärbt; Operculum häutig, am Rand gebogen, Fruchtknoten seidig-filzig; Frucht eiförmig, 5–8×4 cm; Fruchtschale dünn, pergamentartig, gelb bis orange; Samen 5–7×3–5 mm, Samenschale netzig. 2n=18.

Verbreitung und Nutzung

Das Wildareal liegt in den Regenwäldern Südamerikas und umfaßt die Länder Brasilien, Argentinien, das Amazonasgebiet von Peru, Venezuela. Man findet sie auch auf den Antillen, vor allem auf Trinidad. Überall wird die Art hier zur Gewinnung und Nutzung ihrer schmackhaften Pulpe kultiviert (wahrscheinlich auch auf Tonga, Hawaii und Neucaledonien). In Java und Indien wird *P. laurifolia* L. vor allem als Zier- und Arzneipflanze angebaut. Sie neigt in der Kultur leicht zum Wuchern, was man ausnutzt, indem man die Pflanze zur Verdeckung von Hausmauern und Zäunen spalierartig zieht.

Fruchtfleisch und Pulpe enthalten neben Pantothensäure und Hydrocyansäure in größeren Mengen Ascorbinsäure. Die an diesen Stoffen ebenfalls reichen Blätter werden pharmazeutisch, die Samen speziell als Herztonicum benutzt. In größeren Mengen genossen sollen die frischen Früchte leicht narkotisch wirken, was vermutlich auf dem Alkaloid Passiflorin beruht.

Die Art scheint sich in den Anbaugebieten leicht mit anderen Arten zu kreuzen. Wie auch *P. popenovii* Killip ist die Pflanze selbstinkompatibel und bringt im Einzelpflanzenanbau keine Früchte hervor (23).

Literatur: 1, 2, 6, 11, 15, 17, 21, 23, 27, 32, 33.

14. ***Passiflora incarnata*** L., Sp. pl. (1753) 1360. – *Granadilla incarnata* Medic., Malvenfam. (1787) 96; *P. kerii* Spreng., Syst. Veg. *2* (1826) 39; *P. edulis* Sims var. *kerii* Mast., in Trans. Linn. Soc. *27* (1871) 637.

Abbildungen: Bot. Mag. *65* (1838) 3617; Brizicky in Journ. Arn. Arbor. *42* (1961) 213.

Namen: englisch: yellow-fruited Virginian passion flower, maypop.

Pflanze kletternd; Sproß stielrund, junge Teile kantig, kahl bis flaumig; Nebenblätter fadenförmig, 2–3 mm lang, früh abfallend; Blattstiel bis 8 cm lang, Drüsen 2, sitzend; Laubblätter 6–15× 7–15 cm, dreilappig, Lappen eiförmig-lanzettlich, spitz, Spreite am Grunde schwach herzförmig, feingesägt, unterseits graugrün; Blütenstiel bis 10 cm lang; Hochblätter 5 mm unter der Blüte angelegt, spatelförmig-länglich, 4–7×2–4 mm, stumpf oder spitz, am Grunde auffallend zweidrüsig; Blüten bis 7 cm breit; Kelchröhre kurz, glockenförmig; Kelchblätter länglich-lanzettlich, weiß bis bleich violett, am Ende kapuzenförmig gebogen, stachelspitzig; Kronblätter stumpf, weiß bis bleich violett; Nebenkrone mehrreihig; die Filamente der äußeren Reihen 1,5–2 cm lang, fadenförmig, an der Spitze kraus, die mittleren kurz strahlig, 2 mm lang, die innersten häutig-zungenförmig, 2 mm lang, gefranst; Fruchtknoten kugelig, flaumig; Frucht eiförmig, grünlich-gelb, 5 cm lang; Samen 4–5× 3–4 mm, am Ende gestutzt. 2n = 18, 36.

Verbreitung und Nutzen

Das Wildareal der Art umfaßt in den USA Virginia, Texas, Florida und erstreckt sich bis zu den Bermudas. In diesen Gebieten erfolgt auch ihr Anbau, der zur Gewinnung der eßbaren Früchte und zur pharmazeutischen Nutzung des frischen Krautes durchgeführt wird. Die Blüten haben nur geringen Schmuckwert.

Die Pflanze ist recht hart und gedeiht auch auf mageren, sandigen Böden im gemäßigten und subtropischen Klima.

Über die sedativen Prinzipien der Droge (Herba Passiflorae, Passionskraut) besteht noch keine fundierte Kenntnis. Sie enthält u. a. blutdrucksenkende Substanzen (*n*-Nikosan, Sitomasterin und Stigmasterin), außerdem Gummi und Passiflorin. Die Früchte werden roh gegessen oder zu Konserven verkocht. Zuweilen wird auch die Pulpe zur Herstellung erfrischender Fruchtsaftgetränke und Eiskrems herangezogen.

Passiflora incarnata L. weist große Ähnlichkeiten mit der folgenden Art, *P. edulis* Sims, auf. Beide Arten lassen sich jedoch durch Blatt-, Stieldrüsen-, Blütenstiellängen, Blüten- und Fruchtmerkmale unterscheiden.

Literatur: 1, 9, 15, 17, 28, 32, 33.

15. ***Passiflora edulis*** Sims in Bot. Mag. *45* (1818) 1989. – *P. pallidiflora* Bertol., Syll. Pl. Hort. Bonon. (1827) 6, ex Morris in Mém. Ac. Torino *36* (1833) 178; *P. verrucifera* Lindl., Bot. Reg. *26* (1840) misc. 49; *P. rubicaulis* Jacq., Ecl. Pl. *2* (1844) 169; *P. rigidula* Jacq., l. c. *2* (1844) 124 (in textu *P. edulis*); *P. pomifera* M. Roemer, Fam. Nat. Syn. *2* (1846) 179; *P. iodocarpa* Barb. Rodr., Pl. Nov. Jard. Rio de Janeiro *1* (1891) 3.

Abbildungen: SIMS in l. c.; STANDLEY et WILLIAMS, Flora of Guatemala *24* (1961) fig. 15.

Namen: deutsch: Purpurgranadille; englisch: purple granadilla; Venezuela: parche; Brasilien: maracuyá mirim; Guatemala: granadilla silvestre; Afrika: roxa.

Basal bald verholzende Kletterpflanze; Sproß kahl; Nebenblätter lineal-pfriemlich, 1 cm lang, ganzrandig bis fein gesägt; Blattstiel bis 4 cm lang, an der Spitze mit zwei fast sitzenden Drüsen; Laubblätter 5–11×4–10 cm, am Grunde schwach herzförmig, tief dreilappig, grob gesägt, oberseits glänzend, kahl, lederig; Hochblätter eiförmig, 2–2,5 cm lang, Rand scharf gesägt bis schrotsägezähnig; Blütenstiel bis 6 cm lang, steif, Blüten einzeln, 6–9 cm breit, Kelchblätter 3,5×1 cm, außen grün, innen weiß; Kronblätter 25–30×5–7 mm, weiß; Nebenkrone vierreihig, die äußeren Filamente faden- bis schmal zungenförmig, weiß-purpurn gebändert, die inneren kurz zahnartig, 2–2,5 mm lang oder höckerig; Operculum häutig mit gefranstem Rand; Fruchtknoten kahl, kugelig; Frucht kugelig bis eiförmig, 4–5 cm im Querschnitt, Fruchtschale hart, zur Reife purpurn, schwarzblau (forma *edulis*) oder grünlich-gelb (forma *flavicarpa* Degener); Pulpe säuerlich. 2n = 18.

Verbreitung und Nutzung

Das Wildareal von *P. edulis* Sims f. *edulis* erstreckt sich in Südamerika von Brasilien bis zum nördlichen Argentinien. Auf Grund ihrer breiten ökologischen Amplitude wird die Pflanze in fast allen tropischen Ländern der Erde kultiviert. Hauptanbauländer in Südamerika sind Brasilien, Paraguay, Bolivien, Venezuela und Ecuador. Andere wichtige Anbaugebiete liegen in Südafrika, Indien, Australien, Hawaii, Neuseeland, Malaysia und im Mittelmeerraum (Portugal). In Indien (Assam) findet man zuweilen verwilderte Pflanzen (33).

Neben der purpurfarbige Früchte tragenden Gebirgsform *P. edulis* Sims f. *edulis* hat sich in den Anbauländern eine gelbfrüchtige Tieflandform (forma *flavicarpa* Degener) entwickelt (8), die wahrscheinlich mutagenen Ursprungs ist.

Die Nutzung der Pflanze ist vielfältig. Die Früchte beider Kulturformen dienen denselben Zwecken. Pulpe und Saft sind außerordentlich schmackhaft. Sie werden roh genossen oder in Form von Konzentraten, Fruchtsaftgemischen oder Pulvern gehandelt. Für diese Produkte hat sich in den Anbauländern eine umfangreiche Industrie entwickelt. Der Wert des Fruchtsaftes und der Pulpe wird durch ihren Gehalt an Ascorbinsäure, Zucker, Karotin, Nikotinsäure, Riboflavin und Mineralstoffen bestimmt. Sie werden zu vielerlei Getränken, Marmeladen, Konfekt, Eiskrems zugesetzt, wodurch ein erfrischender Geschmack dieser Produkte entsteht. Die kalt gepreßten Samen ergeben ein bleichgelbes, mild und angenehm schmeckendes Öl, die Preßrückstände werden (in Indien) als Viehfutter verwendet. Das Öl dient Speisezwecken, auch wird es als Rohstoff der chemischen und der Lackindustrie zugeführt (33).

Die Blätter der Pflanze werden in vielen Ländern pharmazeutisch genutzt (hoher Gehalt an Ascorbinsäure, Maracugin, Harzsäure, Tannin). Die gekochten Wurzeln sind eßbar und werden zu Marmeladen verarbeitet, in ungekochtem Zustand sind sie aber giftig.

In der Pflanzenzüchtung ist man bestrebt, durch Kreuzung mit anderen Arten eine Resistenz gegen die Braunfleckenkrankheit der Früchte zu erzeugen. Die leichte Kreuzbarkeit mit anderen *Passiflora*-Arten unterstützt diese Bestrebungen.

Literatur: 1, 2, 3, 4, 5, 6, 7, 8, 9, 10, 11, 13, 14, 17, 19, 20, 23, 24, 26, 27, 31, 32, 33, 34.

16. ***Passiflora caerulea*** L., Spec. pl. (1753) 959. – *Granadilla caerulea* Medic., Malvenfam. (1787) 96; *Passiflora stenophylla* Hoffmg., Verz. Pfl. (1824) 85; *P. selloi* Dehnh., Riv. Napolit. 1, *3* (1843) 180.

Abbildungen: HEGI, Ill. Fl. Mitteleur. *5*, 1 (1925) figg. 2094, 2095.

Namen: englisch: blue passionflower; Mittelamerika: passionara; Uruguay: burucuyá; Argentinien: murucuyá.

Pflanze kletternd; Sproß kahl, schwach kantig, blaugrün; Nebenblätter halb-eiförmig bis nierenförmig, 1–2×0,5–1 cm, stachelspitzig, fast ganzrandig bis schwach gezähnt; Blattstiel 1,5–4 cm lang, mit 2–4 (–6) gestielten Drüsen; Laubblätter am Grunde herzförmig gelappt, Spreite handförmig 5–7 (–9) teilig, Lappen länglich-lanzettlich, bis 10 cm lang; Blütenstiel 3–7 cm, dünn, steif; Hochblätter breit eiförmig-länglich, 1–2,5 cm lang, Spitze abgerundet, bleich-grün; Blüten ca. 10 cm breit, glockenförmig; Kelchröhre schalenförmig; Kelchblätter länglich-lanzettlich, 1,5–2×1–1,5 cm, außen grün, innen weiß bis rosa, gekielt, kurz stachelspitzig; Kronblätter länglich, 2,5×1,5 cm, stumpf, weiß oder rosa; Nebenkrone vierreihig, die 2 äußeren Reihen so lang oder wenig kürzer als die Kronblätter, zungenförmig, an der Spitze blau, in der Mitte weiß, am Grunde purpurn gebändert, die inneren Filamente kurz knopf- oder warzenförmig, 1–2 mm lang, weiß mit roten Spitzen; Operculum weiß, am Rande gefranst, dunkelrot; Fruchtknoten birnenförmig; Frucht eiförmig, ca. 6 cm lang, bis 4 cm im Querschnitt, orange bis gelb; Samen kurz herzförmig, 5×3–4 mm, Samenschale netzig. 2n = 18.

Verbreitung und Nutzung

Das Wildareal liegt in Brasilien, Argentinien und Paraguay. Der Anbau der Art als Zier- und Obstpflanze erfolgt vorwiegend in den Heimatländern. Von einzelnen Autoren werden auch Kulturen in Mexiko, Guatemala, Neusüdwales, Queensland und Hawaii angegeben.

Durch die Kultur in den südamerikanischen Staaten werden vor allem die eßbaren, mit einer frisch schmeckenden, ascorbinsäurehaltigen Pulpe gefüllten Früchte gewonnen. Auf Hawaii spielt wohl die Gewinnung der zierlichen Blüten die Hauptrolle bei der Kultur. In den europäischen Gärten ist *Passiflora caerulea* L. eine der am häufigsten kultivierten Arten, und hier sind auch eine ganze Reihe von Bastardformen mit anderen Arten entstanden (z. B. *P × caeruleo-racemosa* Sabine). Ihre Härte gestattet sogar den Anbau im subtropischen Klima Georgiens (UdSSR), wo die Art zur Erzeugung von Rohstoffen für die pharmazeutische Industrie gezogen wird.
Literatur: 1, 8, 11, 17, 19, 34.

17. ***Passiflora vespertilio*** L., Sp. pl. (1753) 957. – *Granadilla vespertilio* Moench, Meth. Pl. Suppl. (1802) 225; *P. geminiflora* DC., Prodr. *3* (1828) 323; *P. surinamensis* Miq., Linnaea *18* (1844) 363; *Decaloba vespertilio* M. Roemer, Fam. Nat. Syn. *2* (1846) 155; *D. surinamensis* M. Roem., l. c. (1846) 158; *D. hemicycla* M. Roem., l. c. (1846) 164.
Abbildungen: LAWRANCE, Passion Fl. (1802) tab. 17.
Namen: Surinam: blaka markoesa, jorka markoesa.

Pflanze kletternd; Sproß kantig, gestreift, kahl oder schwach flaumig; Nebenblätter schmal lineal bis fädlich; Blattstiel bis 1,5 cm lang, ohne Drüsen; Laubblätter 2–3-lappig, 6,5–9 cm, in der Form variabel, am Grunde abgerundet bis gestutzt, lederig, oberseits kahl, glänzend; Blütenstiele einzeln oder paarig, 5–15 mm lang; Hochblätter fadenförmig, 3 mm lang; Blüten bis 5 cm breit; Kelchblätter breit lanzettlich, 1,5–2×7–8 mm, stumpf, schwach lederig, gelblich-grün; Kronblätter länglich, 1 cm lang, gelblich; Nebenkrone in zwei Kreisen, die äußeren Kronfilamente schmal zungenförmig, am Grunde zu einer Membran verwachsen, die inneren fadendünn, 3–4 mm lang, grünlichweiß; Operculum gefaltet, weiß; Frucht fast kugelig, 1–1,5 cm im Querschnitt; Samen eiförmig, 4×2 mm, Samenschale quer gerieft.

Verbreitung und Nutzung

Diese relativ unbekannte Art besiedelt wild Tieflandregenwälder in Brasilien, Peru, Bolivien, Guiana und Trinidad. Hier liegen auch die lokalen Anbaugebiete. Vor allem in Surinam soll die Frucht der Pflanze beliebt sein und als Rohkost gegessen werden. Die Nutzung der Pulpe entspricht der der häufiger kultivierten Sippen.

Die Art ist gekennzeichnet durch die ungewöhnliche Basalstruktur ihrer äußeren Nebenkronfilamente, die zu einem häutigen Saum verbunden sind, sowie durch ihr eigenartiges, faltiges Operculum.

Literatur: 17.

18. ***Passiflora coccinea*** Aubl., Pl. Guian. *2* (1775) 828. – *P. velutina* DC., Prodr. *3* (1828) 327; *Tacsonia pubescens* DC., l. c. 335; *Passiflora fulgens* Wallis ex Morris, Belg. Hort. *16* (1866) 193; *P. toxicaria* Barb. Rodr. in Contr. Jard. Bot. Rio de Janeiro *4* (1907) 94.

Abbildungen: NEUBERTS Deutsch. Gartenmag. *42* (1889) tab. 9.

Pflanze kräftig kletternd; Sproß stielrund bis schwach kantig, fein fuchsrotflaumig bis filzig; Nebenblätter schmal lineal bis lineal-fädlich, 4–6 mm lang, ganz oder fein gesägt; Blattstiel 3,5 cm lang, drüsenlos oder mit 2 Drüsen am Grunde; Laubblätter länglich bis rundlich, 6–14×3–7 cm, ganz oder schwach gelappt, spitz, fuchsrot-flaumig; Blütenstiel steif, bis 8 cm lang; Hochblätter eiförmig, 6×3 cm, gekerbt bis scharf gesägt, außen rötlich-filzig, innen rot bis tief orange; Kelchblätter lineal-lanzettlich, 3–5×0,8–1 cm, rot, schwach gekielt, bespitzt; Kronblätter linealisch, 3–4 cm lang, rot; Nebenkrone dreireihig, die Filamente der 2 äußeren Reihen 1 cm lang, fädlich, obere Hälfte rot, untere bleich rosa bis weiß, die der inneren Reihe am Grunde häutig, weiß; Operculum weiß, abstehend, Rand rückgebogen, mit 2 mm langen Fäden; Fruchtknoten eiförmig, gelblich-filzig; Frucht eiförmig bis kugelig, ca. 5 cm im Querschnitt, Fruchtschale fein filzig, orange bis gelb, grün gestreift; Pulpe saftig; Samen schmal eiförmig, 6×4 mm, Samenschale netzig.

Verbreitung und Nutzung

Wie bei der vorigen Art liegen die Wildvorkommen von *P. coccinea* Aubl. in Brasilien, Bolivien, im Amazonasgebiet Perus und dem südlichen Venezuela. Hier wird die Art von der einheimischen Bevölkerung örtlich angebaut und ihre Früchte zur Bereitung von Fruchtgetränken verwendet.
Literatur: 17, 23.

19. ***Passiflora foetida*** L., Amoen. Acad. *5* (1760) 382. – *Passiflora vesicaria* L., l. c. 1760; *Granadilla foetida* Gaertn. fil., Fruct. et Sem. *1* (1790) 289; *Passiflora hirsuta* Lodd., Bot. Cab. *2* (1818), non L.; *Tripsilina foetida* Raf., Fl. Tellur. *4* (1838) 103; *Dysosmia foetida* M. Roemer, Fam. Nat. Syn. *2* (1846) 149; *D. hircina* Sweet ex Roemer, l. c. *2* (1846) 150.
Abbildungen: Bot. Mag. *53* (1825) tab. 2619; Wealth of India *6* (1966) fig. 121.
Namen: englisch: stinking passion flower; Mexiko: clavellin blanco; Kuba: pasionara de la candellaria; Jamaica: Love-in-a-mist; Brasilien: maracuyá de cheiro; Peru: purupuru; Venezuela: parchita de culebra.

Krautige Kletterpflanze, Sproß rauhaarig-borstig, unangenehm riechend, ± stark klebrig; Nebenblätter halbstengelumfassend, in fadenförmige bis fiederschnittige, drüsenspitzige Abschnitte geteilt; Blattstiel bis 6 cm lang, ohne Drüsen; Laubblätter 3–5-lappig, am Grunde herzförmig (Lappung und Lappenform sehr variabel); Blütenstiele einzeln, bis 6 cm lang; Hochblätter hüllkelchartig, 2–3fach fiederteilig bis fiederschnittig, Segmente fadenförmig; Blüten 2–5 cm breit, weiß oder rosa, lila oder purpurn; Kelchblätter eiförmig bis länglich, stachelspitzig, Kronblätter länglich oder länglich-lanzettlich, wenig kürzer als die Kelchblätter; Nebenkrone in mehreren Kreisen, Filamente der 2 äußeren Kreise schmal bandförmig, 1 cm lang, die der übrigen Kreise haardünn, 1–2 mm lang; Operculum häutig, aufrecht, Rand gezähnelt; Frucht kugelig bis eiförmig, gelb bis rötlich, Samen an der Spitze dreizähnig, Samenschale netzig. $2n = 18, 20, 22$.

Verbreitung und Nutzung

Das Herkunftsland der Linnéschen Art ist unbekannt, man nimmt aber allgemein an, daß sie auf den Inseln der Kleinen Antillen wild vorkommt. Das heutige Areal wilder bzw. verwilderter und kultivierter Pflanzen erstreckt sich über die tropischen Gebiete Südamerikas, Afrikas und Asiens (hier speziell Indiens). Zahlreiche Varietäten mit eigenen, geographisch getrennten Arealen sind in Südamerika bekannt und kennzeichnen damit die starke Variabilität der Sippe, die sich auch in den verschiedenen Chromosomenzahlen äußert. Nach Killip (17) sind in Südamerika 38 Varietäten beschrieben worden.

Der taxonomische Status der zahlreichen Formen der *P. foetida* Gaertn. ist in den meisten Fällen unsicher, weil durchgehende Korrelationen zwischen einzelnen Merkmalen bisher nicht gefunden wurden. KILLIP (17) gliedert sie in vier Gruppen und benutzt zur Charakterisierung dieser Gruppen Merkmale der Behaarung, die Hochblattzerteilung, die Blütenfarben, die Fruchtgröße und -farbe.

Die kleinen Früchte der Art werden in vielen Ländern gegessen, denn in reifem Zustand der Frucht ist die Pulpe süß und saftig. Unreif sind die Früchte aber durch ihren Gehalt an cyanogenen Glycosiden giftig. Die Samen und Laubblätter enthalten einen instabilen Bestandteil, der Hydrocyansäure und Azeton enthält. In der Volksmedizin Indiens dienen die unreifen Früchte zur Erzeugung von Brechreiz, ein aus getrockneten Fruchtstücken bereiteter Tee wird bei Asthma verwendet. Die Blätter dienen dort zur Abdeckung von Wunden und zur Linderung von Juckreiz. Auf den Kleinen Antillen dient ein Wurzelabsud als nervenberuhigendes Mittel.

Der unangenehme, „stinkende" Geruch des Krautes und besonders der zerquetschten unreifen Früchte soll ein Schutzmittel gegen Tierfraß sein. Aus diesem Grunde wird die Pflanze oft an Zäunen und Kulturpflanzenbeeten angebaut. Einen Zierpflanzenwert besitzt *P. foetida* Gaertn. mit ihren unscheinbaren Blüten kaum.

In Ostafrika hat die Pflanze eine gewisse landwirtschaftliche und landeskulturelle Bedeutung, da sie hier zur Bodenbedeckung in *Coca*- und *Hevea*-Anpflanzungen benutzt wird. Da sie sehr trockenresistent ist und eine große ökologische Amplitude besitzt, kann sie auf sehr unterschiedlichen Standorten angepflanzt werden. In erosionsgefährdeten Gebieten Afrikas wird sie mit Erfolg gegen starke Bodenaustrocknung und Windverwehung eingesetzt (7).
Literatur: 6, 7, 15, 17, 26, 33.

Zusammenfassung

Die Arbeit enthält eine Übersicht über die als Obstpflanzen in den tropischen und subtropischen Gebieten der Erde kultivierten *Passiflora*-Arten. Als Beitrag für eine Neuausgabe des Kulturpflanzenverzeichnisses von MANSFELD (1959) werden unter Zuhilfenahme neuerer Literatur sieben weitere Kulturarten den im Verzeichnis vorhandenen neun Arten hinzugefügt. Nach der Darstellung eines Bestimmungsschlüssels werden für jede Art Synonymik, Diagnose und arealkundliche Daten sowie Angaben zur Nutzung und Züchtung zusammengestellt.

Summary

Contribution to the knowledge of *Passiflora*-species cultivated as fruit plants

The *Passiflora* species, cultivated as fruit plants in the tropical and subtropical regions have been revised. As a contribution for a new edition of the well-known catalogue of cultivated plants by MANSFELD (1959) seven further cultivated species could be added to the already mentioned nine ones. A key was constructed for these taxa and synonyma, diagnosis, chorological data and remarks on use and breeding work have been listed for each species.

Краткое содержание

О видах рода *Passiflora*, возделываемых как плодовые растения

В работе приводится обзор видов рода *Passiflora*, возделываемых в тропических и субтропических областях. В виде дополнения к перечню культурных растений МАНСФЕЛДЬДА (MANSFELD, 1959) на основании новых литературных данных, к 9 перечисленным, прибавляются еще 7 культурных видов. Даются определительные таблицы, синонимика, диагнозы видов и ареалы распространения; приводятся также данные об использовании и селекции.

Literatur

(1) BACKER, C. A.. 1963: Flora of Java, Bd. *I*. – Groningen.
(2) BAILEY, L. H., 1949: Manual of cultivated plants. – New York.
(3) BENK, E., 1968: Passionsfruchtsaft und erfrischende Drinks aus ihm. – Brauwelt *108*, 323–324.
(4) BLANKENBURG von, P. und H. D. CREMER, 1971: Handbuch der Landwirtschaft und Ernährung in den Entwicklungsländern, Bd. II – Stuttgart.
(5) BRIZICKY, G. K., 1961: The genera of *Turneraceae* and *Passifloraceae* in the southeastern United States. – Journ. Arn. Arbor. *42*, 204–218.
(6) BURKILL, I. H., 1966: A dictionary of economic products of the Malay Peninsula, Bd. II, 1704–1706. – Kuala Lumpur.
(7) DALZIEL, J. M., 1948: The useful plants of west tropical Africa. – London.
(8) DEGENER, C., 1933: Flora Hawaiiensis, Book I (looseleaf). – Honolulu.
(9) ENCKE, F., 1960: Pareys Blumengärtnerei, ed. II, Bd. 2. – Berlin-Hamburg.
(10) FEDOROV, A. (Herausg.), 1969: [Chromosomenatlas der Blütenpflanzen] (russ.). – Leningrad.
(11) GREEN, P. S., 1972: *Passiflora* in Australasia and the Pacific. – Kew Bull. *26*, 539–558.
(12) GONTSCHAROV, I. S., 1927: Ad cognitiarum Passifloracearum brasilianeum. – Bull. Jard. Prin. U. S. S. R. *26*, 556–562.
(13) HARMS, H., 1899: *Passifloraceae*. – In: ENGLER, A. und K. PRANTL, Die natürlichen Pflanzenfamilien, Bd. III, 6, 69–94. – Leipzig.
(14) HEGI, G., 1925: Illustrierte Flora von Mitteleuropa, Bd. V, 1. – München.
(15) HILLEBRAND, W., 1888: Flora of the Hawaii Islands. – London, New York, Heidelberg.
(16) HUTCHINSON, J., 1967: The genera of Flowering plants. Bd. II. – Oxford.
(17) KILLIP, E. P., 1938: The american species of the *Passifloraceae*. – Field Mus. Nat. Hist., Bot. Ser. *19*, 1–613.

(18) — — 1960: Supplemental notes on the American species of *Passifloraceae*. – Contr. U. S. Natl. Herb. *35*, 1–23.

(19) Lawrence, G. H. M., 1960: Names of *Passiflora* hybrids. – Baileya *8*, 118–120.

(20) — — 1960: Identification of the cultivated Passionflowers. – Baileya *8*, 121–132.

(21) Leon, H., und H. Alain, 1953: Flore de Cuba. – La Habana.

(22) Lloyd, R. M., 1963: Tetraploid *Passiflora incarnata* in North Carolina. – Rhodora *65*, 79–80.

(23) Martin, F. W. und H. Y. Nakasone, 1970: The edible species of *Passiflora*. – Econ. Bot. *24*, 333–343.

(24) Mansfeld, R., 1959: Vorläufiges Verzeichnis landwirtschaftlich oder gärtnerisch kultivierter Pflanzenarten. – Kulturpflanze Beih. 2.

(25) Popenoe, W., 1924: Economic fruit-bearing plants of Ecuador. – Contr. U. S. Natl. Herb. *24*, Part 5, 101–134.

(26) Pruthi, J. S., 1963: Physiology, chemistry and technology of passion fruit. – Adv. Food Res. *12*, 203–282.

(27) Purseglove, J. W., 1968: Tropical crops. Dicotyledons, Bd. II. – London, Harlow.

(28) Rabinovich, J. M., 1963: [*Passiflora incarnata* ist eine Drogenpflanze] (russ.). – Bot. Z. *48*, 881–885.

(29) Standley, P. C., 1928: Flora of the Panama canal zone. – Contr. U. S. Natl. Herb., Bd. 27.

(30) Standley, P. C. and P. Williams, 1937: Flora of Costa Rica. – Field Mus. Bot. *18*, 727–733.

(31) — — 1961: Flora of Guatemala. – Fieldiana *24*, part III, No. 1, 115–145.

(32) Uphof, J. C. Th., 1968: Dictionary of economic plants. – 2. Aufl. Lehre.

(33) Wealth of India, The, 1966: Bd. VII: Raw Material, N-Pe. New Delhi.

(34) Winkler, H., 1943: *Granadilla*, Passionsfrucht. In: Schmidt, G. A. und H. Marcus, Handbuch der tropischen und subtropischen Landwirtschaft, Bd. 2. – Berlin.

(35) Young, P. S., 1970: Identification of Passionsflowers in New Zealand (Dicotyledones: Passifloraceae). – Rec. Auckl. Mus. *7*, 143–169.

Kulturpflanze XXIII · 1975 · S. 131—137

Beobachtungen an *Datura meteloides* Dunal

Karl Hammer

(Eingegangen am 30. Januar 1975)

Neun verschiedene Sippen von *Datura meteloides* DC. ex Dunal (DC., Prodromus 13/1, 544, 1852) konnten während des Anbaus in Gatersleben beobachtet werden. Zwei davon weichen im Habitus sehr stark von der Mehrzahl der Formen der Art ab.

Die erste Sippe (DATU 49, Abb. 1) stammt aus dem Botanischen Garten Claremont (Kalifornien, USA). Die Pflanzen werden unter Gaterslebener Verhältnissen weniger als 1 m hoch und sind reich verzweigt, wobei die Triebe dem Boden aufliegen. Ihre Sprosse sind schlank und ebenso wie die Blätter etwas violett überlaufen. Die Blattspreite ist ca. 16 bis 18 cm lang, auf der Unterseite sind die Blätter, besonders im Knospenstadium, anthocyangefärbt. Größere Blätter haben breiteiförmige Spreiten, die fast ebenso lang wie breit sind. Ihr Rand ist oft groß gezähnt. Die Blattnerven zweiter Ordnung gehen vom Mittelnerv mehr oder weniger gradlinig ab. Die Blüten sind sehr groß, der Blütensaum ist, besonders im Bereich der Mittelnerven, intensiv blauviolett gefärbt. Diese Pflanzen entsprechen einer typischen *Datura meteloides* Dunal.

Die zweite Sippe (D 1266, Abb. 2) kommt aus dem Botanischen Garten der Universität Kopenhagen (Dänemark). Ihre Pflanzen werden über 1 m hoch, sind reich mit waagerecht abstehenden stärkeren Sprossen versehen, die aber dem Boden nicht aufliegen. Die Anthocyanfärbung der Sprosse und Blätter ist geringer als bei DATU 49. Die Blätter sind bedeutend größer und breiter, ihre Spreite ist eiförmig und im allgemeinen viel länger (bis 25 cm) als breit. Ihre Seitennerven verlaufen im oberen Drittel deutlich bogig, und oft ist dieses Merkmal auch im unteren Drittel ausgeprägt. Der Blattrand ist gewöhnlich sanft ausgebuchtet und nur selten groß- und breitzähnig. Die Blüten sind größer als bei DATU 49. Ihr Saum ist schwach violett gefärbt. Die Früchte sind länger bestachelt und eiförmiger als die von DATU 49. Vom Habitus her tendiert diese Sippe, besonders in der Größe,

Abb. 1 Typische *Datura meteloides*

Abb. 2 *Datura inoxia*-ähnliche Form von *D. meteloides*

im Verzweigungstyp, in der Färbung und in der Bestachlung der Früchte, mehr zu *Datura inoxia* Mill.[1]
Zwischen *D. meteloides* und *D. inoxia* lassen sich nach verschiedenen Literaturangaben (De Candolle 1852, Safford 1921, Timmerman 1927, Danert 1954, Satina und Avery 1959, Ng-ô-Tru'c-Nha und Danert 1973) folgende in Tabelle 1 zusammengefaßte Unterschiede feststellen. Uneinheitlich bewertete Merkmale wurden nicht berücksichtigt.

Tabelle 1

Unterschiede zwischen *Datura meteloides* Dunal und *Datura inoxia* Mill.

Datura meteloides Dunal	*Datura inoxia* Mill.
Krone im oberen Abschnitt blaßrot bzw. blaßviolett	Krone weiß
Krone 17–19 cm lang, 15 cm breit	Krone 15–18 cm lang, 10–12 cm breit
Griffel 17–18 cm lang	Griffel 13–17 cm lang
Kapsel[2] 4–4,5 cm Durchmesser	Kapsel[2] 6–6,5 cm Durchmesser
Stacheln stumpflich	Stacheln spitz ausgezogen
Wuchs breit verzweigend, wenig über 1 m hoch	Wuchs aufrecht, bis 2 m hoch

Aus der Tabelle geht hervor, daß beide Arten sehr ähnlich sind.

Der Artname „*meteloides*" deutet aber auf eine Verwandtschaft mit *Datura metel* L. hin. Diese Bezeichnung beruht auf einer Verwechslung der euroasiatischen *D. metel* mit der amerikanischen *D. inoxia*, die nach Safford (1921), Timmerman (1927) und Wein (1932) bis auf Linné zurückgeht. Dunal beschrieb *D. meteloides* nach einer Abbildung von Mociño und Sessé, die ihre Pflanze als *D. metel* bezeichneten.

Die Ähnlichkeit von *D. meteloides* und *D. inoxia* ist tatsächlich sehr groß, so daß Timmerman (1927) weißblühende, früher zu *D. meteloides* gerechnete Sippen, zu *D. inoxia* stellte. Dieses trug zwar zur besseren Unterscheidung beider Arten bei, trotzdem kommen aber auch in neuerer Zeit immer wieder Verwechslungen vor. Die von Dunal beschriebene Pflanze ist im oberen Abschnitt der Krone blaßrot gefärbt. Regel beschrieb 1859 eine *Datura wrightii* hort. ex Regel (Gartenfl. 8, 133 pl. 260), die sich von der vorgenannten Sippe nur durch die blaßviolette Färbung der Krone zu unterscheiden scheint. Aufgrund dessen wurde sie von Danert (1954) als f. *wrightii* (hort.) Danert in *D.*

[1] Der Schreibweise „*inoxia*" wurde gegenüber „*innoxia*" der Vorzug gegeben. Die Gründe dafür sind bei Fosberg (1959) ausführlich diskutiert.

[2] Nach Danert (1954) ist die Bezeichnung „Kapsel" für die Früchte bei diesen Arten nicht ganz richtig. Das völlig unregelmäßige Aufreißen der Frucht weist auf eine Beere hin, und daher wird sie von Danert (1955) als „Beerenkapsel" bezeichnet.

meteloides einbezogen. Zu dieser Sippe lassen sich auch die beiden oben beschriebenen *D. meteloides*-Nummern stellen. Barclay (1959) schlug die Einbeziehung von *D. meteloides* als Synonym zu *D. inoxia* vor und greift dafür den Namen *D. wrightii* auf. Diesem Verfahren schließen sich neuere mittel- und nordamerikanische Floren an. Eine Klärung dieser nomenklatorischen Frage kann hier nicht erfolgen und scheint von der Überprüfung der Belege von Mociño und Sessé am Madrider Herbarium abhängig zu sein (Barclay 1959). Deshalb soll hier weiterhin der Name *D. meteloides* verwendet werden.

Die in Gatersleben kultivierten Sippen von *D. meteloides* regten durch ihre extremen habituellen Unterschiede zu einer Untersuchung an. Mit beiden Sippen waren 1973 reziproke Kreuzungen durchgeführt worden. Die Nachkommen wurden 1974 gemeinsam mit den Ausgangssippen im Freiland zum Vergleich angebaut. Bei den reziproken Hybriden wurde für die meisten Merkmale, wie Blattgröße und Form, Färbung der Sprosse und Blätter, Reifezeit, Größe und Bestachelung der Kapseln, eine intermediäre Ausprägung gefunden. Zuweilen waren die Merkmale, bedingt durch plasmatische Vererbung, denen der Mutterpflanzen ähnlicher. Heterosiseffekte traten hinsichtlich der Massenwüchsigkeit sowie der Frucht- und Samenproduktion auf. Bei den Hybridpflanzen konnte ein Dominieren bezüglich der reich verzweigten, flach niederliegenden Wuchsform sowie der intensiv blauvioletten Kronenfarbe von DATU 49 und der Blütengröße von D 1266 festgestellt werden (Tabelle 2).

Tabelle 2

Merkmalsausprägung bei den reziproken Hybridpflanzen

Merkmal	Ausprägung
Blattgröße und -form	intermediär
Färbung der Sprosse und Blätter	intermediär
Größe und Bestachelung der Kapseln	intermediär
Reifezeit	intermediär
Massenwüchsigkeit	größer als bei den Elternformen
Frucht- und Samenproduktion	größer als bei den Elternformen
Wuchsform	wie bei DATU 49
Kronenfärbung	wie bei DATU 49
Blütengröße	wie bei D 1266

Die dominanten Merkmale niederliegende Wuchsform, intensive Kronenfärbung und sehr große Blüten dürften der für *D. meteloides* charakteristischen Ausprägung entsprechen. Sie sind bei DATU 49 vorwiegend zu finden. D 1266 muß daher, bis auf die Blütengröße, eine relativ abgeleitete Sippe darstellen. Bei dieser Sippe sind, wie schon erwähnt, viele Merkmale *D. inoxia* sehr ähnlich.

Für die Entstehung solcher Formen wie D 1266 bestehen zwei Möglichkeiten. Das ist einmal eine infraspezifische Differenzierung von *D. meteloides* oder eine

Introgression von *D. inoxia* in *D. meteloides*. Eingeschränkt wird die letztgenannte Möglichkeit durch die Tatsache, daß die Kreuzung *D. meteloides* x *D. inoxia* nicht möglich ist, andererseits ist die reziproke Kreuzung schon des öfteren gefunden worden (Rietsema und Satina 1959). Bei unseren Kreuzungen wurden keine Sterilitätserscheinungen beobachtet. Für die Möglichkeit einer Introgression spricht auch, daß sich die Areale beider Arten, vor allem durch die Ausbreitung von *D. inoxia*, zunehmend überschneiden. Außerdem wachsen beide Arten auf gleichen Biotopen, wie z. B. an Straßenrändern und auf Ruderalflächen (Small 1933). Es steht zu erwarten, daß sich an den Berührungspunkten der Arten Hybridpopulationen herausbilden, die durch Heterosis im Wachstum sowie der Frucht- und Samenproduktion gefördert werden. Eine Unterstützung erhält diese Vermutung beispielsweise durch Angaben von Shreve und Wiggins (1964), die in ihrer „Vegetation and Flora of the Sonoran Desert" für *D. inoxia* Merkmale anführen (Blütengröße, Blütenfarbe, Kapselgröße), die für *D. meteloides* typisch sind. Für Gebiete, in denen *D. meteloides* nicht vorkommt, werden nur typische *D. inoxia* beschrieben (vgl. z. B. Macbride 1962). Die beiden diskutierten Möglichkeiten, infraspezifische Differenzierung und Ausbildung von Merkmalen, die parallel zu denen verwandter Arten verläuft, oder introgressive Hybridisation zwischen *meteloides* und *inoxia* erklären daher die Schwierigkeit einer systematischen Trennung der beiden genannten *Datura-Arten*.

Zusammenfassung

Durch reziproke Kreuzung zweier stark unterschiedener Typen von *Datura meteloides* Dunal konnte die ursprüngliche bzw. abgeleitete Sippe festgestellt werden. Die abgeleitete Sippe ist *Datura inoxia* Mill. sehr ähnlich. Für ihr Entstehen werden infraspezifische Differenzierung oder Introgression von *D. inoxia* in *D. meteloides* erwogen.

Diese diskutierten Möglichkeiten erklären die Schwierigkeit einer systematischen Trennung zwischen *D. meteloides* und *D. inoxia*.

Summary

Studies on *Datura meteloides* Dunal

From reciprocal crosses of two rather different races of *Datura meteloides* Dunal it was possible to state both the primitive and the derived type. The derived race resembles *Datura inoxia* Mill. This race is presumed to have its origin in infraspecific differentiation or introgression of *D. inoxia* into *D. meteloides*. The presumed possibilities show that it is difficult to distinguish systematically between *D. meteloides* and *D. inoxia*.

Краткое содержание

Наблюдения над *Datura meteloides* Dunal

При помощи реципрокных скрещиваний двух, сильно различающихся, типов *Datura meteloides* Dunal удалось установить примитивную и прогрессивную формы. Прогрессивная форма имеет большое сходство с *Datura inoxia* Mill. Обсуждаются возможности ее возникновения путем внутривидовой дифференциации или интрогрессии *D. inoxia* с *D. meteloides*. Этим объясняются затруднения таксономического различения обоих видов друмана.

Literatur

BARCLAY, A. S., 1959: New considerations in an old genus: *Datura*. – Bot. Mus. Leaflets *18*, 245–272.

DANERT, S., 1954: Die medizinisch genutzten *Datura*-Arten und deren Benennung. – Pharmazie *9*, 349–362.

–, 1955: Ein Beitrag zur Kenntnis der Gattung *Datura* L. – Feddes Repert. *57*, 231–242.

FOSBERG, F. R., 1959: Nomenclatural notes on *Datura* L. – Taxon *8*, 52–57.

MACBRIDE, J. F., 1962: Flora of Peru. Field Museum of Natural History – Botanical Series, XIII, Part V–B, No. 1, S. 79.

NGÔ-TRU'C-NHÃ und S. DANERT, 1973: Über die Fruchtentwicklung und über zentrische Leitbündel bei *Datura* (Solanaceae). – Kulturpflanze *21*, 119–193.

RIETSEMA, J., and S. SATINA, 1959: Barriers to crossability: postfertilization. – In: AVERY, A. G., S. SATINA, and J. RIETSEMA, BLAKESLEE: The Genus *Datura*, Chronica Botanica *20*, 245–262.

SAFFORD, W. E., 1921: Synopsis of the genus *Datura*. – Jour. Wash. Acad. Sci. *11*, 173–189.

SATINA, S., and A. G. AVERY, 1959: A review of the taxonomic history of *Datura*. – In: AVERY, A. G., S. SATINA and J. RIETSEMA, BLAKESLEE: The Genus *Datura*, Chronica Botanica *20*, 16–47.

SHREVE, F., and I. L. WIGGINS, 1964: Vegetation and Flora of the Sonoran Desert. Stanford, California, Vol. *2*, S. 1328.

SMALL, J. K., 1933: Manual of the Southeastern Flora. Chapel Hill, S. 1119.

TIMMERMAN, H. A., 1927: *Datura*: The nomenclature of the species used in medicine. – Pharm. Jour. *118*, 742–744.

WEIN, K., 1932: Die Geschichte der Einführung und ältesten Einbürgerung von *Datura Stramonium*. – Feddes Repert. Beiheft *66*, 119–179.

Kulturpflanze XXIII · 1975 · S. 139–155

Notulae cucurbitologicae VIII. Zur Frage der Reziprokenunterschiede bei den quantitativen Ertragsmerkmalen vom Kürbis

I. Grebenščikov

(Eingegangen am 31. Januar 1975)

1. Einführung

Exakte cucurbitologische Arbeiten über Reziprokenunterschiede bei den quantitativen Ertragsmerkmalen sind nicht zahlreich. Dabei wurden einige Ansichten ausgesprochen, die uns wenig begründet erscheinen oder sogar an alten züchterischen Aberglauben erinnern. Jurina (1966) schreibt z. B.: „Toščajev stellte fest, daß einzelne Vatersorten eine stärkere Kraft der erblichen Weitergabe bezüglich Großfrüchtigkeit, Frühreife, Trockensubstanz und Stärkegehalt besitzen als die Muttersorten". Filov (1969) verweist auf Toščev (ob derselbe wie oben?) der, „eine Ertragsheterosis nur dann beobachtete, wenn die Muttersorte kleinfrüchtig und die Vatersorte großfrüchtig waren". Weder Jurina noch Filov geben genaue Zitate dieser Arbeiten an. Von ähnlichen Angaben ist leider auch das cucurbitologische Standardwerk „Cucurbits" (Whitaker and Davis, 1962) nicht frei. Hier finden wir unter anderem, daß bei *Cucurbita maxima* z. B. die Trieblänge und das Gewicht der Früchte je Pflanze in den reziproken Kreuzungen mit dem weiblichen Elter verbunden sind, die Anzahl der Früchte je Pflanze z. B. oder das Gewicht einer Frucht mit dem männlichen. Eine Reihe der Merkmale soll von der Samengröße abhängig sein. Alle diese Angaben entnehmen die Autoren einer einzigen Arbeit, und zwar der von Lana (1950), obwohl zu dieser Zeit bereits eine exakte Arbeit von Hayase und Ueda (1956) existierte. Die Arbeit von Lana ist an sich korrekt durchgeführt, nur können die Ergebnisse auch anders gedeutet werden. Der Autor schließt u. a. auf signifikante Unterschiede der reziproken F_1-Generationen auf Grund der Angaben eines Jahres, während die zweijährigen Mittelwerte oft keine bedeutsamen Differenzen ergeben usw.

Wir halten es nicht für nötig, hier eine Literaturübersicht zu geben, zumal Borghi und Mitarb. (1973) eine – freilich kurze – gebracht haben. In dieser Arbeit, die eine Auswertung einer diallen *C. pepo*-Kreuzung nach Mather and Jinks (1971) zum Inhalt hat, sind übrigens manche Widersprüche enthalten. So z. B. wird auf S. 416 beim Zitieren unserer Arbeit von 1967 ganz richtig gesagt: „no differences between reciprocal crosses were detected"; auf der

Seite 429 liest man aber eine unrichtige entgegengesetzte Äußerung: „In contrast with Hutchins and Croston (1941) and Grebenščikov (1967), we didn't observe large maternal effects". Ob die von Borghi und Mitarb. verwendete Methodik für das Aufdecken der Reziprokenunterschiede (was nicht das spezielle Anliegen der Autoren war) passend sei, wird noch weiter unten besprochen.

Weil uns bis jetzt – sowohl aus den Literaturangaben wie auch nach langjähriger persönlicher Erfahrung – keine Unterschiede in der Vererbung von quantitativen Ertragsmerkmalen zwischen den Formen innerhalb von *Cucurbita pepo* L. (einschließlich *C. texana* A. Gr.) und innerhalb von *C. maxima* Duch. (einschließlich *C. andreana* Naud.) bekannt geworden sind, betrachten wir Kreuzungen innerhalb dieser Formenkreise bezüglich ihrer Reziprokunterschiede als gleichwertig. Höchstwahrscheinlich könnten die Ergebnisse der Kreuzungen innerhalb von *C. moschata* Duch. ebenfalls als den beiden ersten Formenkreisen gleichwertig betrachtet werden. Doch unter unseren klimatischen Bedingungen kann von uns für *C. moschata* kein ausreichendes experimentelles Material vorgelegt werden.

Da die Angaben zur Frage der reziproken Unterschiede in den quantitativen Ertragsmerkmalen beim Kürbis (übrigens auch bei anderen Kulturen!) nicht einheitlich sind, haben wir unser Material der vergangenen Jahre gesichtet und 7 Kombinationen – teilweise in dreijährigem Anbau – gefunden, die einen exakten Vergleich der Reziprokenunterschiede von F_1- und in einigen Fällen auch von F_2-Generationen gestatten.

2. Material und Methode

Für die Kreuzungen wurden folgende Formen – gut ingezüchtete Herkünfte des Gaterslebener Sortimentes – als Eltern verwendet. Wie bekannt, verträgt Kürbis auch langjährige Inzucht – fast wie manche Selbstbefruchter –, ohne merklich darunter zu leiden (vgl. Allard 1960, p. 38).

Cucurbita pepo L.

PEP 12, convar. *patissonina* Greb. var. *torticollis* Alef. s. lat., ‚Early Prolific'; ein amerikanischer crookneck-artiger buschförmiger Sommerkürbis mit warzigen, aber nicht krummhalsigen länglichen Früchten.

PEP 221, convar. *giromontiina* Greb., ‚Fordhook Zucchini Improved'; ein typischer buschförmiger Sommerkürbis mit langen dünnen dunkelgrünen Früchten.

PEP 222, convar. *giromontiina*, ‚Zucchini'; dem vorigen ähnlich, mit gestreiften Früchten.

Abb. 1 Typischer Habitus einer Buschform von *Cucurbita pepo* L. convar. *giromontiina* Greb. Zu diesem Typ gehören die Kreuzungseltern PEP 221, 222, 261, 400 und 401 (Pflanzendurchmesser etwa 90 cm)

Abb. 2 Habitus einer zierlichen Streckform von *Cucurbita pepo* L. convar. *microcarpina* Greb. var. *pomiformis* (Roem.) Alef., PEP 846

PEP 261, convar. *giromontiina*, ‚Harris Improved Cocozelle'; den 221 und 222 ähnlich, mit etwas kleineren, ebenfalls gestreiften Früchten.

PEP 400, convar. *giromontiina* var. *oleifera* Pietsch, ‚Tschermak-Ölkürbis'; erste, von TSCHERMAK selbst gezüchtete, buschförmige Ölkürbissorte (d. h. mit dünnschaligen Samen oder, wie man sagt, „schalenlos").

PEP 401, convar. *giromontiina* var. *oleifera*; ‚Schreiber-Ölkürbis', buschförmig, dem vorigen ähnlich, wahrscheinlich von ihm abstammend.

PEP 846, convar. *microcarpina* Greb. var. *pomiformis* (Roem.) Alef.; eine wenig verzweigte Streckform, ein Zierkürbis mit zahlreichen sehr kleinen apfelförmigen weißen Früchten.

Die Nummern PEP 12 bis PEP 401 haben alle einen ähnlichen buschförmigen Habitus, wie Abb. 1. Von ganz anderem Habitus (Streckform) ist dagegen PEP 846 (Abb. 2). Die Früchte von PEP 221 und PEP 222 sind bei GREBENŠČIKOV 1962 abgebildet.

Cucurbita maxima Duch.

MAX 21, convar. *hubbardina* Greb., ‚Vermont Hubbard'; eine robuste langtriebige Streckform von Winterkürbis.

MAX 301, convar. *zapallitina* Greb., ‚Zapallito de Tronco'; eine für *C. maxima* seltene Buschform mit relativ vielen kleinen Früchten, aus Argentinien.

Die Streck- und Buschform der *C. maxima*-Pflanzen (nicht der Früchte) entspricht denen von *C. pepo* (Abb. 1 und 2). Die beiden MAX-Sorten waren in unserer Zeitschrift auch schon abgebildet (GREBENŠČIKOV 1964, 1967).

Die durchschnittlichen absoluten Werte der untersuchten Merkmale sind in Tab. 1 zusammengefaßt[1].

Die oben erwähnten PEP- und MAX-Formen umfassen die wichtigsten Habitus-Typen von Kürbis. Wenn die beiden reziprok gekreuzten Sorten buschförmig waren, wurde die Pflanzenlänge (= Länge des Haupttriebes) meist nicht gemessen, da die kleinen Differenzen der Länge bei solchem Habitus sehr schwer erfaßbar sind.

Für die ersten 4 Merkmale der Tab. 1 wurden die Mittelwerte sowohl für die Eltern wie auch für die F_1- und F_2-Generationen zuerst je Parzelle (d. h. je Wiederholung), die in der Regel aus 20 Pflanzen bestand, berechnet. Diese Merkmale wurden auf dem Felde bei der Ernte (Ende September – Anfang Oktober) bonitiert; unreife oder verfaulte Früchte wurden nicht berücksichtigt. Etwas anders wurden die Samenmerkmale erfaßt. Das Hundertkorngewicht bezieht sich natürlich auf trockene Samen und wurde nachträglich als Stichprobe (von 10 bis 20 Pflanzenwerten) im Labor ohne Berücksichtigung der Feldparzellen ermittelt. Während bei den auf dem Felde gemessenen Merkmalen die Varianz für den Signifikanztest zwischen den Parzellen bzw. Wieder-

[1] Die Zahlen in Tab. 1 sind abgerundet; außerdem sind es langjährige Werte, so daß mancher daraus resultierende *QP*-Wert (s. Abschnitt 3) etwas abweichend von denen in Tab. 3 bis 8 ausfallen kann.

Tabelle 1

Untersuchte Merkmale der Elternformen (absolute Werte)

Merkmal \ Art und Sortimentsnummer	*Cucurbita pepo* (PEP)							*Cucurbita maxima* (MAX)	
	12	221	222	261	400	401	846	21	301
Gewicht einer Frucht, kg	0,97	2,71	1,90	1,64	2,07	1,45	0,05	2,55	0,38
Anzahl Früchte/Pflanze, St.	3,3	3,0	3,0	2,6	3,5	1,6	14,0	2,0	7,5
Gewicht Früchte/Pflanze, kg	3,2	7,2	6,5	4,3	7,2	2,2	0,7	5,3	2,9
Pflanzenlänge, m	...	...	0,4	...	...	0,6	1,4	4,3	0,5
Hundertkorngewicht, g	10,4	19,0	17,0	16,8	18,8	16,1	4,7	21,0	24,8
Anzahl Samen/Frucht, St.	184	200	286	227	306	255	97	341	85

holungen geschätzt wurde, war diese bei den Samenmerkmalen als Varianz zwischen den Pflanzenwerten ermittelt worden. Die Anzahl der Samen je Frucht ist ein besonders schwer zu behandelndes Merkmal, denn hier übersteigen die Variabilitätskoeffizienten (s%) einen Wert von 40%, was bei keinem anderen Merkmal der Fall war. Bei den sonst schwachen Reziprokenunterschieden der quantitativen Merkmale wurde bei dieser derartig variablen Eigenschaft in keinem Falle ein bedeutsamer Unterschied nachgewiesen. Leere und unausgebildete Samen waren ebenfalls wie bei den Früchten nicht berücksichtigt worden.

Einige unserer Kreuzungen wurden als ein Komplex angebaut. So wurden z. B. in den Jahren 1962/63 die F_1-Generationen der Kreuzungen von PEP 12 mit 221, 222, 261 und reziprok in einer Anlage angebaut und varianzanalytisch (dreifache Klassifikation mit zufälligen Effekten) ausgewertet. Doch für die Aufdeckung der Reziprokenunterschiede ist diese Methode schlecht geeignet, weil durch „Kompensation" der Ertragswerte der einzelnen Generationen von verschiedenen Eltern ein schwacher, aber signifikanter Unterschied unentdeckt bleiben kann.

So war es mit dem Merkmal Gewicht einer Frucht in der F_1 von reziprok gekreuzter 12×261. In Tab. 2 sind die Ergebnisse einer solchen komplexen Varianzanalyse gegeben. Hier zeigt sich der Faktor „Reziprokenunterschiede" als nicht signifikant, während bei einem Vergleich von F_1-Generationen, die nur aus der reziproken Kreuzung 12×261 stammen, ein freilich schwacher, aber doch signifikanter Unterschied nachweisbar ist (vgl. Tab. 3). Wenn es sich um Kombinationseignung gehandelt hätte, könnte man das erste Ergebnis etwa als „allgemein" gültig für alle beteiligten Kreuzungen deuten, das zweite als „spezifisch". Doch bei Reziprokenunterschie-

Tabelle 2

Ergebnisse der Varianzanalyse für F_1-Generationen der reziproken Kreuzungen 12×221, 12×222 und 12×261 in den Jahren 1962 und 1963 (zwei Wiederholungen je Jahr und Kreuzungskombination). Angaben für das Merkmal Gewicht einer Frucht

Streuungsursache	FG	MQ	F-Test
Reziprokenunterschiede (A)	1	0,0001	<1 n. s.
Elterneinfluß (B)	2	0,8574	74,6**
Jahreseinfluß (C)	1	0,0000	<1 n. s.
Gemeinsame Wirkungen (WW)			
A×B	2	0,0302	2,63 n. s.
A×C	1	0,0171	1,48 n. s.
B×C	2	0,0033	<1 n. s.
A×B×C	2	0,0106	<1 n. s.
Restwirkung	12	0,0115	–
Gesamtstreuung	23	0,0851	–

den von „allgemein“ und „spezifisch“ zu sprechen, halten wir für absurd. Die Schlüsse bezüglich der Reziprokenunterschiede in der erwähnten Arbeit von Borghi und Mitarb. (1973) erscheinen uns wenig begründet (obwohl wir zu fast denselben Ergebnissen gekommen sind), weil dort die Nachkommen von allen 7 Elternformen als ein Komplex analysiert wurden, und es könnte hier also durch „Kompensation“ mancher Unterschied unbemerkt bleiben (wir wiederholen, daß diese Arbeit aber nicht speziell der Aufdeckung von Reziprokenunterschieden diente).

Tabelle 2a

Absolute F_1- und F_2-Werte (in kg) des Gewichts der Früchte je Pflanze für die reziproken Kreuzungen 12×221, 12×222 und 12×261 im Jahre 1963 (je zwei Wiederholungen)

	12 als Mutter	12 als Vater	$\bar{x}$
F_1 mit 221	7,53	8,56	
	9,37	8,87	
F_2 mit 221	6,56	5,53	
	6,79	7,37	7,57
F_1 mit 222	5,73	6,58	
	7,10	5,33	
F_2 mit 222	4,14	4,68	
	5,84	4,92	5,54
F_1 mit 261	5,09	4,74	
	5,03	6,15	
F_2 mit 261	3,72	3,89	
	4,21	4,81	4,70
$\bar{x}$	5,93 kg	5,95 kg	5,94 kg

Tab. 2a zeigt (am Gewicht der Früchte je Pflanze) noch ein Beispiel dafür, wie schön sich – bei relativ starken Einzelschwankungen – die Reziprokenmittelwerte kompensieren können. In diesem Falle freilich gelang es uns beim Einzelvergleich nicht, Reziprokenunterschiede zu finden. Auch bei allen anderen geprüften Merkmalen zeigt in derartigen Varianzanalysen der Elterneinfluß schlechthin (d. h. ohne Berücksichtigung der Kreuzungsrichtung) den weitaus größten Streuungsanteil.

Zur Methodik wäre noch zu sagen, daß bezüglich der „Feldmerkmale" die F_1 der ersten drei Kombinationen (12×221, 12×222 und 12×261) in zweijährigem Anbau (1962/63) in zwei Wiederholungen je reziproker Kombination getestet wurden, die entsprechenden F_2 nur 1963. Die 4. Kombination, 221×400 (sowohl F_1 als auch F_2) wurde im Laufe von 3 Jahren (1965/66/67) in zweifacher Wiederholung angebaut. Die 5. und 6. Kombination (222×401 und 222×846) erlebten nur einen einjährigen Anbau (1959 bzw. 1961), dafür aber in 3 bis 6 Wiederholungen. Die 7., *C. maxima*-Kreuzung MAX 21×301, wurde einschließlich F_2 drei Jahre (1963/64/65) jeweils in 3 Wiederholungen angebaut. Zum Schluß wurden die – ursprünglich varianzanalytisch ausgewerteten – Kreuzungen noch durch direkten paarweisen Vergleich (t-Test) der einzelnen Reziproken kontrolliert.

Die Samenmerkmale wurden, wie gesagt, nur als Stichproben mittels t-Test verglichen. Diese Stichproben bestanden aus 10 bis 20 Pflanzenwerten, d. h. die Fruchteinzelwerte wurden als Durchschnittswerte innerhalb einer Pflanze berechnet, was übrigens die erwähnte starke Variabilität der Anzahl der Samen je Frucht kaum gemindert hatte.

3. Erklärung der Tabellen 3 bis 8

Um dem Leser das Durchsehen von zahlreichen absoluten Werten zu ersparen, haben wir die Ergebnisse nur in relativen Werten zu 6 Tabellen (nach den Merkmalen) zusammengefaßt. Die Tabellen enthalten folgende Daten.

Die erste Spalte zeigt die laufende Nummer der Kreuzung, die zweite die Sortimentsnummern der gekreuzten Eltern in der Reihenfolge dieser Nummern; die dritte gibt den Quotienten Q (Grebenščikov 1972b) an. Dieser Quotient ist hier für die Eltern angegeben und deswegen als QP bezeichnet. Er entsteht durch Teilung der beiden Merkmalswerte der Eltern (größeren durch kleineren) und besagt, um wieviele Male der größere Merkmalswert den kleineren übersteigt. So besagt z. B. der Q-Wert in Tab. 5, Kreuzung 1, daß der Elter 221 im Durchschnitt fast 2,5mal höhere Erträge bringt als der Elter 12 (vgl. auch Tab. 1), dagegen bringen die Eltern 221 und 400 (Tab. 5, Kreuzung 4) fast gleiche Erträge ($QP = 1{,}01$).

In der 4. Spalte steht HET, Heterosisindex $= 100 - (P/F_1)\,100$ (Grebenščikov 1972a) für die F_1-Generation aus der Kreuzungsrichtung, welche in Spalte 2

Tabelle 3

Relative Werte der reziproken Kreuzungskombinationen. Gewicht einer Frucht

Kreuzungskombination		QP	HET	HET/R	QR/F_1	Diff. sign.	ABF	ABF/R	QR/F_2	Diff. sign.
1.	12 × 221	2,78	17	12	1,06	− n. s.	82	85	1,02	− n. s.
2.	12 × 222	2,22	10	9	1,01	− n. s.	83	75	1,13	− n. s.
3.	12 × 261	1,69	10	17	1,09	+ **	86	85	1,08	+ n. s.
4.	221 × 400	1,24	13 +	10 +	1,03	+ n. s.	96	93	1,06	+ n. s.
5.	222 × 401	1,28	22 +	12 +	1,13	+ n. s.	. . .	. . .	. . .	. . .
6.	222 × 846	38,04	−146	−164	1,07	+ *	. . .	. . .	. . .	. . .
7.	21 × 301	6,65	−34	−38	1,03	+ n. s.	96	91	1,07	+ n. s.

Tabelle 4

Relative Werte der reziproken Kreuzungskombinationen. Anzahl der Früchte je Pflanze

Kreuzungskombination		QP	HET	HET/R	QR/F_1	Diff. sign.	ABF	ABF/R	QR/F_2	Diff. sign.
1.	12 × 221	1,10	14 +	14 +	1,00	0	103 +	100 +	1,03	+ n. s.
2.	12 × 222	1,10	14 +	14 +	1,00	0	94 +	103 +	1,09	− n. s.
3.	12 × 261	1,27	22 +	19 +	1,03	+ n. s.	86	89	1,00	0
4.	221 × 400	1,25	−3	0	1,03	+ n. s.	100	94	1,03	− n. s.
5.	222 × 401	1,31	18 +	10	1,10	+ n. s.	. . .	. . .	. . .	. . .
6.	222 × 846	6,36	−72	−88	1,09	− *	. . .	. . .	. . .	. . .
7.	21 × 301	3,75	15	20	1,07	+ n. s.	109	93	1,09	− n. s.

Tabelle 5

Relative Werte der reziproken Kreuzungskombinationen.
Gewicht der Früchte je Pflanze

Kreuzungskombination		QP	HET	HET/R	QR/F_1	Diff. sign.	ABF	ABF/R	QR/F_2	Diff. sign.
1.	12×221	2,49	29	26	1,04	−n. s.	84	85	1,03	−n. s.
2.	12×222	2,03	24	22	1,02	−n. s.	79	77	1,04	−n. s.
3.	12×261	1,33	31 +	34 +	1,05	+n. s.	74	77 +	1,10	+n. s.
4.	221×400	1,01	10 +	11 +	1,01	+n. s.	96 +	86	1,10	−n. s.
5.	222×401	1,74	33 +	19	1,20	+n. s.	. . .	. . .	. . .	. . .
6.	222×846	5,83	−30	−56	1,20	+*	. . .	. . .	. . .	. . .
7.	21×301	1,84	33 +	35 +	1,04	−n. s.	103 +	89 +	1,12	+n. s.

Tabelle 6

Relative Werte der reziproken Kreuzungskombinationen.
Pflanzenlänge (längster Trieb)

Kreuzungskombination		QP	HET	HET/R	QR/F_1	Diff. sign.	ABF	ABF/R	QR/F_2	Diff. sign.
5.	222×401	1,42	−23	−20	1,03	+n. s.	. . .	. . .	. . .	. . .
6.	222×846	3,14	−5	−23	1,16	−*	. . .	. . .	. . .	. . .
7.	21×301	8,33	14	19	1,05	−n. s.	95	94	1,03	−n. s.

angegeben ist (z. B. 12×221). Der Heterosisindex für die reziproke F_1-Generation steht in der 5. Spalte, *HET/R* (hier also für 221×12). Ein Minus-Zeichen vor *HET* bzw. *HET/R* zeigt negative Heterosis an (nach der Formel des Index). Ein Plus-Zeichen nach *HET* bzw. *HET/R* besagt, daß die heterotische F_1 nicht nur den Elternmittelwert, sondern auch den Wert des besseren Elters übertrifft.

Tabelle 7

Relative Werte der reziproken Kreuzungskombinationen. Hundertkorngewicht

Kreuzungskombination		*QP*	*HET*	*HET/R*	QR/F_1	Diff. sign.
1.	12 ×221	1,83	25 +	25 +	1,00	0
2.	12 ×222	1,63	24 +	31 +	1,10	+n. s.
3.	12 ×261	1,62	26 +	28 +	1,02	+n. s.
4.	221 ×400	1,01	3 +	1	1,02	+n. s.
5.	222 ×401	1,07	3	8 +	1,02	−n. s.
6.	222 ×846	3,64	8	−7	1,17	+**
7.	21 ×301	1,18	25 +	32 +	1,10	+*

Tabelle 8

Relative Werte der reziproken Kreuzungskombinationen. Anzahl der Samen je Frucht

Kreuzungskombination		*QP*	*HET*	*HET/R*	QR/F_1	Diff. sign.
1.	12 ×221	1,09	31 +	36 +	1,08	+n. s.
2.	12 ×222	1,55	25 +	10	1,21	−n. s.
3.	12 ×261	1,23	8	13 +	1,05	+n. s.
4.	221 ×400	1,46	−22	−4	1,16	+n. s.
5.	222 ×401	1,10	20 +	14 +	1,07	+n. s.
6.	222 ×846	2,99	7	16	1,10	−n. s.
7.	21 ×301	4,01	−60	−72	1,07	+n. s.

Die 6. Spalte QR/F_1 gibt den Q-Wert der beiden reziproken F_1-Generationen an (analog dem QP für beide Eltern): der größere Merkmalswert wird durch den kleineren geteilt. Im Falle der Gleichheit der reziproken F_1 beträgt der QR/F_1-Wert 1 (wie bei den Eltern).

In der 7. Spalte, überschrieben als Diff./sign., können sich folgende Zeichen befinden. Eine Null, wenn die Reziproken gleich sind. Ein Plus-Zeichen, wenn ein *matrokliner* Effekt vorhanden ist, d. h., wenn die reziproke F_1-Generation mit höherem Merkmalswert aus der Kreuzung stammt, in welcher die Mutter einen höheren Merkmalswert als der Vater hatte (von einem patroklinen Effekt zu sprechen, scheint uns wenig begründet). Neben dem Plus- oder Minus- steht noch ein Signifikanz-Zeichen, welches besagt, ob und wie weit die absolute Differenz der Merkmalswerte der beiden reziproken F_1 bedeutsam ist; n. s. bedeutet nicht signifikant, ein Sternchen eine Signifikanz auf dem 5%-Niveau und zwei Sternchen auf dem 1%-Niveau.

Die nächsten vier Spalten in den Tabellen 3 bis 6 sind ganz analog den vier vorangegangenen Spalten, nur daß sie Angaben über die F_2-Generationen enthalten und durch den Abfallindex *ABF* (Grebenščikov 1972a) gekennzeichnet sind. Wir erinnern, daß $ABF = (F_2/F_1)\ 100$ ist und besagt, wie groß der Leistungsabfall von F_1 zu F_2 ist. Je höher der Abfallindex, desto kleiner ist der Leistungsabfall von F_1 zu F_2. Ein *ABF* über 100 kommt dann zustande, wenn der Merkmalswert der F_2 höher als der von F_1 ist. Ein Plus-Zeichen hinter dem *ABF*- bzw. *ABF/R*-Wert zeigt an, daß der dazugehörige absolute F_2-Wert den absoluten Wert des besseren Elters übersteigt. Der Quotient QR/F_2 entsteht aus der Teilung der beiden reziproken F_2-Merkmalswerte. Das Plus-Zeichen in der letzten Spalte (der Tabellen 3 bis 6) bedeutet einen matroklinen Effekt in der F_2-Generation; doch er ist in keinem Falle signifikant gewesen, wie überhaupt alle Differenzen zwischen den absoluten Merkmalswerten der reziproken F_2-Generationen nicht signifikant waren. Für die Samenmerkmale (Tab. 7 und 8) haben wir leider keine Angaben bezüglich der reziproken F_2-Werte.

4. Ergebnisse und Diskussion

Bevor die Tabellen 3 bis 8 besprochen werden, möchte man den allgemeinen Eindruck schildern, der einige Züchter zur Überbewertung der Reziprokenunterschiede in den quantitativen Merkmalen führte. In irgendeiner Entwicklungsphase (meist in den früheren) merkt man oft, mindestens visuell, daß dieses oder jenes Merkmal bei der einen oder anderen reziproken Generation stärker ausgeprägt ist, besonders wenn die Samen der Mutterform wesentlich größer sind. Doch im Laufe der Entwicklung gleichen sich meist die Unterschiede aus, und bei genaueren Messungen bleiben sie selten von Bedeutung. Dies beobachtete bereits 1934 Sara Passmore. Im reifen Zustande konnten wir die F_1-, auch die F_2-Früchte der reziproken Generationen einzeln überhaupt nicht unterscheiden; bei allen sieben Kreuzungen waren die Unterschiede etwa wie bei den – als Beispiel abgebildeten – F_1-Früchten der Kreuzung 4 (Abb. 3 und 4).

Vom züchterischen Standpunkt aus gesehen ist es wichtig, Zusammenhänge zwischen den Reziprokenunterschieden und der Heterosis zu klären, zumal vor kurzem eine interessante Beobachtung darüber an den Kreuzungen zwischen zwei Kohlvarietäten, var. *medullosa* Thellg. × var. *acephala* Helm (Markstammkohl × Blattkohl) gemacht worden sind (Schwammenhöferová und Landa, 1974). In der deutschen Zusammenfassung steht: „Bei keinem einzigen der beobachteten Merkmale, bei denen die Identität der reziproken Kreuzungen festgestellt wurde, wurde eine statistisch signifikante Zunahme der intervarietalen Heterosis ermittelt". Das heißt – wenn man die These etwas verallgemeinert – bei gleichen Merkmalswerten der Reziproken ist eine Heterosis nicht zu erwarten.

Abb. 3 Früchte (von links nach rechts) der Mutterform PEP 221, des F_1-Hybrids und der Vaterform PEP 400 (Kreuzung 4)

Für unser Kürbismaterial läßt sich diese These nicht bestätigen. Bei dem Gewicht der Früchte je Pflanze haben wir z. B. eine deutliche Heterosis, die auch den Wert des besseren Elters übersteigt, von 31% bzw. reziprok 34%, wobei die Differenz der absoluten Werte der reziproken F_1-Früchte nicht signifikant ist (Tab. 5, Kreuzung 3). Andererseits haben wir Fälle (z. B. Tab. 7, Kreuzung 6), in welchen bei gut gesicherter Differenz der reziproken kaum nennenswerte oder sogar eine negative Heterosis zu beobachten ist (+8% bzw. reziprok – 7%). Dagegen haben wir eine Tendenz zu negativem Zusammenhang zwischen Heritabilitäts- und Heterosiskoeffizienten, wie er von SCHWAMMENHÖFEROVÁ und LANDA festgestellt wurde, öfters, sowohl bei Kürbis wie auch bei Mais, beobachtet (GREBENŠČIKOV 1972 b u. a.).

Es ist interessant, daß bei relativ starken Reziprokenunterschieden auch eine negative Heterosis zu beobachten war, so z. B. bei Kreuzung 6, mit besonders unterschiedlichen Eltern (*QP* bis über 38!). Es ist auch interessant, daß bei dieser Kreuzung alle Merkmale (außer Anzahl der Samen je Frucht) eine signifikante Differenz der reziproken F_1-Generationen zeigen; der matrokline Effekt ist aber nur bei dem Gewicht einer Frucht und bei dem Gewicht der Früchte je Pflanze zu beobachten. Daß bei starker Elterndifferenz (ein hoher *Q*-Wert) nicht mit einer Heterosis zu rechnen ist, haben wir bereits mehrmals gezeigt (GREBENŠČIKOV 1959, 1972 b u. a.). Aus keiner der 6 Merkmalstabellen ist sonst irgendein gesetzmäßiger Zusammenhang zwischen Heterosis und Reziprokenunterschieden zu ersehen. Da mehrere Kreuzungen bzw. Merkmale nicht bis zur F_2 untersucht wurden, können wir nicht schließen, daß das Erlöschen der Differenz zwischen den Reziproken in der F_2 als eine gesetzmäßige Erscheinung zu betrachten wäre. Wenn in unseren wenigen Fällen die signifikante Matroklinie (Tab. 3, Krzg. 3 und 6; Tab. 5, Krzg. 6; Tab. 7, Krzg. 6 und 7) rein plasmatisch bedingt wäre, so ist theoretisch das Erlöschen eigentlich nicht zu erwarten.

Da, wie gesagt, signifikante Reziprokenunterschiede in der F_2 überhaupt nicht festgestellt wurden, können wir eigentlich keine Aussagen über einen Zusammenhang zwischen dem Leistungsabfall von F_1 zu F_2 (ABF und ABF/R) und den Reziprokenunterschieden machen. Wenn ein solcher Zusammenhang besteht, ist er sicher ohne große Bedeutung. Wir haben schon Gelegenheit gehabt, auf eine gewisse „Unberechenbarkeit" von F_2-Mindererträgen bei Mais aufmerksam zu machen (GREBENŠČIKOV 1973).

Wenn man in den Tab. 3 bis 8 die Spalte QP (Relation der Elternmerkmalswerte) mit der Spalte QR/F_1 (Relation der Merkmalswerte der beiden reziproken F_1) vergleicht, so sieht man deutlich, daß die Reziproken sich in der Regel weniger unterscheiden als die entsprechenden Eltern: der QR/F_1-Wert ist – mit einer einzigen Ausnahme (Tab. 7, Krzg. 4) – kleiner als QP; diese Ausnahme (1,01 gegenüber 1,02) bei fast gleichen Elternwerten kann nicht ernst genommen werden und könnte einfach durch Abrundung entstanden

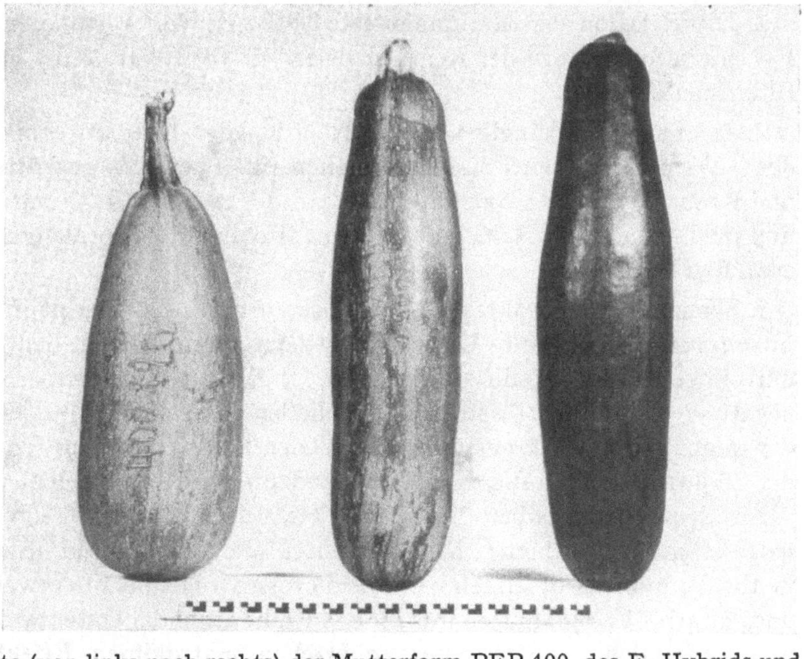

Abb. 4 Früchte (von links nach rechts) der Mutterform PEP 400, des F_1-Hybrids und der Vaterform PEP 221 (Kreuzung 4, reziproke Kombination zu der in Abb. 3)

sein. Dieselbe Gesetzmäßigkeit gilt für die QR/F_2-Werte, welche – wieder mit einer Ausnahme, bei derselben Krzg. 4 (Tab. 5) mit fast gleichen Elternwerten – in der Regel ebenfalls kleiner als QP sind. Außerdem sind die QR/F-Werte untereinander ähnlich und kaum von dem QP-Wert abhängig (vgl. z. B. die Kreuzungen 5 und 6 in Tab. 3).

Diese Ähnlichkeit der Relation von reziproken Merkmalswerten gab uns Anlaß, die QR/F-Werte einer Homogenitätsprüfung zu unterziehen, ohne dabei zu beachten, ob die Reziprokendifferenz signifikant oder nicht signifikant ist. Wir haben alle QR/F_1-Spalten der Tab. 3, 4, 5, 7 und 8 (für alle 7 Kreuzungen) nebeneinander gestellt und so eine $(k \times n)$-Tafel gebildet. Diese Werte wurden dann nach dem χ^2-Rangtest (FRIEDMAN-Test, nach SACHS 1972) in beiden Richtungen, d. h. nach den Merkmalen (ohne Pflanzenlänge) $k=5$ und $n=7$, sowie nach den Kreuzungen, $k=7$ und $n=5$, getestet. Wie im ersten Falle ($\chi^2_R=4{,}0$ bei einem tabellarischen Wert für das 5%-Niveau von 9,49) so auch im zweiten ($\chi^2_R=8{,}14$ bei einem Tabellenwert von 12,59) erwiesen sich die QR/F_1-Werte als homogen mit einem Mittelwert von 1,07. Ebenfalls als homogen auf dem 5%-Niveau erwiesen sich die zusammengestellten QR/F_1- und QR/F_2-Werte von den Kreuzungen, die bis zur F_2 untersucht wurden. Hier erreichte der χ^2_R-Wert nur 7,68 bei dem tab. 5%-Wert von 11,07 nach den Merkmalen und entsprechend 5,3 bei 9,49 nach den Kreuzungen. Der Mittelwert von diesen QR/F-Werten ergab 1,05.

Somit haben wir Grund, für unser Material folgendes zu sagen:

1. Die Relation der Merkmalswerte (Q-Wert) von F_1- und meist auch von F_2-Generationen ist in der Regel niedriger als die Relation der entsprechenden Elternmerkmalswerte.

2. Ziemlich unabhängig von der Relation der Elternmerkmalswerte bildet der Q-Wert der beiden Filialgenerationen einen bei allen geprüften Merkmalen und Kreuzungen fast „konstanten" Wert, der zwischen 1,00 und 1,21 schwankt und im Durchschnitt 1,06 beträgt, was also einen Reziprokenunterschied von etwa 6% bedeutet.

3. Wenn man bedenkt, daß bei unserem Material alle geprüften F_2-Reziproken nicht signifikante Unterschiede zeigten und daß bei den F_1-Reziproken nur einige signifikant different waren, (und zwar mal mit positiver, mal mit negativer Matroklinie!), so ist zu schließen, daß die Reziprokenunterschiede der quantitativen Ertragsmerkmale in der Kürbiszüchtung (und vielleicht in der Züchtung überhaupt) selten eine bedeutende Rolle spielen.

Am deutlichsten haben diese These HAYASE und UEDA (1956) für *Cucurbita maxima* ausgesprochen: „No differences were recognized in every respect in the F_1 hybrids of fifteen reciprocal crosses". Die bereits erwähnten BORGHI und Mitarb. (1973) konnten nur für das Blühdatum der ersten weiblichen Blüte, und zwar nicht immer, einen schwachen matroklinen Effekt beobachten. Auch für andere Kulturen findet man in der letzten Zeit mehrere Angaben über

Unbedeutendheit der Reziprokenunterschiede für die quantitativen Ertragsmerkmale, die meist sehr polygen bedingt sind. In der Maiszüchtung waren schon früher oft die reziproken Kombinationen bei der Prüfung der Kombinationseignung ausgelassen worden. Auch die neueren Arbeiten (z. B. MIRJUTA, 1966, KOVALEVIČ u. Mitarb., 1974) zeigten, daß es kaum einen Zusammenhang zwischen dem Heterosisgrad und der Kombinationslage (ob Mutter oder Vater) der ertragsreicheren Elternform gibt. Für reziproke Sorghum-Bastarde schreibt LINNIK (1974), daß der Einfluß der Mutterform in einem Anbaujahr durch den Einfluß der Vaterform in einem andern Jahre abgelöst wurde usw.

Ganz anders ist die Bedeutung der Reziproken für Artkreuzungen oder für manche „qualitativen" Merkmale. Auch aus eigener Erfahrung wissen wir, wie wichtig es ist, welche Sorte als Mutterform für eine reziproke *Cucurbita*-Artkreuzung genommen wird (z. B. GREBENŠČIKOV 1958, 1965). Für einige Resistenzmerkmale (die oft durch wenige Gene oder sogar monogen bedingt sein können) gibt es viele Beispiele in der neueren Literatur. So beschreiben GULJAEV und GUŽOV (1972) die reziproken Sonnenblumenkreuzungen, bei welchen ein F_1-Hybrid zu 100% von Sommerwurz befallen wurde, der reziproke aber nur zu 45,9%.

Man könnte annehmen, daß die polygen bedingten Merkmale besser gegen die mütterliche Plasmaeinwirkung „gepuffert" sind als die genetisch einfacher bedingten.

Der Verf. ist, wie immer, Frl. B. KOHL für die Betreuung der Versuche zu Dank verpflichtet.

Zusammenfassung

Die reziproken Kombinationen von 7 Kürbiskreuzungen wurden auf ihre Unterschiede in den quantitativen Ertragsmerkmalen untersucht. Die Meinung (wie sie z. B. WHITAKER und DAVIS, 1962, vertreten), daß in den reziproken F_1-Generationen bestimmte Merkmale von dem einen Elter stets stärker beeinflußt werden als von dem anderen, konnte an unserem Material nicht bestätigt werden. In unseren Versuchen waren die Unterschiede nicht mit der Mutter- oder Vaterform verbunden und betrugen im Durchschnitt etwa 6%, wobei die Differenzen relativ selten signifikant waren. Für die quantitativen Merkmale dürften die Reziprokenunterschiede in der Kürbiszüchtung kaum eine bedeutende Rolle spielen, wie es von HAYASE und UEDA bereits 1956 berichtet wurde.

Summary

Notulae cucurbitologicae VIII.

The question of differences between reciprocals concerning the quantitative yield characteristics of *Cucurbita*

The reciprocal combinations of six crosses within *Cucurbita pepo* and one cross within *C. maxima* were studied as to their differences in quantitative yield characteristics. From our material, we can not confirm the opinion (as expressed, e. g., by Whitaker and Davis 1962) that, in reciprocal F_1 generations, certain characters are always being influenced by the one parent more than by the other. The differences between reciprocals, in our experiments, were neither predominantly associated with the pistillate nor with the staminate parent. The differences amounted to about 6% on an average, being significant in rare cases only, however. In breeding *Cucurbita*, the differences between reciprocals in quantitative characters will probably be of inferior importance, as already stated by Hayase and Ueda in 1956.

Краткое содержание

Кукурбитологические заметки VIII.
К вопросу о различии реципрокных гибридов тыквы по количественным признакам

Реципрокные потомства 7 скрещиваний тыквы (внутри видов *C. pepo* и *C. maxima*) исследовались на различия в мерных признаках урожайности. Высказывания о том, что в реципрокных поколениях F_1 определенные признаки закономерно подвергаются большему влиянию одного из родителей (напр. Whitaker and Davis, 1962) не могли быть подтверждены на нашем материале. Различия в наших скрещиваниях не были связаны с материнской или отцовской формой и составляли в среднем около 6%, причем эта разница только в отдельных случаях была достоверной. Различия реципрокных потомств очевидно не могут играть существенной роли в селекции тыквы на количественные признаки, о чем Hayase and Ueda сообщили еще в 1956 году.

Literatur

Allard, R. W., 1960: Principles of plant breeding. New York – London.

Borghi, B., T. Maggiore, G. Boggini, F. Bonali, 1973: Inbreeding depression and heterosis in *Cucurbita pepo* evaluated by means of diallelical analysis. – Genetica agraria (Pavia), *XXVII*, 415–432.

Filov, A. I., 1969: Bachčevodstvo. Moskva.

Grebenščikov, I., 1958: Über zwei *Cucurbita*-Artkreuzungen. – Züchter *28*, 233–237.

– 1959: Ein Vergleich des Heterosiseffekts im „Fruchtgewicht" bei Kürbis und Mais. – Kulturpflanze *7*, 184–197.

– 1962: Zur Vererbung der Fruchtstreifung beim Gartenkürbis *Cucurbita pepo* L. – Kulturpflanze, Beiheft *3*, 183–190.

– 1964: Zur quantitativ-genetischen Analyse der Ertragskomponenten beim Kürbis. Teil 2. – Kulturpflanze *12*, 93–106.

– 1965: Notulae cucurbitologicae VI. Über einige Artkreuzungen in der Gattung *Cucurbita*. – Kulturpflanze *13*, 145–161.

– 1967: Zur quantitativ-genetischen Analyse der Ertragskomponenten beim Kürbis. Teil 3: Reziproke Kreuzung zweier stark verschiedener Typen von *Cucurbita maxima*. – Kulturpflanze *15*, 57–74.

– 1972 a: Über einige Fragen der Heterosis und des Leistungsabfalls bei den Ertragsmerkmalen von Mais. – Kulturpflanze *19*, 151–162.

– 1972 b: Über die Stabilität der Heritabilitätskoeffizienten (im weiteren Sinne) am Beispiel von Kürbis und Mais. – Kulturpflanze *20*, 129–150.

– 1973: Über verschiedenes genetisches Verhalten der F_1-Heterosis- und F_2-Abfallindizes bei Kreuzung von Maisherkünften des Gaterslebener Sortimentes. – Kulturpflanze *21*, 11–24.

Guljaev, G. V. i Ju. L. Gužov, 1972: Selekcija i semenovodstvo polevych kul'tur. Moskva.

Hayase, H. and T. Ueda, 1956: *Cucurbita* crosses. IX. Hybrid vigour of reciprocal F_1 crosses in *C. maxima*. – Res. Bull. Hokkaido Nat. Agr. Exp. Sta. *71*, 119–127.

Hutchins, A. E. and F. E. Croston, 1941: Productivity of F_1 hybrids in squash. – Proc. Amer. Soc. Hort. Sci. *44*, 494–496.

Jurina, O. V., 1966: Selekcija i semenovodstvo tykvennych kul'tur. Moskva.

Kovalevič, M., L. Taova, N. Rjumina, 1974: Izučenie reciproknych gibridor kukuruzy. – Trudi prikl. bot. *53* (3), 54–63.

Lana, E. P., 1950: Reciprocal crosses in the squash, *Cucurbita maxima*. – Tech. Bull. Minn. Agric. Exp. Sta. 189, 1–28.

Linnik, V. M., 1974: Rezul'taty izučenija reciproknych gibridov F_1 sorgo. – Selekcija i semenovodstvo (Kiev), vyp. 27, 37–43.

Mather, K. and J. L. Jinks, 1971: Biometrical genetics. London.

Mirjuta, J. P., 1966: Puti povyšenija geterozisa. – In „Geterosis v rastenievodstve". Stavropol'.

Passmore, S. F., 1934: Hybrid vigour in reciprocal crosses in *Cucurbita pepo*. – Annals of Bot. *48*, 1029–1030.

Sachs, Lothar, 1972: Statistische Auswertungsmethoden. 3. Auflage. Berlin-Heidelberg-New York.

Schwammenhöferovâ, K. a Z. Landa, 1974: Odhady koeficientu heritability ve vztahu k přirustku heteroze u *Brassica oleracea* L. var. *medullosa* × var. *acephala*. – Genetika a šlechteni *10* (XLVII), 101–114.

Whitaker, T. W. and G. N. Davids, 1962: Cucurbits (World Crops Book). London-New York.

Kulturpflanze XXIII · 1975 · S. 157—166

Untersuchungen an Samenglobulinen von Leguminosen IV. Disk-elektrophoretischer Vergleich der Globulinfraktionen einiger *Vicia*-Arten[1]

Bernhard Schlesier und Günter Scholz

(Eingegangen am 5. Februar 1975)

Die Samen der Körnerleguminosen zeichnen sich durch einen hohen Proteingehalt aus, der ihre wirtschaftliche Bedeutung für die Ernährung des Menschen und der Nutztiere begründet und sie gleichzeitig als bevorzugte Objekte zum Studium der Biochemie pflanzlicher Proteine qualifiziert. Die Reserveproteine sind zum überwiegenden Teil als Globuline in den Aleuronkörnern der Speicherkotyledonen deponiert und dienen dem keimenden Samen als Reservestoffe zur Versorgung mit Aminosäuren. Seit den Untersuchungen von Danielsson (1949) ist bekannt, daß die Globulinfraktion aller bisher untersuchten Leguminosen vorwiegend Proteine zweier Molekulargewichtsklassen enthält, die in der Ultrazentrifuge mit Sedimentationskonstanten von 6 bis 8 S bzw. 11 bis 13 S sedimentieren. Damit wurde die Hypothese von Osborne (1924) gestützt, wonach die Samen systematisch verwandter Pflanzen ähnliche Reserveproteine enthalten.

Durch Verfeinerung der analytischen Methoden, besonders nach Einführung der diskontinuierlichen Elektrophorese an Polyacrylamidgelen durch Davis und Ornstein (1961) wurde dieser Befund weiter erhärtet. Boulter, Thurman und Derbyshire (1967) und Jackson, Boulter und Thurman (1969) haben Ähnlichkeiten und Unterschiede im Bandenmuster von Gel-Elektropherogrammen zahlreicher Leguminosen demonstriert und die auffällige Übereinstimmung innerhalb der Gruppe der Vicieae herausgestellt. Entsprechende Resultate wurden auch mit Hilfe serologischer Methoden erhalten (Kloz, Turková und Klozová 1960, Kloz 1971).

Die Vicieae enthalten als Hauptkomponenten der Globulinfraktion Vicilin und Legumin (Osborne 1924, Danielsson 1949, 1956). Beide Globuline unterscheiden sich im Molekulargewicht, im Aminosäurespektrum und in anderen Parametern deutlich voneinander, wobei das Legumin einen größeren Anteil der für die biologische Wertigkeit limitierenden schwefelhaltigen Aminosäuren

[1] III. Mitt.: Scholz, G. und R. Manteuffel: Die Nahrung. Im Druck

enthält (Vajntraub und Švarc 1969, Wright und Boulter 1972, 1974, Boulter 1974, Müntz und Scholz 1974). Es ist daher sowohl für die Belange der Pflanzenzüchtung als auch für chemotaxonomische und evolutionistische Betrachtungen von Interesse, Aufschluß über die genetische Variabilität innerhalb der Globulinfraktion zu erhalten. Untersuchungen mit dieser Zielstellung sind bereits von Boulter, Thurman und Derbyshire (1967) und von Jackson, Boulter und Thurman (1969) mit Hilfe eines anodischen Gelsystems durchgeführt worden. Wir haben zu diesem Zweck ein kathodisches Gelsystem herangezogen, das ein wesentlich besseres Auflösungsvermögen der verschiedenen Globulinkomponenten besitzt und unsere Experimente auf bisher weniger untersuchte Arten der Gattung *Vicia* ausgedehnt. Es liegt im Charakter der Methode begründet, daß damit vor allem qualitative Aussagen ermöglicht werden, die zwar nur eine grobe quantitative Abschätzung gestatten, unter Berücksichtigung dieses Vorbehaltes aber doch einen Überblick über die Variabilität des Globulin-Musters in der Gattung *Vicia* ermöglicht.

Material und Methoden

Untersucht wurden 35 Herkünfte von *Vicia faba*, darunter 8 Mutanten, sowie 22 weitere *Vicia*-Arten, die im Kulturpflanzenweltsortiment in Gatersleben angebaut wurden.

Reife Samen wurden mit der Schlagmühle und im Mörser auf eine Teilchengröße $\leqq$ 0,1 mm zerkleinert. Die Mehle wurden bei *V. faba* aus geschälten, bei den anderen Arten wegen der teilweise geringen Samengröße aus ungeschälten Samen hergestellt, wobei der überwiegende Teil der Samenschalen beim Sieben gut vom Mehl abgetrennt werden konnte. Die Proteine wurden bei *V. faba* mit 7,8% NaCl in 0,1 m Phosphatpuffer pH 6,9, bei den anderen *Vicia*-Arten entweder mit dem gleichen Medium oder mit 7,8% NaCl in 0,2 m Boratpuffer pH 6,9 3 h unter Rühren bei 6 °C extrahiert. Das Verhältnis Extraktionsmittel zu Mehl betrug 20 : 1 (v/w). Aus dem Extrakt wurden die Proteine mit Ammoniumsulfat bei 90% Sättigung gefällt und 45 h gegen fließendes destilliertes Wasser bei 6 °C dialysiert. Die dabei ausfallenden Globuline wurden durch Zentrifugieren von den Albuminen getrennt. Für die Elektrophorese wurden die Globuline in Wasser suspendiert und über Nacht gegen den im Verhältnis 1 : 8 verdünnten Sammelgelpuffer des entsprechenden Gelsystems dialysiert. Die diskontinuierliche Polyacrylamid-Gelelektrophorese wurde im kathodischen System von Reisfeld, Lewis und Williams (1962) bei pH 3,8 mit Methylgrün sowie im anodischen System nach Davis (1964) bei pH 9,3 mit Bromphenolblau als Bezugsbande durchgeführt. Die Trennungen erfolgten bei konstanten Temperaturen im Bereich zwischen 5 °C und 30 °C, wobei die Temperatur im Gel mit einem Thermistor gemessen wurde. Eine Abschätzung der Molekulargewichte erfolgte nach der Methode von Hedrick und SMITH (1968), die sowohl für das kathodische als auch für das anodische Gelsystem verwendet wurde, außerdem gelchromatographisch nach ANDREWS (1964) sowie an SDS-Gelen nach WEBER und OSBORN (1969). Die präparative Trennung der Globuline wurde mittels Zonenpräzipitation nach SCHOLZ, RICHTER und MANTEUFFEL (1974) ausgeführt.

Ergebnisse und Diskussion

Beim Vergleich der Extraktionsbedingungen zeigte sich, daß ein hoher Anteil an Samenschalen im Mehl die Bandenmuster erheblich verschiebt. Der nach obiger Aufarbeitung verbleibende sehr geringe Samenschalenanteil hat keinen deutlichen Einfluß auf die elektrophoretische Trennung der Proteine. Nach Extraktion der Proben mit NaCl in Boratpuffer wurden klarere Trennungen beobachtet als bei Verwendung von NaCl in Phosphatpuffer. Dieser Befund steht vermutlich damit in Zusammenhang, daß phenolische Verbindungen die Proteintrennung beeinflussen (JONES und LYTTLETON 1972), jedoch die Reaktion zwischen Proteinen und Phenolen durch Bildung löslicher Phenol-Borat-Komplexe vermindert wird (KING 1971).

Die beiden verwendeten Gelsysteme unterscheiden sich sehr deutlich in ihrem Auflösungsvermögen bezüglich der *Vicia*-Globuline (Abb. 1). Das anodische System liefert teilweise stark verwaschene Banden, wobei die beiden Globulinfraktionen Legumin und Vicilin nicht voneinander getrennt werden. Das kathodische Gel bringt demgegenüber verhältnismäßig scharfe Proteinbanden und eine gute Trennung zwischen den Hauptfraktionen. Die Abschätzung der Molekulargewichte von durch Zonenpräzipitation gereinigtem

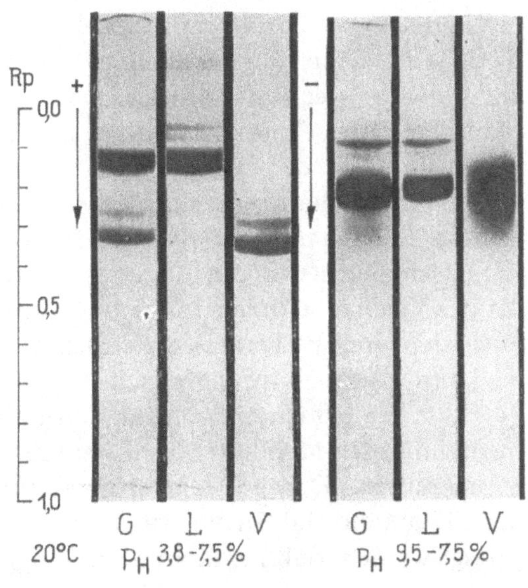

Abb. 1 Disk-elektrophoretische Trennung von *V. faba*-Globulinen (G), Legumin (L) und Vicilin (V) am kathodischen (l) und anodischen (r) Gelsystem

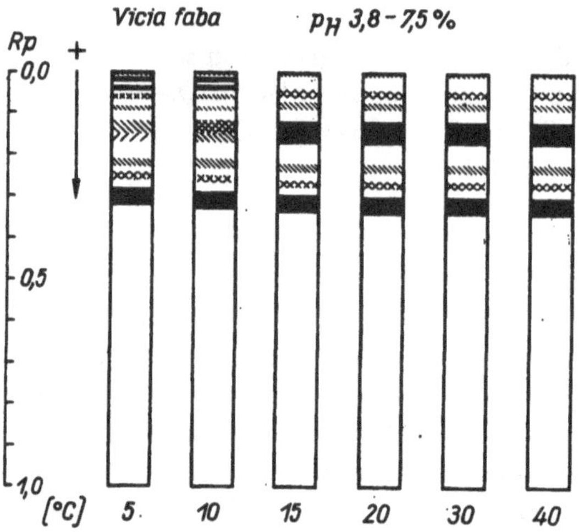

Abb. 2 Temperaturabhängigkeit der Globulintrennung am kathodischen Gelsystem

Legumin und Vicilin mittels Elektrophorese bei unterschiedlichen Gelkonzentrationen nach HEDRICK und SMITH (1968) zeigt, daß die Hauptbande beider Fraktionen sowohl im basischen als auch im sauren Gelsystem Molekulargewichten in der Größenordnung von 350000 (Legumin) bzw. 170000 (Vicilin) entspricht. Die verschiedenen Banden der Leguminfraktion im sauren und im basischen Gel lassen sich auf Aggregatbildung zurückführen, da die Retardationskoeffizienten (CHRAMBACH und RODBARD, 1971) der einzelnen Banden die theoretisch zu erwartenden Unterschiede aufweisen. Im Gegensatz hierzu differieren die Retardationskoeffizienten der Vicilinbanden im Gel nur geringfügig. Dieses Bandenmuster kann somit nicht durch Assoziation oder Dissoziation erklärt werden, es weist vielmehr auf die Heterogenität der Vicilinfraktion hin (SCHOLZ, RICHTER und MANTEUFFEL 1974).

Während das Bandenmuster bei der anodischen Trennung im Bereich von 5 °C bis 30 °C nur unwesentlich von der Temperatur beeinflußt wird, verschiebt sich das Muster im kathodischen System bei abnehmender Temperatur (Abb. 2). Diese Veränderung ist auf eine Verminderung der Wanderungsgeschwindigkeit des Legumins bei Temperaturen unter 15 °C zurückzuführen. Die ursprüngliche Legumin-Hauptbande wird schwächer, dafür treten zwei kräftige Banden mit sehr niedrigen Rp-Werten auf. Vicilin ändert sein Verhalten unter den gleichen Bedingungen nur geringfügig. Die Verringerung der Mobilität des Vicilins bei Erniedrigung der Temperatur von 20 °C auf 5 °C entspricht etwa den von BLATTLER und BRADLY (1972) angegebenen Werten für die Änderung der elektrophoretischen Mobilität von Proteinen in Abhängigkeit von der temperaturabhängigen Viskositätsänderung des Wassers. Die Erniedrigung der Mobilität des Legumins läßt sich nicht auf dieselbe Ursache zurückführen. Durch Elektrophorese bei verschiedenen Gelkonzentrationen nach HEDRICK und SMITH (1968) sowie BLATTLER und REITHEL (1970) konnte gezeigt werden, daß Legumin bei niedrigen Temperaturen bevorzugt Aggregate bildet. Dieser Vorgang scheint in engem Zusammenhang mit der Kälteunlöslichkeit der 11 S-Fraktion aus verschiedenen Leguminosen zu stehen (Briggs und Mann 1950, Tombs 1965). Das in Abb. 2 für *V. faba*-Globuline dargestellte Verhalten wurde in unterschiedlich stark ausgeprägter Form auch bei anderen *Vicia*-Arten beobachtet.

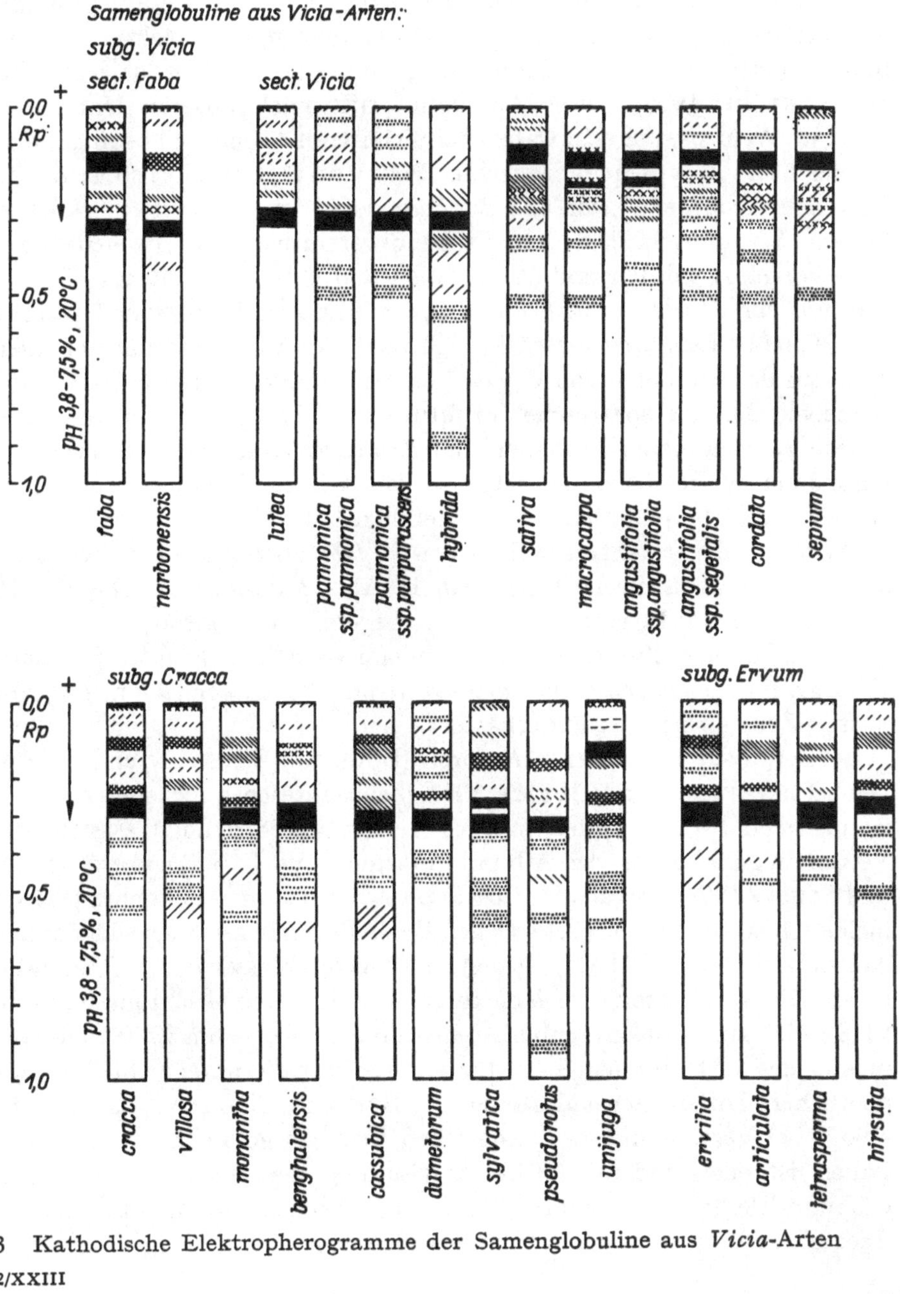

Abb. 3 Kathodische Elektropherogramme der Samenglobuline aus *Vicia*-Arten

Der Vergleich der elektrophoretischen Globulinmuster von 35 *V. faba*-Herkünften, von denen bei einigen mehrere Anbaujahre und Standorte geprüft wurden, brachte keine Abweichung von dem in Abb. 1 gezeigten Bild. Die Konstanz des Bandenmusters innerhalb der Art *V. faba* ist ein überraschender Befund. Man sollte annehmen, daß im Gegensatz zu Enzymen oder Strukturproteinen, bei denen der Selektionsdruck die Evolution unterschiedlicher Molekül-Strukturen in engen Grenzen hält, bei Reserveproteinen, die lediglich der Speicherung von Aminosäuren dienen, der Spielraum für die Ausbildung einer chemischen Mannigfaltigkeit weitaus größer ist (vgl. HILL und BREIDENBACH 1974). Diese Annahme trifft nach unseren Untersuchungen nicht zu. Wenn es, was sehr wahrscheinlich ist, eine genetisch bedingte Variabilität der Aminosäuresequenz einzelner Polypeptidketten gibt, so ist diese jedenfalls nicht groß genug, um das Bandenmuster der Globuline merklich zu verändern. Wenngleich zu diesem Problem vereinzelt auch abweichende Ergebnisse vorgelegt worden sind (ADRIAANSE und ROBBERS 1970 für die Leguminfraktion von *Pisum sativum* und *V. faba*, PUSKÁS, DUDITS und BÁLINT 1972 für *Pisum sativum*), so verstärkt sich doch der Eindruck, daß die chemische Struktur der Globuline von *V. faba* genetisch stark fixiert ist. Daraus läßt sich schließen, daß die spezifische Struktur der Polypeptidketten und ihre Assoziation zu oligomeren Proteinen den Erfordernissen eines Reserveproteins in besonderer Weise Rechnung trägt, so daß sich im Verlaufe der Evolution ein einheitliches Globulinmuster herausgebildet hat.

Die anderen *Vicia*-Arten weisen von *V. faba* abweichende Muster auf. Diese sind für das kathodische Gelsystem in Abb. 3 dargestellt. Die Banden mit R_p-Werten um 0,15 entsprechen dem Legumin, die mit R_p-Werten bei 0,30 dem Vicilin. Diese Zuordnung wurde in einigen Fällen (*V. faba*, *V. macrocarpa*, *V. cordata*, *V. benghalensis*, *V. narbonensis* und *V. pannonica* ssp. *purpurascens*) mittels Zonenpräzipitierung erhärtet.

Bei den auch von anderen Autoren (BOULTER, THURMAN und DERBYSHIRE 1967, PRZYBYLSKA und HURICH 1971) beobachteten schwächeren und schnell wandernden Proteinbanden mit R_p-Werten $> 0{,}35$ handelt es sich nicht um Verunreinigungen aus der Albuminfraktion. Aus *V. narbonensis* (SCHLESIER und SCHOLZ 1974) und aus *V. pannonica* ssp. *purpurascens* konnte je ein niedermolekulares Globulin isoliert werden. Beide Proteine zeichnen sich dadurch aus, daß sie während der Dialyse gegen destilliertes Wasser bei 6 °C kristallin ausfallen. Die Abschätzung der Molekulargewichte durch Gelchromatographie und SDS-Gelelektrophorese ergab übereinstimmend Werte um 30000. Die Globulinmuster des kathodischen Gelsystems weisen für die untersuchten *Vicia*-Arten deutlichere Differenzen auf als sie von BOULTER, THURMAN und DERBYSHIRE (1967) bei Verwendung des anodischen Systems gefunden wurden. In vielen Fällen ist eine eindeutige Charakterisierung der jeweiligen Art durch das Globulin-Elektropherogramm möglich. Die Arten (Abb. 3) lassen sich anhand ihrer Globulinmuster in drei Gruppen einteilen:

1. Wenige sehr kräftige Banden in Vicilin- und Legumin-Position (*V. faba*, *V. narbonensis*, *V. cracca* u. a.).
2. Eine oder wenige starke Vicilin-Banden, keine kräftigen Banden in Legumin-Position (*V. tetrasperma*, *V. pannonica* u. a.).
3. Eine sehr starke Legumin-Bande und mehrere schmale Vicilin-Banden, von denen die langsamer wandernden meist kräftiger sind (*V. sativa*, *V. angustifolia* u. a.).

Einige Arten aus allen Untergattungen der Gattung *Vicia* (*V. articulata*, *V. dumetorum*) lassen sich nicht ohne weiteres in dieses Schema einordnen, sondern stellen eher Übergänge zwischen der 1. und der 2. Gruppe dar. Der dritte Typ wurde nur in der *V. sativa*-Gruppe gefunden und scheint für diese charakteristisch zu sein. Diese Formen sind auch durch das Vorkommen von β-Cyanoalanin bei den freien Aminosäuren (TSCHIERSCH und HANELT 1967) von den anderen *Vicia*-Arten unterschieden.

Wir danken Herrn Dr. habil. P. HANELT, Gatersleben, für Beratung in taxonomischen Fragen.

Zusammenfassung

Für den disk-elektrophoretischen Vergleich von Samenglobulinen aus *Vicia*-Arten eignet sich das kathodische Gelsystem, in dem die Trennung der Proteine bei pH 3,8 erfolgt, besser als das anodische Gel (Trennung bei pH 9,3). Die Einhaltung konstanter Temperaturen ist beim kathodischen Gelsystem besonders wichtig, da unter diesen Bedingungen mit abnehmender Temperatur bevorzugt Aggregate des Legumins auftreten, die das Bandenmuster stark verändern. Die untersuchten *V. faba*-Herkünfte weisen keine merkliche Variabilität der Globulinmuster auf. Die Ursachen dieses Befundes werden diskutiert. Bemerkenswerte Unterschiede existieren hingegen zwischen verschiedenen *Vicia*-Arten; jedoch nur im Falle der *Vicia sativa*-Gruppe stehen die Globulinmuster in eindeutiger Beziehung zur systematischen Gliederung der Gattung.

Summary

Studies on seed globulins from legumes.

IV. Disc- electrophoretic comparison of the globulin fraction from different species of *Vicia*.

A cathodic gel system with separation of proteins at pH 3,8 is superior to an anodic system with separation at pH 9.3 with respect to disc electrophoretic evaluation of seed globulins from different *Vicia* species. Maintaining constant temperature is especially important in the cathodic system, since under its conditions aggregation of legumin is favoured by decreasing temperatures, which is reflected by changing patterns of electrophoretic bands. All stocks of *Vicia* investigated are characterized by a uniform globulin pattern. This result is interpreted as a consequence of evolutionary selection of highly adapted storage proteins, the genetical variation of which is below detection limit. Remarkable differences exist, however, between different *Vicia* species, but only in the case of the *Vicia sativa* group the globulin patterns are clearly related to the systematic order of the genus.

Краткое содержание

Исследования глобулинов семян бобовых. IV. Диск-электрофоретическое сравнение фракции глобулинов некоторых видов *Vicia*

Для диск-электрофоретического сравнения глобулинов семян различных видов *Vicia* кислая буферная система, в которой разделение протеинов происходит при pH 3,8, оказалась более пригодной, чем щелочная (разделение при pH 9,3). При применении кислой буферной системы особенно важно поддержание константной температуры, так как в этих условиях с понижением температуры появляются преимущественно агрегаты легумина, сильно изменяющие электрофореграмму. Исследованные образцы *V. faba* не обнаружили заметной изменчивости электрофореграмм глобулинов. Обсуждаются причины этой констатации. Существенные различия наблюдались между разными видами *Vicia*. Однако, только для группы *Vicia sativa* можно было установить четкую корреляцию электрофореграмм глобулинов с таксономическим подразделением рода.

Literatur

Adriaanse, A. and J. E. Robbers, 1970: Characterisation and fractionation studies on seed proteins of some of the Leguminosae by starch-gel electrophoresis. – J. Sci. Food Agric. *21*, 126–128.

Andrews, P., 1964: Estimation of the molecular weights of proteins by Sephadex gel-filtration. – Biochem. J. *91*, 222–233.

Blattler, D. P. and A. R. Bradly, 1972: Temperature measurement and control in quantitative polyacrylamide electrophoresis. – Anal. Biochem. *47*, 296–299.

Blattler, D. P. and F. J. Reithel, 1970: Molecular weight determinations and the influence of gel density, protein charges and protein shape in polyacrylamide gel electrophoresis. – J. Chromatogr. *46*, 286–292.

Boulter, D., 1974: Biosynthese, Struktur und Zusammensetzung der Samenproteine von *Vicia faba* in Hinblick auf die Auslese zur Verbesserung der Proteinqualität. – Göttinger Pflanzenzüchter-Seminar *2*, 106–120.

BOULTER, D., D. A. THURMAN and E. DERBYSHIRE, 1967: A disc electrophoretic study of globulin proteins of legume seeds with reference to their systematics. – New Phytol. *66*, 27–36.

BRIGGS, D. R. and R. L. MANN, 1950: An electrophoretic analysis of soybean protein. – Cereal Chemistry *27*, 243–257.

CHRAMBACH, A. and D. RODBARD, 1971: Polyacrylamide gel electrophoresis. – Science *172*, 440–451.

DANIELSSON, C. E., 1949: Seed globulins of the Gramineae and Leguminosae. – Biochem. J. *44*, 387–400.

DANIELSON, C. E., 1956: Plant proteins. – Ann. Rev. Plant Physiol. *7*, 215–236.

DAVIS, B. J., 1964: Disc electrophoresis – II. Method and application to human serum proteins. – Ann. N. Y. Acad. Sci. *121*, 404–427.

DAVIS, B. J. and L. ORNSTEIN, 1961: Disc electrophoresis. – Preprintet by Distillation Product Industries (Division of Eastman Kodak Company) Rochester, New York.

HEDRICK, J. L. and A. J. SMITH, 1968: Size and charge isomer separation and estimation of molecular weights of proteins by disc gel electrophoresis. – Arch. Biochem. Biophys. *126*, 155–164.

HILL, J. E. and R. W. BREIDENBACH, 1974: Proteins of soybean seeds. II. Accumulation of the major protein components during seed development and maturation. – Plant Physiol. *53*, 747–751.

JACKSON, P., D. BOULTER and D. A. THURMAN, 1969: A comparison of some properties of vicilin and legumin isolated from seeds of *Pisum sativum*, *Vicia faba* and *Cicer arietinum*. – New Phytol. *68*, 25–33.

JONES, W. T. and J. W. LYTTLETON, 1972: The importance of inhibiting polyphenol oxidase in the extraction of fraction 1 leaf protein. – Phytochemistry *11*, 1595–1596.

KING, E. E., 1971: Extraction of cotton leaf enzymes with borate. – Phytochemistry *10*, 2337–2341.

KLOZ, J., 1971: Serology of the Leguminosae. – In: HARBORNE, J. B., D. BOULTER and B. L. TURNER (Edit.), Chemotaxonomy of the Leguminosae, S. 309–365. – London-New York.

KLOZ, J., V. TURKOVÁ and E. KLOZOVA, 1960: Serological investigation of taxonomic specificity of proteins in various plant organs in some taxons of the family Viciaceae. – Biol. Plant. (Praha) *2*, 126–138.

MÜNTZ, K. und G. SCHOLZ, 1974: Speicherproteine und Proteinspeicherung in pflanzlichen Samen. – Biol. Rdsch. *12*, 225–244.

OSBORNE, TH. B., 1924: The vegetable proteins. Monographs in Biochemistry. – 2nd ed., London.

PRZYBYLSKA, J. and J. HURICH, 1971: The use of basic and acid gel systems in disc electrophoretic studies of seed proteins of some *Medicago* species. – Bull. Acad. Polon. Sci., Ser. sci. biol. *19*, 31–36.

PUSKÁS, M., D. DUDITS and A. BÁLINT, 1972: A comparative study on the seed proteins of induced mutants of the pea. – Acta biol. Acad. Sci. hung. *23*, 343–352.

REISFELD, R. A., U. J. LEWIS and D. E. WILLIAMS, 1962: Disc electrophoresis of basic proteins and peptides on polyacrylamide gels. – Nature *195*, 281–283.

SCHLESIER, B. and G. SCHOLZ, 1974: Studies on seed globulins from legumes. II. A crystalline protein from the globulin fraction of *Vicia narbonensis* L. – Biochem. Physiol. Pflanzen *166*, 367–369.

SCHOLZ, G., J. RICHTER and R. MANTEUFFEL, 1974: Studies on seed globulins from legumes. I. Separation and purification of legumin and vicilin from *Vicia faba* L. by zone precipitation. – Biochem. Physiol. Pflanzen *166*, 163–172.

TOMBS, M. P., 1965: An electrophoretic investigation of groundnut proteins: the structure of arachins A and B. – Biochem. J. *96*, 119–133.

TSCHIERSCH, B. und P. HANELT, 1967: Die freien Aminosäuren der Samen von *Vicia* L. und die systematische Gliederung der Gattung. – Flora, Abt. A *157*, 389–406.

VAJNTRAUB, J. A. i V. S. ŠVARC, 1969: Ob aminokislotnom sostave globulinovych komponentov semjan bobovych. – Trudy po chimii prirodnych soedinenij (Kišinev) *8*, 52–57.

WEBER, K. and M. OSBORN, 1969: The reliability of molecular weight determinations by dodecyl sulfate-polyacrylamide gel electrophoresis. – J. biol. Chemistry *244*, 4406–4412.

WRIGHT, D. J. and D. BOULTER, 1972: The characterization of vicilin during seed development in *Vicia faba* (L.). – Planta *105*, 60–65.

WRIGHT, D. J. and D. BOULTER, 1974: Purification and subunit structure of legumin of *Vicia faba* L. (broad bean). – Biochem. J. *141*, 413–418.

Kulturpflanze XXIII · 1975 · S. 167—180

Die Variabilität einiger Komponenten der Allogamieneigung bei der Kulturgerste (*Hordeum vulgare* L. s. l.)

KARL HAMMER

(Eingegangen am 5. Februar 1975)

Die Neigung der Kulturgersten zur Allogamie ist im allgemeinen sehr gering. Meist dehiszieren die Antheren und der Pollen gelangt auf die Stigmata, bevor sich die Blütchen öffnen. Die Wahrscheinlichkeit für Allogamie ist deshalb nicht sehr hoch. Außer gelegentlichen Informationen über den aus Fremdbefruchtung hervorgegangenen spontanen Ansatz (vgl. Tabelle 1) und andere Detailbefunde, gibt es kaum Mitteilungen, die darauf schließen lassen, daß eingehende Untersuchungen, z. B. über die Variabilität der einzelnen Komponenten der Allogamieneigung oder andere blütenbiologische Probleme, durchgeführt wurden.

Tabelle 1

Angaben aus der Literatur zur Fremdbefruchtungsrate normal fertiler Gerste

Fremdbefruchtungsrate (%)	Autoren
2	VESTERGAARD (1915)
0,04—0,16	STEVENSON (1928)
3,285—20,708	ROBERTSON und DEMING (1931)
0,07—0,16	HARRINGTON (1932)
0,061	UEKI (1952)
1,2	TOCHTUEV (1955)
1—2	JAIN und ALLARD (1960)
0,1	FAVRET (1961)
0,02	JAIN und SUNESON (1963)

Seit der Auffindung der genisch bedingten männlichen Sterilität wird zuweilen über den aus freier Bestäubung resultierenden Ansatz auf männlich sterilen Pflanzen berichtet. Solche Versuche werden meist im Zusammenhang mit der Hybridforschung durchgeführt. Die ausgeprägte Autogamie macht es dringend erforderlich, die Blütenbiologie der Gerste genauer zu untersuchen, um insbesondere die Neigung zur Abgabe und zum Auffangen von Pollen bei verschiedenen Sippen festzustellen. Neben spezifischen genetischen Verfahren zur Nutzung der genisch bedingten männlichen Sterilität, z. B. dem sogenannten BTT-Verfahren (balancierte tertiäre Trisomie), und genügend hohen Heterosiseffekten bei den Hybriden ist die ausreichende Allogamieneigung der Hybridpartner eine der Voraussetzungen für die Hybridsaatgutproduktion.

Die aus dem Fremdbefruchtungsansatz erzielten Ergebnisse geben nur indirekt Auskunft über die Variabilität der Komponenten der Allogamieneigung, indem ein hoher Ansatz auf große, gut gefiederte Stigmata beim Pollenempfänger und lange, pollenreiche Antheren beim Pollenspender hindeutet. Mit einer hohen Variabilität der Anemophiliemerkmale ist bei der Gerste zu rechnen, da sie mit zu den formenreichsten Kulturpflanzen gehört. Einige der für die Anemophilie bedeutsamen Merkmale wurden deshalb in der hier dargestellten Untersuchung an einem größeren Material geprüft.

Material und Methoden

Im Jahre 1970 wurden etwa 5000 Sommer- und 1000 Wintergersten angebaut und dadurch konnten Sippen unterschiedlicher Herkunft in einem Jahr miteinander verglichen werden. Aus diesem umfangreichen Material war durch relativ grobe Voruntersuchungen eine Auswahl genauer zu untersuchender Sippen zu treffen, um die herauszufinden, die besonders zur Allogamie neigen. Die Voruntersuchungen erfolgten durch laufende Bonituren blütenbiologischer Merkmale, in deren Ergebnis 155 Gersten, 56 Winter- und 99 Sommergersten, die deutliche Neigung zum offenen Blühen zeigten, gefunden wurden. Da bekannt ist, daß die Sommergerste wesentlich weniger offen blüht als die Wintergerste (Strel'čenko, 1959; Omarov, 1973) wurde vor allem bei Sommergerste nach solchen Sippen gesucht.

Das Material ist nach dem von Mansfeld (1950) veröffentlichten morphologischen System der Saatgerste bzw. seinen Ergänzungen (Mansfeld, 1959) zusammengestellt. Er unterscheidet bei der Kulturgerste fünf Convarietäten nach der verschiedenen Anordnung und Ausprägung der Ährchen innerhalb der Ähre. Außer *H. vulgare* L. bezogen wir die Wildgersten *Hordeum spontaneum* Koch, *Hordeum*×*agriocrithon* Åberg und *Hordeum bulbosum* L. in die Untersuchungen ein.

Zur Schätzung der Neigung zur Allogamie wurde mit ausgewählten Sippen ein Modellversuch durchgeführt. Innerhalb von Gerstenparzellen erfolgte eine Schnittkastration einzelner Ähren. Sie konnten von den sie umgebenden, ebenfalls frei abblühenden, nicht kastrierten Ähren frei bestäubt werden. Nach der Reife wurde der Ansatz auf den schnittkastrierten Ähren festgehalten. Damit ließ sich die Allogamieneigung von Gerstensippen recht genau erfassen. Der dazu notwendige Arbeitsaufwand erlaubte es aber nicht, eine größere Anzahl von Sippen auf diese Weise zu prüfen.

Tabelle 2

Korrelationsmatrix von Merkmalen ausgewählter Kulturgerstensippen, die in Beziehung zum Fremdbefruchtungsansatz stehen (Summe der Versuchsjahre 1971–73)

	Antheren-ejektion	Anz. Poll. je 10 mm²	„Freier Pollen“	Anz. Poll. je Anth.	Anth.-Länge	Anth.-Breite	Stigm. Fläche	Ährchen je Flächen-einheit
Ansatz aus Fremdbefruchtung	+0,33	$+0,66^{+++}$	−0,21	+0,22	$+0,53^{++}$	−0,03	$+0,44^{+}$	+0,32
Antherenejektion	–	+0,34	+0,18	+0,10	+0,28	+0,14	+0,13	−0,05
Anzahl Pollen je 10 mm²		–	−0,04	−0,05	$+0,53^{++}$	+0,11	$+0,50^{+}$	+0,30
„Freier Pollen“			–	$-0,60^{+}$	−0,07	$-0,49^{+}$	−0,01	+0,19
Anzahl Pollen je Anthere				–	+0,45	+0,11	+0,05	+0,06
Antherenlänge					–	−0,05	+0,23	+0,15
Antherenbreite						–	−0,22	−0,19
Stigmatafläche							–	$+0,44^{+}$

Deshalb wurden einfacher festzustellende Merkmale in ihrem Einfluß auf den Ansatz kastrierter Ähren untersucht. Aus Korrelationsberechnungen zwischen den Merkmalen (Tabelle 2) zeigte sich, daß bei Anzahl Pollen je 10 mm² Objektträgerfläche, Antherenlänge, Stigmatafläche und Antherenejektion deutlich positive Beziehungen zum Ansatz aus Fremdbefruchtung vorhanden waren. Das Merkmal Anzahl angeflogener Pollen je 10 mm² ließ sich auf Objektträgern ermitteln, die mit Vaseline präpariert waren, um den Pollen festzuhalten. – Es kann nur auf großen Parzellen erfaßt werden, weil dort genügend Pollen produziert wird und die Gefahr des Zufliegens von Pollen aus Nachbarparzellen, der zu einer Fehleinschätzung der Eignung der Sippe als Pollenspender führt, nicht besteht. – Für die bei unserem Anbau vorhandenen $2^1/_2$ m² großen Parzellen war diese Methode nicht geeignet. Die drei anderen Merkmale, Stigmatafläche, Antherenlänge und Antherenejektion, konnten aber mit relativ geringem Aufwand für alle vorausgewählten Gerstensippen untersucht werden.

In den Jahren 1971 und 1972 erfolgte die Untersuchung der Stigmagröße verschiedener Gerstensippen. Kurz vor der Anthese, wenn die Stigmata schon entfaltet waren, wurde das Gynaeceum aus je einem Mittelährchen aus dem mittleren Teil von zehn verschiedenen Ähren entnommen und auf einem Objektträger in Vaseline eingebettet. – Die Vermessung erfolgte zu einem späteren Zeitpunkt. – Durch die meist starke Sonneneinstrahlung während der Einbettung war die Vaseline sehr geschmeidig, überzog schnell die Stigmata und bildete auf ihnen später einen Film. Ein Schrumpfen der Stigmata war nicht zu bemerken; unter dem Mikroskop konnten Einzelheiten, wie der Aufbau der Stigmataäste und angeflogene Pollenkörner mit beginnender Pollenschlauchentwicklung erkannt werden.

Gemessen wurden die Ausmaße der Stigmata mit einem Netzmikrometer bei vierzigfacher Vergrößerung in zwei Richtungen, der Länge von Stigmaspitze zu Stigmaspitze (Stigmataspreizung) und der Höhe vom Gipfelpolster des Fruchtknotens bis zur Reichweite der letzten Stigmatafiedern (Stigmatahöhe). Die Stigmatahöhe ist ein gutes Merkmal für die Intensität der Fiederung der Stigmata. Durch die Einbettung der Stigmata in Vaseline kann der Winkel zwischen den Stigmata nicht konstant gehalten werden. Dadurch verändern sich ebenfalls Stigmatahöhe und Stigmataspreizung. Multipliziert man die Werte beider, ist das Produkt relativ konstant. Dieses Produkt wird von uns als Stigmatafläche bezeichnet.

Aus je einem Mittelährchen wurden in den Jahren 1971 und 1972 von fünf Ähren einer Gerstensippe zwei Antheren kurz vor der Dehiszenz entnommen und in der gleichen Weise wie die Stigmata auf Objektträgern in Vaseline eingebettet. Bei 40facher Vergrößerung erfolgte mit Hilfe eines Netzmikrometers die Vermessung der Antherenlänge (Abstand vom Ansatz des Filamentes bis zur Antherenspitze).

Zur Feststellung der Antherenejektion wurden in drei Versuchsjahren (1970–1972) Ähren kurz nach der Anthese abgeschnitten. Als Stichprobenumfang genügten 20 Ähren, nachdem in Voruntersuchungen von 100 Ähren ausgegangen worden war und sich herausstellte, daß die Untersuchung von 20 Ähren durchaus ausreichend ist, um zuverlässige Mittelwerte zu erhalten. Die kurze Zeit nach der vollständigen Anthese geschnittenen Ähren kamen zum Trocknen in einen kühlen Raum mit relativ geringer Luftfeuchte. Wie Pedersen (1960) bereits erwähnt, kann man aus der Anzahl der innerhalb der Spelzen verbliebenen Antheren auf die der ejektierten schließen. Nach der Trocknung ließen sich die Spelzen aller Ährchen mit der Hand öffnen und die verbliebenen Antheren auszählen. Da im Verlaufe der Trocknung weitere Antheren aus den Spelzen treten können, sind die Werte der innerhalb der Spelzen verbliebenen Antheren geringer als bei dem unmittelbar nach dem Abschneiden untersuchten Material. Die Ejektion der Antheren ist nicht in Prozent ausgedrückt, sondern es wird die durchschnittlich aus einem Blütchen ejektierte Anzahl der Antheren berechnet, so daß die Werte zwischen 0 bei vollständiger Kleistogamie und 3 bei vollständiger Chasmogamie liegen.

Ergebnisse

1. Stigmatagröße

Für die Stigmatagröße wurden jahresbedingte und beträchtliche sippenbedingte Unterschiede gefunden. Die Schwankungsbreite der Durchschnittswerte der Stigmataspreizung bei den Kulturgersten reichte im Jahre 1971 von 1,88 bis zu 4,64 mm und im Jahre 1972 von 1,92 bis 4,80 mm. In der Tendenz waren im zweiten Untersuchungsjahr die Stigmata etwas größer und besser ausgebildet. Das zeigt sich besonders in der Stigmatahöhe, die 1971 von 0,80 bis 1,88 mm und 1972 von 1,04 bis 2,00 mm variierte. Die bei Gerstensippen gefundene Streubreite ist hoch. Zum Vergleich seien hier die Stigmataausmaße des allogamen *Hordeum bulbosum* (1972 – Stigmataspreizung : Stigmatahöhe = 4,96 : 1,52 mm) und des zur Allogamie neigenden *Hordeum spontaneum* (1972 – Stigmataspreizung : Stigmatahöhe = 4,64 : 1,56 mm) angeführt.

In der Stigmataspreizung zeigen sich im Durchschnitt aller Sippen die Sommergersten den Wintergersten leicht überlegen, während die Stigmatahöhe, die ein Maß für die Feinfiederung der Stigmata darstellt, bei den Wintergersten im Durchschnitt größer ist. Die Reihenfolge in der Stigmatagröße der Sippen der einzelnen Convarietäten zeigt Tabelle 3.

2. Antherenlänge

Die Antherenlänge weist innerhalb der Gerstensippen deutliche Unterschiede auf; es ist auch eine Jahresabhängigkeit zu bemerken. – Im allgemeinen läßt sich feststellen, daß durch die Umweltbedingungen das Androeceum stärker modifiziert werden kann und mitunter in seiner Funktion völlig ausgeschaltet wird, während das Gynaeceum stabiler bleibt. – Die Schwankungsbreite der Durchschnittswerte der Antherenlänge reichte im Jahre 1971 von 2,22 bis 3,75 mm und im Jahre 1972 von 2,38 bis 4,06 mm. Wie bei den Stigmata waren auch die Antheren im zweiten Untersuchungsjahr in der Tendenz etwas größer. Obwohl die Variabilität der Antherenausmaße relativ groß ist, reichen sie bei den Kulturgersten mit ihren Spitzenwerten nicht an *Hordeum bulbosum* oder *Hordeum spontaneum* heran (1972: *Hordeum bulbosum* – Antherenlänge 5,62 mm, *Hordeum spontaneum* – 5,00 mm). Die Wintergerstensippen bilden im Durchschnitt größere Antheren aus als die Sommergerstensippen. In der Tendenz ist zu bemerken, daß die längsten Antheren bei den zweizeiligen Sippen (convar. *distichon*, convar. *deficiens*) vorhanden sind, während bei den mehrzeiligen Sippen (convar. *vulgare*, convar. *labile*, convar. *intermedium*) durchschnittlich die kürzesten Antheren gefunden wurden (Tabelle 4).

Tabelle 3

Durchschnittliche Stigmataspreizung, Stigmatahöhe und Stigmatafläche bei den Convarietäten der Kulturgerste

Convarietät	1971		1972		Mittelwerte aus 2 Jahren		
	Spr. (mm)	Höhe (mm)	Spr. (mm)	Höhe (mm)	Spr. (mm)	Höhe (mm)	Fläche (mm^2)
convar. vulgare	3,71	1,26	3,70	1,48	3,71 b[1]	1,37 a[1]	5,08
convar. intermedium	3,77	1,24	3,80	1,49	3,78 b	1,37 a	5,18
convar. distichon	3,80	1,22	3,68	1,46	3,74 b	1,34 b	5,01
convar. deficiens	3,73	1,26	3,81	1,39	3,77 b	1,32 bc	4,98
convar. labile	3,89	1,16	3,86	1,39	3,88 a	1,27 c	4,93
convar. vulgare							
Sommerformen	3,72	1,19	3,69	1,37	3,72 bc	1,28 d	4,76
Winterformen	3,71	1,37	3,70	1,80	3,66 bc	1,51 a	5,53
convar. intermedium							
Sommerformen	4,05	1,13	3,89	1,45	3,98 a	1,26 d	5,01
Winterformen	3,36	1,32	3,73	1,52	3,65 c	1,44 b	5,24
convar. distichon							
Sommerformen	3,79	1,21	3,65	1,44	3,73 bc	1,33 c	4,96
Winterformen	3,80	1,26	3,03	1,55	3,81 b	1,41 b	5,37
convar. deficiens							
Sommerformen	3,73	1,26	3,81	1,39	3,77 bc	1,32 c	4,98
Winterformen	–	–	–	–	–	–	–
convar. labile							
Sommerformen	3,89	1,16	3,86	1,39	3,88 ab	1,27 d	4,93
Winterformen	–	–	–	–	–	–	–
Sommerformen	3,75	1,19	3,70	1,39	3,73 a	1,29 b	4,81
Winterformen	3,71	1,36	3,72	1,63	3,71 b	1,49 a	5,53

[1] Mittelwerte mit gleichen Buchstaben sind nicht signifikant unterschieden ($P < 0,05$)

Tabelle 4

Durchschnittliche Antherenlänge (mm) bei den Convarietäten der Kulturgerste

Convarietät	1971	1972	Mittelwerte aus 2 Jahren
convar. vulgare	2,87	3,15	3,01 c[1]
convar. intermedium	2,94	3,18	3,06 b
convar. distichon	3,04	3,34	3,19 a
convar. deficiens	3,11	3,17	3,14 a
convar. labile	2,85	3,20	3,02 bc
convar. vulgare			
Sommerformen	2,75	3,11	2,93 d
Winterformen	3,04	3,21	3,12 b
convar. intermedium			
Sommerformen	2,91	3,17	3,04 c
Winterformen	2,97	3,18	3,07 bc
convar. distichon			
Sommerformen	3,05	3,36	3,20 a
Winterformen	2,96	3,26	3,11 bc
convar. deficiens			
Sommerformen	3,11	3,17	3,14 ab
Winterformen	–	–	–
convar. labile			
Sommerformen	2,85	3,20	3,02 c
Winterformen	–	–	–
Sommerformen	2,85	3,17	3,01 b
Winterformen	3,03	3,22	3,12 a

[1] Mittelwerte mit gleichen Buchstaben sind nicht signifikant unterschieden ($P < 0{,}05$)

3. Antherenejektion

In unseren Untersuchungen wurde völlig geschlossenes Blühen nur bei Gersten, die schon in der Blattscheide abblühen, beobachtet. Sonst ejektierten meist, sogar bei sehr geschlossen blühenden Formen, einige Antheren, oder es traten im Verlauf der Trocknung bei der Lagerung einige Antheren aus. Eine vollständige Antherenejektion aus allen Blütchen wurde nicht gefunden, denn selbst bei dem allogamen *Hordeum bulbosum* waren einige Antheren zwischen den Spelzen verblieben (1972: 2,16 ejektierte Antheren je Blütchen).

Neben den jahıesbedingten gibt es in der Antherenejektion auch beträchtliche sippenbedingte Unterschiede, vor allem zwischen den Winter- und Sommersippen. Dabei kann bei der Wintergerste eine deutlich höhere Antherenejektion gefunden werden. Bei den Sippen der einzelnen Convarietäten kann eine Zunahme des offenen Blühens von den zweizeiligen Sippen mit stark reduzierten Seitenährchen (convar. *deficiens*) über die Intermediumtypen (convar. *intermedium*) zu den mehrzeiligen Sippen (convar. *vulgare*) beobachtet werden (Tabelle 5).

Tabelle 5

Durchschnittliche Antherenejektion bei den Convarietäten der Kulturgerste

Convarietät	1970	1971	1972	Mittelwert aus 3 Jahren
convar. vulgare	2,13	2,07	2,06	2,09 a[1]
convar. intermedium	2,11	2,10	1,93	2,05 a
convar. distichon	1,79	1,73	1,81	1,78 b
convar. deficiens	1,24	1,39	1,16	1,26 c
convar. labile	2,08	1,94	1,95	1,99 ab
convar. vulgare				
Sommerformen	1,97	1,92	1,86	1,92 de
Winterformen	2,36	2,29	2,35	2,33 a
convar. intermedium				
Sommerformen	1,91	2,03	1,62	1,85 ef
Winterformen	2,26	2,16	2,17	2,20 b
convar. distichon				
Sommerformen	1,72	1,69	1,70	1,70 f
Winterformen	2,07	1,92	2,21	2,07 c
convar. deficiens				
Sommerformen	1,24	1,39	1,16	1,26 g
Winterformen	–	–	–	–
convar. labile				
Sommerformen	2,08	1,94	1,95	1,99 cd
Winterformen	–	–	–	–
Sommerformen	1,89	1,86	1,80	1,85 b
Winterformen	2,33	2,25	2,31	2,30 a

[1] Mittelwerte mit gleichen Buchstaben sind nicht signifikant unterschieden ($P < 0,05$)

Diskussion

Verglichen mit dem von FAEGRI und VAN DER PIJL (1971) postulierten Syndrom der Anemophilie sind bei der autogamen Kulturgerste noch viele Merkmale einer anemophilen Art vorhanden. Die Stigmata sind oft stark gefiedert, und sie können bei sich öffnenden Blütchen leicht Pollen auffangen. Mehr oder weniger funktionstüchtige Lodiculae sind in der Lage, die Spelzen auseinanderzudrücken. Teilweise werden die Antheren zwischen den Spelzen hervorgeschoben und entlassen noch eine gewisse Menge des Pollens, der gut flugfähig ist. Ein Zusammenwirken dieser Merkmale fördert die Voraussetzungen für die Anemophilie. Allerdings sind die Merkmale der Anemophilie bei den autogamen Kulturgersten gegenüber allogamen Wildsippen deutlich zurückgebildet. So liegt der Ansatz aus Fremdbefruchtung bei der Kulturgerste meist unter 2% (vgl. Tabelle 1). Die Autogamie wird von manchen Autoren als eine Folge der Kultivierung und der Entfernung vom ursprünglichen Areal der Inkulturnahme (ZOHARY, 1967; D'SOUZA, 1970), oder sogar als eine Voraussetzung für die Entstehung der Kulturgeiste angesehen (ZOHARY, 1969), da sich durch die Autogamie wichtige rezessive Mutationen (z. B. die Zähigkeit der Spindel) erhalten konnten.

1. Stigmatagröße

Weit über den Spelzenraum hinausragende Stigmata, wie sie bei den Fremdbefruchtern *Secale cereale* L. und *Hordeum bulbosum* beobachtet werden können, sind als sehr günstige Voraussetzungen für die Allogamieneigung zu werten. Bei der Prüfung des Sortiments wurden solche Formen bei der Kulturgerste nicht gefunden. Sippen mit großen Stigmata konnten jedoch nachgewiesen werden.

Bei der Entstehung der autogamen Kulturgersten haben sich zwar die Stigmatamerkmale geändert, aber trotz der bei der Autogamie nicht mehr erforderlichen großen Stigmata zum sicheren Auffangen der Pollen blieben bei einigen Sippen Stigmata erhalten, die in der Größe kaum denen der allogamen Wildgersten nachstehen. Die Stigmatamerkmale bleiben relativ konstant, obwohl eine gewisse Reduktion im Laufe der Domestikation anzunehmen ist. Funktionstüchtige, gut ausgebildete Stigmata sind auch für autogame Gersten von Bedeutung, denn im Zusammenhang mit den einfachen, kaum gefiederten Stigmata mancher Kulturgerstensippen der var. *medicum* oder var. *rikotense* können beträchtliche Fertilitätsminderungen auftreten.

Die Untersuchungen weisen auf eine große Variationsbreite der Stigmatamerkmale hin, die besonders bei den Sommergersten beobachtet werden konnte. Das war, wegen der im allgemeinen geringeren Allogamieneigung der Sommergerste, trotz ihres weitaus größeren Formenreichtums nicht zu erwarten. Die durchschnittlich größere Stigmatafläche ist einer der Faktoren für die höhere Allogamieneigung der Wintergerste; sie trifft besonders für die Sippen der var. *hybernum* zu. Bei den Sommergersten kann man vor allem für Äthiopien aus dem von dort stammenden zweizeiligen lockerährigen Material mit guter Stigmataausbildung auf Gersten mit hoher Allogamieneigung schließen. Hinweise auf allogame Gersten aus dem äthiopischen Genzentrum finden sich bei FREISLEBEN (1940), SCHIEMANN (1948) und SPIROVA (1966). Solche Sippen erfordern daher auch für die sortenreine Erhaltung im Sortiment spezielle Aufmerksamkeit.

2. Antherenlänge

Besonders charakteristisch ist bei allen autogamen Anemophilen die Reduktion der Antherengröße. Bei *Bromus unioloides* H. B. K. treten beispielsweise in der bei diesen Pflanzen vorkommenden autogamen Generation sehr kurze Antheren, im Gegensatz zu den langen Antheren in der allogamen Generation, auf (RAGONESE und MARCÓ, 1941 und 1943). Große Antheren haben gleichzeitig eine hohe Pollenproduktion. Im Jahre 1972 wurde bei Gerste eine Korrelation zwischen der Antherenlänge und dem Pollengehalt der Antheren von $+0{,}91^{++}$

und im Durchschnitt dreier Jahre eine Korrelation von +0,45 ermittelt (siehe Tabelle 2). Die Größe der Antheren bei Kulturgerste ist im Verlauf ihrer Entwicklung offensichtlich mehr reduziert worden als die der Stigmata. Wahrscheinlich geht das Merkmal „lange Antheren" und die damit mögliche hohe Pollenproduktion bei fehlendem Selektionsdruck auf Allogamie ziemlich rasch verloren, da eine große Pollenproduktion bei Autogamen die Anzahl der Nachkommen nicht mehr fördert. – Anders verhalten sich die Stigmatamerkmale (vgl. vorhergehenden Abschnitt). – Andererseits ist aber aufgrund der offenbar vorhandenen Plastizität der Merkmale des Androeceums die Aussicht für eine gezielte Wiederherstellung einer für die Allogamie ausreichenden Antherengröße günstig, da Sippen mit wenig reduzierten Antheren vorhanden sind. Eine große Variabilität der Antherenlänge zeigt sich aus Angaben in der Literatur (Tabelle 6) und aus eigenen Ergebnissen, wobei besonders die zweizeiligen Sippen (convar. *distichon*) und davon wiederum die der var. *nutans* herausragen.

Tabelle 6

Angaben aus der Literatur zur Antherenlänge von *Hordeum*

Art	Antherenlänge (mm)	Autoren
Hordeum vulgare	3 (2–4,5)	ÅBERG und WIEBE (1946)
Hordeum vulgare	2,20–2,79	ROATH and HOCKETT (1971)
Hordeum vulgare		LANGE (1969)
diploid	3–4	
tetraploid	4–5	
Hordeum bulbosum		LANGE (1969)
diploid	6–7	
tetraploid	7–8	

Wie bei der Stigmatagröße zeichnen sich Gersten des äthiopischen Genzentrums durch gut entwickelte Antheren aus, die zur Allogamieneigung dieser Sippen beitragen.

3. Antherenejektion

Beim chasmogamen Blühen werden durch die schnell wachsenden Filamente die Antheren aus den Spelzen herausgeschoben. Je weiter sich die Spelzen spreizen, desto größer ist die Wahrscheinlichkeit, daß alle Antheren ins Freie gelangen können. Ist das Blühen beendet, befinden sich Antheren nur noch in jenen Blütchen, die sich zu kurze Zeit oder überhaupt nicht geöffnet haben. Die Antherenejektion ist damit ein Maß für die Chasmogamie.

Bei den Kulturgersten ist normalerweise aufgrund der allgemein geringen Neigung zur Allogamie die Anzahl der ejektierten Antheren relativ gering. Diese Tatsache wird durch PEDERSEN (1960) bestätigt, der bei verschiedenen Sommergerstensorten nur 9,3 bis 25,8% Blütchen mit vollständig ejektierten

Antheren beobachtete. Entsprechend fand IL'JASOV (1967) bei zweizeiligen Sommergersten 2,59 und bei mehrzeiligen 18,91% offene Blütchen, während mehrzeilige Wintergersten zu 50,12% offen blühten.

Bei den hier dargestellten Untersuchungen zeigte es sich, daß auch unter den Sommergersten Sippen mit einer wesentlich höheren Neigung zur Chasmogamie zu finden sind. Die allgemein hohe Antherenejektion ergibt sich aus der Auswahl des Materials; in den meisten Fällen wurden Sippen geprüft, bei denen ein verstärktes Heraustreten der Antheren während der Anthese zu beobachten war. Die jahresbedingten Unterschiede zwischen den Sippen der Convarietäten sind zwar gering, aber eine Tendenz zu jahresbedingten Unterschieden bei den einzelnen Sippen, wie sie auch bei den Stigmata- und Antherenmerkmalen beobachtet werden können, ist neben den Unterschieden zwischen den Sippen selbst unverkennbar.

Die Zunahme der Antherenejektion von den zweizeiligen zu den mehrzeiligen Gersten ist ein Hinweis darauf, daß besonders die Seitenzeilen zur Chasmogamie neigen. Bei *H. spontaneum* blühen die Seitenblütchen in der Regel offen. Sie enthalten jedoch nur Antheren und können zusätzlich Pollen bereitstellen. Möglicherweise hat sich das Merkmal „offenes Blühen" für die Seitenblütchen im Verlauf der Domestikation erhalten.

Die Unterschiede zwischen den Winter- und Sommersippen sind auf die Umweltbedingungen vor und während der Anthese zurückzuführen. Wintergersten kommen im allgemeinen früher zur Blüte. In dieser Zeit werden gewöhnlich relativ große Temperaturschwankungen und eine hohe Luftfeuchtigkeit beobachtet.

Sehr hoch ist die Neigung zur Chasmogamie bei *H. spontaneum*. Dagegen konnte bei *H.* × *agriocrithon* nur eine mittlere Antherenejektion (1,85) beobachtet werden. Viele „*hybernum*"-Gersten liegen in diesem Merkmale höher, obwohl besonders die Sippen vom Balkan und aus dem mittelasiatischen Gebiet, wo *H.* × *agriocrithon* auch vorkommt, bei uns relativ wenige Antheren ejektieren. – Chasmogame dichtährige Sippen konnten nur selten gefunden werden. Dafür gibt es eine einfache Erklärung. Durch die enge Aufeinanderfolge der Ährchen innerhalb der Ähre wird die Öffnung der Spelzen behindert und ist in extremen Fällen unmöglich. Außerdem neigen diese Gersten dazu, daß die Ähren in den Blattscheiden „abblühen".

Wegen der in der Literatur gefundenen Hinweise auf angeblich deutlich stärker offenes Blühen der nacktkörnigen Gersten (z. B. STEVENSON, 1928; HOFFMANN u. KUCKUCK 1938; SUNESON et al. 1971) wurden diese besonders beobachtet. An dem umfangreichen untersuchten Nacktgerstenmaterial konnten jedoch keine in besonderem Maße zur Chasmogamie neigenden Sippen gefunden werden. Die Ausprägung der Chasmogamie ist bei den Nacktgersten fast ebenso über den gesamten Variationsbereich verteilt wie bei den bespelzten Sippen.

Die besondere Bedeutung der Antherenejektion für das Ausmaß der Chasmogamie gestattet es, dieses Merkmal als Maß für die Chasmogamie zu verwenden, ohne daß noch andere Merkmale für eine erste Einschätzung hinzugezogen werden müßten. Zur Einschätzung der Allogamieneigung müssen jedoch die anderen, vorher genannten Merkmale beachtet werden.

Zusammenfassung

Zur Einschätzung der Allogamieneigung der Gerste wurde die Variabilität der für die Anemophilie bedeutenden Merkmale Stigmatagröße, Antherenlänge und Antherenejektion geprüft. In Voruntersuchungen an 5000 Sommer- und 1000 Wintergersten konnten 155 Sippen gefunden werden, die zur Chasmogamie neigen. Bei der autogamen Kulturgerste sind die Anemophiliemerkmale gegenüber den allogamen *Hordeum*-Species meist deutlich reduziert. Das betrifft besonders die Antherenlänge und die Antherenejektion, während die Stigmatagröße, die auch bei Autogamen den Ansatz und damit die Anzahl der Nachkommen beeinflußt, relativ wenig vermindert ist. In allen Merkmalen wurde eine große Variabilität der Komponenten der Anemophilie gefunden, auch bei der im allgemeinen strenger autogamen Sommergerste.

Summary

Some aspects of the tendency to allogamy and their variability in barley (*Hordeum vulgare* L. s. l.)

The variability of stigma size, anther length, and anther extrusion as important characters of anemophily was examined in barley to estimate its tendency to allogamy. 5000 spring and 1000 winter barleys were examined, 155 of which exhibited a tendency to chasmogamy. The characters of anemophily are reduced for the most part of autogamous cultivated barleys compared with allogamous *Hordeum* species, especially as to anther length (table 4) and anther extrusion (table 5). There is a relatively little reduction of stigma size (table 3), because this character influences the seed set and with this the number of offspring in autogamous species too. A comparatively high variability could be found for all characters of anemophily even in spring barley, which is in general stronger autogamous than winter barley.

Краткое содержание

Изменчивость некоторых компонентов склонности к аллогамии у культурного ячменя (*Hordeum vulgare* L. s. l.)

Для оценки склонности ячменя к аллогамии исследовалась изменчивость признаков, имеющих значение для анемофилии: величина рыльца, длина пыльника и его вскрытие. В предварительных опытах на 5000 яровых и 1000 озимых форм ячменей удалось найти 155 форм, склонных к хазмогамии. У автогамного культурного ячменя, в противоположность аллогамным видам рода *Hordeum*, признаки анемофилии значительно редуцированы. Это касается, главным образом, длины пыльников (табл. 4) и их вскрытия (табл. 5), тогда как величина рылец (табл. 3), которая и у автогамных форм влияет на завязывание и, тем самым, на количество потомства, оказалась относительно мало уменьшенной. Для всех признаков была найдена сильная изменчивость компонентов анемофилии, не только у озимого, но и у, вообще более автогамного, ярового ячменя.

Literatur

Åberg, E., and G. A. Wiebe, 1946: Classification of barley varieties grown in the United States and Canada in 1945. – U. S. Dept. Agr. Techn. Bull. *907*, 190pp.

D'Souza, L., 1970: Untersuchungen über die Eignung des Weizens als Pollenspender bei der Fremdbefruchtung, verglichen mit Roggen, *Triticale* und *Secalotricum*. – Z. Pflanzenzüchtg. *68*, 246–269.

Faegri, K., and L. van der Pijl, 1971: The Principles of Pollination Ecology. 2nd revised edition, Oxford, 291 pp.

Favret, E. A., 1961: Induced mutations for resistance in diseases. – Genetica Agraria *13*, 1–26.

Freisleben, R., 1940: Die Gersten und Weizen der Deutschen Hindukusch-Expedition 1935. – Angew. Botanik *22*, 105–132.

Harrington, J. B., 1932: Natural crossing in wheat, oats and barley at Saskatoon, Saskatchewan. – Sci. Agr. *12*, 470–483.

Hoffmann, W., und H. Kuckuck, 1938: Versuche zur Züchtung spelzenfreier, eiweißreicher und mehltauwiderstandsfähiger Gersten. – Z. Pflanzenzüchtg. *22*, 271–302.

Il'jasov, G. U., 1967: Izučenie nekotorych voprosov biologii cvetenija i embriogeneza jarovogo jačmenja. – Avtoreferat diss. na soiskanije učennoj stepeni kand. biol. nauk, Alma-Ata, 30 pp.

Jain, S. K., and R. W. Allard, 1960: Population studies in predominantly self-pollinated species. I. Evidence for heterozygote advantage in a closed population of barley. – Proc. Nat. Acad. Sci. U. S. A. *46*, 1371–1377.

Jain, S. K., and C. A. Suneson, 1963: Male sterility for increased outbreeding in populations of barley. – Nature *199*, 407–408.

Lange, W., 1969: Cytogenetisch en embryologisch onderzoeg aan kruisingen tussen *Hordeum vulgare* en H. *bulbosum*. – Centrum voor landbouwpublikaties en landbouwdokumentatie, Wageningen, 162 pp.

Mansfeld, R., 1950: Das morphologische System der Saatgerste, *Hordeum vulgare* L. s. l. – Züchter *20*, 8–24.

– 1959: Vorläufiges Verzeichnis landwirtschaftlich oder gärtnerisch kultivierter Pflanzenarten (mit Ausnahme von Zierpflanzen). – Kulturpflanze, Beiheft 2, 659 pp.

Omarov, D. S., 1973: Svobodnoe vetroopylenie osimogo jačmenja. – Sel'skochoz. Biol. *8*, 374–377.

Pedersen, P. N., 1960: Methods of testing the pseudo-resistance of barley to infection by loose smut (*Ustilago nuda*). – Acta Agr. Scand. *10*, 312–332.

RAGONESE, A. E., y P. R. MARCÓ, 1941: Observaciones sobre la biologia floral de la cebadilla criolla. – Revista Argent. Agron. *8*, 198–199.

–, –, 1943: Influencia del fotoperiodo sobre la formacion de flores cleistógamas y chasmógamas en cebadilla criolla. – Revista Argent. Agron. *10*, 178–185.

ROATH, W. W., and E. A. HOCKETT, 1971: Genetic male sterility in barley. III. Pollen and anther characteristics. – Crop Sci. *11*, 200–203.

ROBERTSON, D. W., and G. W. DEMING, 1931: Natural crossing in barley at Fort Collins, Colorado. – J. Amer. Soc. Agron. *23*, 402–406.

SCHIEMANN, E., 1948: III. *Hordeum* L. – Gerste. – In: Weizen, Roggen, Gerste – Systematik, Geschichte und Verwendung, Jena, 71–94.

SPIROVA, M., 1966: Za charaktera na cefteža na ečemka. – Rasteniev'dni Nauki *3* (5), 17–22.

STEVENSON, F. J., 1928: Natural crossing in barley. – J. Amer. Soc. Agron. *20*, 1193–1196.

STREL'ČENKO, T. I., 1959: K biologii cvetenija ozimogo jačmenja. – Agrobiologija *1959*, 458–460.

SUNESON, C. A., E. A. HOCKETT, R. F. ESLICK, V. R. STEWART, and G. A. WIEBE, 1971: A gene pool of naked seeded barleys (C. C. XVIII) for use in food or hybrid breeding programs. – In: R. A. NILAN (Edit.), Barley Genetics II, Proc. Second Intern. Barley Gen. Symp., Pullman, Wash., 32–34.

TOCHTUEV, A. V., 1955: Estestvennaja gibridizacija jačmenja v uslovijach Sibiri. – Agrobiologija 1955, 108–111.

UEKI, K., 1952: The percentage of natural crossing in Japanese barley (Jap., Engl. summary). – Proc. Crop. Sci. Japan *21*, 37–38.

VESTERGAARD, H. A. B., 1915: Iagttagelser verdrørende forskellige Forhold og Egenskaber hos Byg. – Tidskr. Planteavl. *22*, 335–348.

ZOHARY, D., 1967: Disruptive selection, pollination systems and the origin of world cultivated cereals. – Cienc. Cult. *19*, 218.

– 1969: The progenitors of wheat and barley in relation to domestication and agricultural dispersal in the Old World. – In: UCKO, P. J., and G. W. DIMBLEBY (Edit.), The Domestication and Exploitation of Plants and Animals, London, 47–66.

Kulturpflanze XXIII · 1975 · S. 181—188

Verteilung einiger Aminosäuren in der Gerstenkaryopse

JOACHIM KRUSE, ARMIN RUDOLPH, BERNHARD SCHLESIER und SIEGFRIED DANERT†

(Eingegangen am 5. Februar 1975)

Das Endosperm der Gerstenkaryopse zeigt sowohl hinsichtlich seiner Speicherfunktion wie auch im Hinblick auf die anatomische Struktur eine deutliche Differenzierung, die die eindeutige Unterscheidung eines stärkereicheren sowie eines besonders eiweißreichen Endospermanteiles erlaubt. Hieraus ergibt sich die Möglichkeit, den annähernden relativen Anteil der eiweißreichen Aleuronschicht durch verhältnismäßig einfache anatomische Untersuchungen zu ermitteln. Die Untersuchungen von POSTEL (1957) zeigten, daß in den äußeren Kornschichten eine annähernd doppelt so hohe Eiweißkonzentration zu erwarten ist, wie in den inneren Kornbereichen. Es ist deshalb naheliegend, dieses Verfahren auch für eine Selektion eiweißreicher Getreidesippen anzuwenden, worauf u. a. auch KOSTOFF und Mitarb. (1951) und MUNCK (1970) aufmerksam machen. Besonders erfolgversprechend erscheint diese Selektionsmethode bei der Gerste, bei der sowohl größere Unterschiede hinsichtlich der Anzahl der Aleuronzellschichten, die hier 2–5 beträgt, wie auch der Aleuronschichtdicke, die 40–130 μm umfassen kann, auftreten.

Unsere ersten Untersuchungen (KRUSE und Mitarb., 1972), die sowohl an größeren Kornproben mit einheitlicher Aleuronschichtdicke wie auch an anatomisch geprüften Einzelkörnern durchgeführt wurden, ergaben hinsichtlich des Rohproteingehaltes sowie auch im Hinblick auf den Gehalt bestimmter einzelner Aminosäuren keinen Hinweis auf eine Korrelation mit der Aleuronschichtdicke. Ein ähnliches Resultat erhielten wir auch bei der Berücksichtigung der bei verschiedenen Sippen auftretenden, relativ eiweißreichen Subaleuronschicht. Dieses Ergebnis läßt erkennen, daß entweder die Eiweißkonzentration der Aleuronschicht größeren Schwankungen unterliegt, so daß die Dicke dieses Organs keinen Schluß auf dessen Eiweißgehalt zuläßt oder daß andere Gewebe des Kornes den Eiweißgehalt des Gesamtkornes ebenfalls in stärkerem Maße variieren, so daß der Einfluß der Aleuronschichtdicke nicht deutlich erkennbar wird. Um diese Frage zu klären, mußten die unterschiedlichen Speicherorgane jedes Einzelkorns getrennt untersucht werden, wobei wir uns wegen der ernährungsphysiologischen Bedeutung des Lysins insbesondere auf das Vorkommen dieser Aminosäure konzentrierten. Hierbei sollte vor allem auch der Einfluß des Embryos auf den Lysingehalt des Gesamtkornes geprüft werden. Diese Untersuchungen (KRUSE und Mitarb., 1973), bei denen die Aleuronschicht, der Mehlkörper und der Embryo jedes Kornes getrennt getestet wurden, ließen starke Schwankungen der prozentualen Gewichtsanteile wie auch der Lysinkonzentration der vergleichbaren Kornfraktionen deutlich werden.

Die vorliegenden Untersuchungen sollen diese Ergebnisse an einem breiteren Material überprüfen. Als Untersuchungsmaterial dienten die Gerstensippen AC 736 und 2479 sowie Körner, die aus einer Kreuzung beider Sippen hervorgingen. Die geprüften Körner wurden 19 Stunden bei wenigen Grad oberhalb des Gefrierpunktes in Aqua dest. gequollen, so daß der Mehlkörper der Körner soweit erweicht wurde, daß eine Präparation möglich war. Anschließend erfolgte die Trennung in Embryo, Mehlkörper und Aleuronschicht mit einem schmalen, feingeschliffenen Spatel, wobei jeder unmittelbare Kontakt sorgfältig vermieden wurde, um eine Verunreinigung der Untersuchungsproben zu verhindern. Bei der Präparation wurde jedes Korn zunächst durch einen Längsschnitt entlang der Bauchfurche in 2 Teile zerlegt. Die weitere Präparation erfolgte unter dem Präpariermikroskop bei 16–25facher Vergrößerung. Als erste Fraktion wurde das Embryogewebe abgetrennt, das sich infolge seiner klaren Abgrenzung gegenüber dem Endosperm leicht aus den beiden Kornhälften herauslösen läßt. Um die Aleuronschicht des verbleibenden Kornanteiles flach ausbreiten zu können, wurde dieser durch einen kurzen Längsschnitt an beiden Enden der Kornhälften aufgetrennt, so daß der infolge der Quellung relativ weiche Mehlkörper durch sehr vorsichtiges Schaben sauber von der harten Aleuronschicht gelöst werden konnte. Hierbei mußten die Kornhälften wegen der zunehmenden Austrocknung mehrmals mit wenigen Tropfen Aqua dest. angefeuchtet werden. Anschließend wurde die Aleuronschicht von äußeren Korn- und Spelzenschichten befreit. Die Trocknung der 3 Fraktionen jedes Kornes wurde bei 60 °C bis zur Gewichtskonstanz vorgenommen. Die Messung der Aminosäuren Lysin, Histidin und Arginin erfolgte nach der von MOORE, SPACKMAN und STEIN entwickelten Methode mit Hilfe eines Aminosäure-Analysators der ČSSR-Produktion Typ AAA 4020 bzw. AAA 881. Die Stickstoffbestimmungen wurden nach KJELDAHL mit einem modifizierten Mikroverfahren von FLECK und MUNRO durchgeführt.

Tabelle 1

	Embryo	Aleuronschicht	Mehlkörper
durchschnittlicher prozentualer Gewichtsanteil	5,5 %	12,2 %	82,2 %
durchschnittlicher prozentualer Lysinanteil	20,0 %	18,9 %	61,0 %

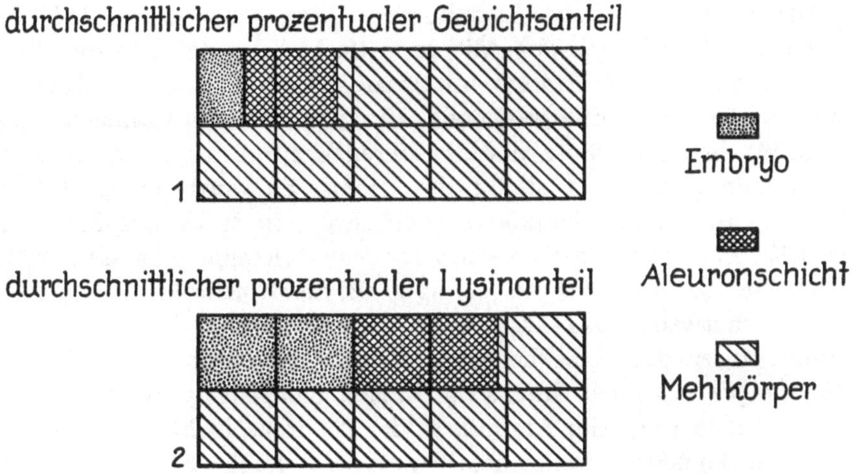

Abb. 1 Durchschnittlicher prozentualer Gewichts- und Lysinanteil der untersuchten Kornfraktionen

Die getrennte Analyse der unterschiedlichen Speicherorgane, die an 35 Einzelkornproben durchgeführt wurde, ergab starke Unterschiede im Lysingehalt sowie in dem Gehalt anderer basischer Aminosäuren (Tabelle 1). Hiernach sind im Embryo durchschnittlich etwa 20%, in der Aleuronschicht 19% und im Mehlkörper 61% des gesamten Lysins enthalten (Abb. 1, Fig. 2). Dieses bestätigt eindeutig die Befunde unserer früheren Analysen, wonach etwa 40% des Lysins im Embryo und in der Aleuronschicht vorkommen, während in dem relativ großen Mehlkörper nur annähernd 60% des Lysins gespeichert sind. Ähnlich hohe Lysinanteile des Embryos (11,4–20,7%) fand Munck (1970). Berücksichtigt man die geringen prozentualen Gewichtsanteile des Embryos und der Aleuronschicht am Gesamtkorn, die bei unseren Untersuchungen durchschnittlich 5,5% bzw. 12,2%, d. h. insgesamt weniger als 20% des Korngewichtes betragen (Abb. 1, Fig. 1), so wird deutlich, daß, verglichen mit dem Mehlkörper, sowohl im Embryo als auch in der Aleuronschicht relativ hohe Lysinkonzentrationen zu erwarten sind, während bei dem Mehlkörper, der durchschnittlich etwa 82% des Gesamtgewichtes umfaßt, nur mit geringen Lysinkonzentrationen zu rechnen ist.

Tabelle 2

	Embryo	Aleuronschicht	Mehlkörper
durchschnittliche Lysin-Konzentration	25,0 mg/g	10,8 mg/g	5,3 mg/g
durchschnittliche Histidin-Konzentration	11,0 mg/g	6,1 mg/g	3,8 mg/g
durchschnittliche Arginin-Konzentration	29,0 mg/g	15,8 mg/g	6,9 mg/g

Die durchschnittliche Lysinkonzentration der Aleuronschicht (Tab. 2) erreicht mit 10,8 mg/g etwa die doppelte Höhe, verglichen mit der des Mehlkörpers, während der Embryo mit 25 mg/g sogar die annähernd 5fache Konzentration aufweist. Entsprechende Konzentrationsabstufungen ergeben sich auch für die Aminosäure Histidin, deren Konzentration jedoch in allen Kornfraktionen geringer ist als die des Lysins. So wurde in der Aleuronschicht, im Gegensatz zum Mehlkörper, der durchschnittlich nur 3,8 mg/g Histidin enthält, eine Histidin-Konzentration von 6,1 mg/g gemessen, während sich auch hier der Embryo mit 11 mg/g als die Kornfraktion mit den höchsten Werten ausweist. Das Arginin zeichnet sich unter den geprüften basischen Aminosäuren durch die höchsten Konzentrationswerte aus. Ausgehend vom Mehlkörper mit einer durchschnittlichen Konzentration von 6,9 mg/g findet sich, ähnlich wie beim Arginin, in der Aleuronschicht mit 15,8 mg/g die annähernd doppelte sowie in dem Embryo die 4fache Konzentrationshöhe.

Tabelle 3

	Embryo	Aleuronschicht	Mehlkörper
prozentualer Gewichtsanteil	4,3– 7,0 %	9,4–15,8 %	77,9–85,5 %
prozentualer Lysinanteil	13,8–27,4 %	12,8–28,7 %	44,7–71,5 %

Aus dem durchschnittlichen Speichervermögen der einzelnen Fraktionen der Gerstenkaryopse ergibt sich die Frage nach der Streuungsbreite der Einzelwerte, d. h. die Frage, in welchem Umfang die Einzelwerte von den angegebenen Durchschnittswerten im Extremfall abweichen. Betrachtet man die prozentualen Gewichtsanteile der Kornfraktionen, so ergeben sich vor allem bei den für die Eiweißspeicherung besonders wichtigen Geweben hinsichtlich der Einzelwerte erhebliche Unterschiede (Tab. 3). So kann der Embryo-Anteil am Gesamtgewicht des Kornes 4,3–7% betragen (Abb. 2, Fig. 1 u. 2), während auf den Aleuronschicht-Anteil 9,4–15,8% des Gesamtkornes (Abb. 2, Fig. 3 u. 4) entfallen. Der Anteil des Mehlkörpers bewegt sich im Bereich von 77,9–85,5% (Abb. 2, Fig. 5 u. 6). Bei der prozentualen Verteilung des Lysingehaltes ergeben sich durch den Vergleich der untersuchten Einzelkörner teilweise noch beträchtlichere Unterschiede, so daß der relative Anteil lysinreicherer Proben bei manchen Kornfraktionen annähernd doppelt so hoch ist wie der lysinärmerer Proben. Dieses zeigt sich sowohl bei dem Embryo, der 13,8–27,4% des Gesamtlysins enthalten kann (Abb. 2, Fig. 7 u. 8), wie auch bei der Aleuronschicht, deren relativer Anteil sich bei unseren Untersuchungen zwischen 12,8 und 28,7% bewegt (Abb. 2, Fig. 9 u. 10). Ebenso lassen die prozentualen Lysin-Anteile des Mehlkörpers mit 44,7–71,5% eine erhebliche Streuungsbreite erkennen (Abb. 2, Fig. 11 u. 12).

Eine wichtige Voraussetzung für die Selektion eiweißreicher Sippen auf Grund anatomischer Befunde ist die annähernde Konstanz der Eiweißkon-

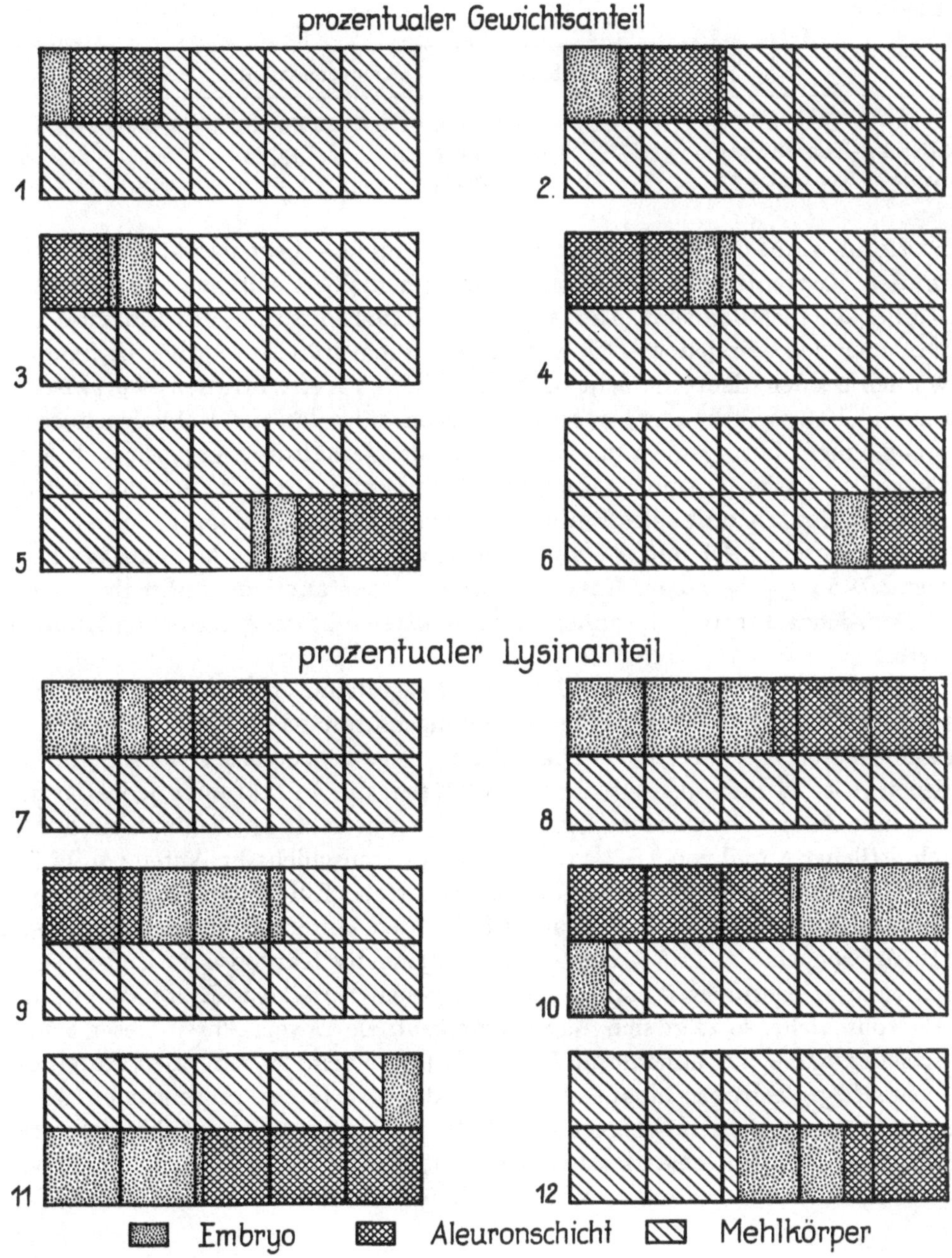

Abb. 2 Prozentualer Gewichts- und Lysinanteil der Fraktionen verschiedener Einzelkörner

zentration bzw. der Konzentrationen bestimmter Aminosäuren in den verschiedenen Speicherorganen des Getreidekornes. Betrachtet man unsere Ergebnisse unter diesem Gesichtspunkt so findet man, daß – ähnlich wie auch

Tabelle 4

	Embryo	Aleuronschicht	Mehlkörper
Lysin-Konzentration	18,9–30,0 mg/g	6,9–12,2 mg/g	3,1–8,3 mg/g
Histidin-Konzentration	8,8–15,2 mg/g	4,1–7,7 mg/g	2,7–5,0 mg/g
Arginin-Konzentration	19,9–36,7 mg/g	10,2–22,9 mg/g	4,4–9,3 mg/g

im Hinblick auf die prozentualen Gewichts-Anteile – bedeutende Unterschiede in der Konzentration der Aminosäuren homologer Organe verschiedener Körner festzustellen sind (Tab. 4). Die Lysinkonzentration des Embryos umfaßt hier den Bereich von 18,9–30 mg/g. Noch größere relative Differenzen wurden bei der Aleuronschicht beobachtet, deren Konzentration sich zwischen 6,9 und 12,2 mg/g bewegt, während die Konzentration des Mehlkörpers sogar 3,1–8,3 mg/g betragen kann. Entsprechende Verhältnisse ergeben sich auch für andere basische Aminosäuren, wie Arginin und Histidin. So schwankt die Histidin-Konzentration des Embryos zwischen 8,8 und 15,2 mg/g, der Aleuronschicht zwischen 4,1 und 7,7 mg/g, die Konzentration des Mehlkörpers kann hier 2,7–5 mg/g betragen. Entsprechend erreichen auch die Optimalwerte der Arginin-Konzentration die annähernd doppelte Höhe der gemessenen Minimalwerte.

Die vorliegenden Ergebnisse legen die Frage nahe, inwieweit sich hinsichtlich des Eiweißgehaltes ähnliche Verteilungsmuster wie bei den untersuchten Aminosäuren ergeben. Wir prüften hierzu einige Einzelkörner (6 Proben), von denen, wie bei den oben erwähnten Analysen, die 3 Fraktionen jedes Kornes getrennt untersucht wurden (Tab. 5). Hierbei wurde für den Embryo ein durchschnittlicher Anteil von 9,8% sowie für die Aleuronschicht ein Anteil von 12,5% am Stickstoffgehalt des Gesamtkornes ermittelt. Ein ähnlicher prozentualer Anteil des Embryoproteins ergab sich bei den Untersuchungen von Munck (1970), wonach 5,4–11,5% des Gesamtproteins der Karyopse im Embryo enthalten sind. Betrachtet man den gemeinsamen Anteil des Embryos und der Aleuronschicht, so zeigt sich, daß der prozentuale Eiweiß-Anteil dieser beiden Speicherorgane mit annähernd 22% weit unter dem prozentualen Anteil des Lysins liegt. Darüber hinaus sind die Extremwerte der prozentualen Stickstoff-Anteile bedeutend stärker dem Mittelwert angenähert als dieses für den prozentualen Lysingehalt festzustellen war, was sich jedoch auch aus der viel geringeren Anzahl der untersuchten Proben erklären könnte.

Tabelle 5

	Embryo	Aleuronschicht	Mehlkörper
prozentualer Stickstoffanteil	7,2–11,7%	10,1–13,7%	75,3–79,8%
durchschnittlicher prozentualer Stickstoffanteil	9,8%	12,5%	77,8%

Wie die vorliegenden Untersuchungen zeigen, zeichnen sich die verschiedenen Speicherorgane der Gerstenkaryopse durch sehr unterschiedliche Konzentrationen im Hinblick auf die Aminosäuren Lysin, Histidin und Arginin aus, wobei sich eine relativ hohe Speicherkapazität für den Embryo sowie für die Aleuronschicht ergibt. Die starke Streuung, die sowohl hinsichtlich der prozentualen Gewichtsanteile wie auch der Konzentrationen der untersuchten Aminosäuren beobachtet wurde, stellt die Zweckmäßigkeit einer Selektion nach rein anatomischen Merkmalen teilweise in Frage. Es sind Beispiele bekannt, wie sie von Wolf und Mitarbeitern (1972) vom Mais beschrieben wurden, bei denen die Vergrößerung der Aleuronschicht zu einer Erhöhung der Lysinkonzentration des Gesamtkornes führte; jedoch muß ebenso mit der Möglichkeit gerechnet werden, daß die Vergrößerung eines Speicherorgans mit einer Konzentrationsabnahme verbunden sein kann, wie dieses von Bjarnason und Pollmer (1972) teilweise beim Maisembryo beobachtet wurde. Wie unsere Untersuchungen zeigen, muß auch bei der Karyopse der Gerste mit entsprechenden Schwierigkeiten gerechnet werden. Die Auslese von Korntypen mit einer hohen Anzahl von Aleuronzellschichten oder einer großen Aleuronschichtdicke gibt somit wegen der unbekannten Lysinkonzentration dieses Kornanteiles und auch anderer Speichergewebe des Kornes sowie wegen der mit anatomischen Methoden nur schwer beurteilbaren Gewichtsanteile der einzelnen Kornfraktionen keine hinreichende Sicherheit für eine hohe Lysinkonzentration des Gesamtkornes. In welchem Umfange diese Verhältnisse für den Eiweißgehalt zutreffen, muß durch weitere Untersuchungen geprüft werden.

Frau U. Nagel danken wir für ihre Hilfe bei der rechnerischen Auswertung der Untersuchungsergebnisse. Für die Anfertigung der Zeichnungen danken wir Frl. R. Kilian.

Zusammenfassung

Es wurde die Konzentration der Aminosäuren Lysin, Arginin und Histidin in den verschiedenen Geweben der Gerstenkaryopse untersucht. Die Auftrennung der Einzelkornproben in Embryo, Aleuronschicht und Mehlkörper wurde unter dem Präpariermikroskop vorgenommen. Die Analysen ergaben starke Schwankungen der prozentualen Gewichtsanteile sowie der Aminosäurekonzentrationen der einzelnen Kornfraktionen. Der Embryo und die Aleuronschicht, auf die insgesamt nur annähernd 20% des Gesamtgewichts entfallen, enthalten durchschnittlich etwa 40% des Lysins.

Summary

Distribution of some amino acids in the barley caryopse

The concentration of the amino acids lysine, histidine, and arginine, existing in the different tissues of the barley caryopses, was investigated. The caryopses were separated into the embryo, the aleurone layer and the starchy portion of the endosperm by means of the dissecting microscope. The analysis showed great variations in the amino acid concentration as well as in the percentage of the weight of the different parts. The embryo and the aleurone layer, amounting to only about 20% of the total grain weight, contain about 40% of the lysine on an average.

Краткое содержание

Распределение некоторых аминокислот в зерновке ячменя

Исследуется концентрация аминокислот лизина, аргинина и гистидина в различных тканях зерновки ячменя. Отдельные пробы зерен расчленялись на зародыш, алейроновый слой и мучнистую часть эндосперма под препаровочным микроскопом. Анализ обнаружил сильные колебания весовых долей и концентрации аминокислот в отдельных фракциях зерна. Зародыш и алейроновый слой, составляющие примерно 20% общего веса, содержали в среднем 40% лизина.

Literatur

BJARNASON, M., and W. G. POLLMER, 1972: The maize germ: its role as a contributing factor to protein quantity and quality. – Z. Pflanzenzücht. *68*, 83–89.

KOSTOFF, D., M. STOYLOFF, G. STERIKOFF, I. GRIGPROFF und B. RONKOFF, 1951: Untersuchungen über die Aleuronschicht. – Z. Pflanzenzücht. *29*, 107–109.

KRUSE, J., S. DANERT, P. HANELT, J. HELM, CHR. LEHMANN, A. RUDOLPH, F. SCHOLZ, J. SCHULTZE-MOTEL und M. SIEGEL, 1972: Aleuronschichten und Aminosäuregehalt bei der Gerste. – Kulturpflanze *19*, 427–438.

KRUSE, J., S. DANERT und A. RUDOLPH, 1973: Die Lysinverteilung in der Karyopse der Gerste. – Tag.-Ber. Akad. Landwirtsch.-Wiss. DDR *122*, 289–296.

MUNCK, L., 1970: Increasing the nutritional value in cereal protein. – International Atomic Energy Agency (IAEA-SM *132*/14) 319–330, Vienna.

POSTEL, W., 1957: Studien über exogene Aminosäuren in differenzierten Zonen von Gerstenkaryopsen ökologisch verschiedener Standorte. – Z. Pflanzenzücht. *37*, 113–126.

WOLF, M. J., H. C. CUTLER, M. S. ZUBER and U. KHOO, 1972: Maize with multilayer aleurone of high protein content. – Crop Sci. *12*, 440–442.

Kulturpflanze XXIII · 1975 · S. 189—205

Literatur über archäologische Kulturpflanzenreste (1973/1974)

JÜRGEN SCHULTZE-MOTEL

(Eingegangen am 6. Februar 1975)

Mit der vorliegenden Bibliographie wurde versucht, die Literatur über archäologische Kulturpflanzenreste aus den Jahren 1973/1974 zusammenzustellen. Sie enthält auch Veröffentlichungen früherer Jahre, die in den vorangegangenen Bibliographien nicht erfaßt worden waren (vgl. SCHULTZE-MOTEL 1968, 1971, 1972a, 1972b, 1973, 1975). Durch mehrmonatige Krankheit bedingt, weist diese Ausgabe der Bibliographie besonders viele Lücken auf. Trotz dieser Lückenhaftigkeit wird das gesammelte Material veröffentlicht, um die Kontinuität der Bibliographie zu gewährleisten.

Wieder bin ich Herrn Direktor Dr. H. BEHRENS, Herrn W. MATTHIAS und der Bibliothekarin Frau V. SCHNEIDER vom Landesmuseum für Vorgeschichte Halle/S. für ihre Unterstützung beim Auffinden der Literatur zu besonderem Dank verpflichtet. Für zahlreiche Hinweise auf Literaturstellen bin ich auch Frau Dr. M. HOPF (Römisch-Germanisches Zentralmuseum Mainz) sehr dankbar. Herrn Dr. B. FREDSKILD (Grønlands Botaniske Undersøgelse, København) danke ich für Xerokopien mehrerer schwer zugänglicher Arbeiten. Auch allen anderen Kollegen, die durch Übersendung von Sonderdrucken und durch Hinweise auf versteckte Literaturstellen meine Arbeit erleichterten, schulde ich großen Dank.

Im Mai 1974 fand in Kraków (VR Polen) das III. Symposium der Internationalen Arbeitsgruppe für Paläoethnobotanik statt. Neben zahlreichen Fachvorträgen, die in einem Sonderband der Zeitschrift „Folia Quaternaria" zum Abdruck kommen, wurden in einem Vortrag Vorschläge zur Verbesserung der Arbeit mit der paläoethnobotanischen Literatur gemacht. Es ist zu hoffen, daß bei Beachtung dieser Vorschläge durch alle Fachkollegen Fortschritte und Erleichterungen bei der Literaturarbeit erzielt werden.

Es folgen nun die Einzelangaben zu den alphabetisch angeordneten Arten.

Anethum graveolens L., Dill

Zwischen zahlreichen römerzeitlichen Pflanzenresten aus einem Brunnen in Butzbach (Hessen) fanden sich auch 18 Teilfrüchte des Dills (KNÖRZER 1973a).

Avena nuda Höjer s. lat. (*A. strigosa* Schreb.), Sandhafer

In einer Fundschicht aus der Zeit um 1000 u. Z. in der Kirche von Middels/Ostfriesland trat u. a. Sandhafer auf (Behre 1973).

Avena sativa L., Hafer

Reste des Saathafers wurden an folgenden Stellen festgestellt: Červeník, Hallstattzeit und Tupá Skala, Latènezeit, ČSSR (Hajnalová 1973); eisenzeitliche Keramik, Barley, Hertfordshire und Wandlebury, Cambridgeshire (Renfrew 1965); Eisenzeit, Frixheim-Anstel, Kr. Grevenbroich (Knörzer 1974b); jüngere vorrömische Eisenzeit, Hetzdorf, Kr. Strasburg, Mecklenburg (Lange 1972); 2.–4. Jh. u. Z., Černjachov-Kultur, Ukraine (Januševič 1973); um 1000 u. Z., Kirche von Middels, Ostfriesland (Behre 1973); frühes Mittelalter (etwa 10. Jh.), Braunschweig (Willerding 1973); 17. Jh., V. Skrävlinge bei Malmö, Schweden (Hjelmqvist 1973a).

Avena sterilis L.

Aus dem Neolithikum Griechenlands erwähnt Renfrew (1973) das Vorkommen dieser Hafer-Art.

Beta vulgaris L., Runkelrübe, Mangold

Unter zahlreichen römerzeitlichen Pflanzenresten, die aus einem Brunnen in Butzbach/Hessen geborgen wurden, traten auch einige Fruchtknäuel dieser Kulturpflanzenart auf (Knörzer 1973a).

Camelina sativa (L.) Crantz, Leindotter

Unter eisenzeitlichen Pflanzenresten aus Frixheim-Anstel (Kr. Grevenbroich) fanden sich 172 Samen des Leindotters (Knörzer 1974b). Auch in späthallstattzeitlichen Schichten von Langweiler (Kr. Düren) konnte Knörzer (1973c) diese Art nachweisen.

Unter Getreideresten aus der jüngeren vorrömischen Eisenzeit von Hetzdorf, Kr. Strasburg (Mecklenburg) traten auch 5 Samen des Leindotters auf (Lange 1972). Einen verkohlten Samen des Leindotters erwähnt Knörzer (1973a) aus einem römerzeitlichen Brunnen in Butzbach (Hessen).

Canavalia ensiformis (L.) DC., Schwertbohne

Bei Ausgrabungen südlich von Tucson (Arizona) kamen auch Reste der Schwertbohne zutage, die aus der Zeit 700–1200 u. Z. stammen (Bohrer, Cutler und Sauer 1969).

Cannabis sativa L., Hanf

Das Schalenbruchstück einer Frucht des Hanfes fand sich unter römerzeitlichen Pflanzenresten aus einem Brunnen in Butzbach, Hessen (Knörzer 1973a). An Keramik der Černjachov-Kultur (2.-4. Jh. u. Z.) eines Fundplatzes aus der Ukrainischen SSR konnten einige Abdrücke des Hanfes festgestellt werden (Januševič 1973).

Carthamus tinctorius L., Saflor

Zwischen zahlreichen anderen Kulturpflanzenresten fand sich in Schichten des 4. Jh. v. u. Z. in der Nekropolis von Salamis (Zypern) auch eine unvollständige Frucht des Saflors (Hjelmqvist 1973c).

Cicer arietinum L., Kichererbse

In Schichten von Korucutepe (Türkei) aus der Zeit von 4500–3000 v. u. Z. sowie 2600–2300 v. u. Z. traten neben vielen anderen Kulturpflanzenresten auch einzelne Kichererbsen auf (van Zeist und Heeres 1974). Aus der Nekropolis von Salamis (Zypern) beschreibt Hjelmqvist (1973c) drei verkohlte Samen dieser Art aus dem 4. Jh. v. u. Z.

Die archäologischen Funde in Indien hat Vishnu-Mittre (1974) kurz zusammengestellt. Die Domestikation der Kichererbse behandeln Zohary und Hopf (1973).

Coriandrum sativum L., Koriander

Aus dem Neolithikum Griechenlands erwähnt Renfrew (1973) das Vorkommen des Korianders. Unter zahlreichen römerzeitlichen Pflanzenresten aus einem Brunnen in Butzbach (Hessen) kamen auch vier Teilfrüchte des Korianders vor (Knörzer 1973a).

Crataegus azarolus L., Welsche Mispel

Unter neolithischen Kulturpflanzenresten, die in Korucutepe (Türkei) ausgegraben wurden, traten einige Früchte der Welschen Mispel auf (van Zeist und Heeres 1974). Diese Art, ein kleiner Baum, kommt heutzutage im Mittelmeergebiet auch als Kulturpflanze vor. Die genannten Früchte dürften aber von Wildpflanzen gesammelt worden sein.

Cucumis sativus L., Gurke

Reste der Gurke fanden sich in Schichten des 10./11. Jh. in Poznań, VR Polen (Klichowska 1974).

Dolichos biflorus L., Pferdebohne

Einige Funde der Pferdebohne in Indien erwähnt Vishnu-Mittre (1974).

Eleusine coracan (L.) Gaertn., Korakan

Verkohlte Körner dieser Hirseart nennt Vishnu-Mittre (1974) aus dem Neolithikum von Hallur (Mysore, Indien).

Ficus carica L., Feige

Feigenkerne fanden sich in einem römerzeitlichen Brunnen in Butzbach, Hessen (Knörzer 1973a).

Ficus sycomorus L., Sykomore, Eselsfeige, Maulbeerfeige

Die obere Hälfte eines verkohlten Fruchtstandes einer Sykomore sowie kleinere Fragmente hat Hjelmqvist (1973c) in Schichten des 4. Jh. v. u. Z. in der Nekropolis von Salamis (Zypern) nachgewiesen.

Gossypium L., Baumwolle

Verkohlte Samen der Baumwolle (*Gossypium* sp.) aus der Zeit von 100–300 u. Z. hat Bohrer (1970) in Snaketown, Süd-Arizona, nachgewiesen. Von einem anderen Fundort in Arizona (Point of Pines Ruin) nennt Bohrer (1973) das Vorkommen verkohlter Samen von *Gossypium hirsutun* L. in Schichten des 13. Jahrhunderts.

Mit den Möglichkeiten einer botanischen Bestimmung von archäologischen Baumwollresten setzt sich Stephens (1970) auseinander.

Hordeum spontaneum Koch

In Umm Dabaghiyah (Irak) wies Helbaek (1972) in neolithischen Schichten (early ceramic) ein 5,8 mm langes und 2,2 mm breites Korn der Wildgerste nach.

Hordeum vulgare L. s. lat., Saatgerste

Die zahlreichen Nachweise dieses Getreides seien nur aufgezählt: Neolithikum (early ceramic), Umm Dabaghiyah, Irak (Helbaek 1972); Neolithikum, Malta (Helbaek 1966); Neolithikum, Griechenland (Renfrew 1973); Bandkeramik, Higher Vistula Basin, VR Polen (Kulczycka-Leciejewiczowa 1973); Keramik der Trichterbecherkultur, Gristow, Kr. Greifswald (Nilius 1973); oberes Neolithikum, Baudinard, Süd-Frankreich (Erroux in Courtin und Pélouard 1971); Schichten verschiedener Zeitstellung (4500–3000 v. u. Z., 2600–2300 v. u. Z., 1800–1200 v. u. Z., 1200–1400 u. Z.), Korucutepe, Türkei (van Zeist und Heeres 1974); 1200–600 v. u. Z., Atranji Khera, Uttar Pradesh, Indien (Buth und Chowdhury 1973); Bronzezeit, Gottesberg-Süd, Berlin-Wittenau (Willerding in Wettstädt 1973); Bronzezeit, Languedoc Oriental, Süd-Frankreich (Erroux 1972); Bronzezeit (etwa 1370 v. u. Z.), Bruszczewo, VR Polen (Klichowska 1971); ältere Bronzezeit, Spišský Štvrtok, Ost-Slowakei, ČSSR (Hajnalová 1972); Keramik der älteren Bronzezeit, Schonen, Schweden (Hjelmqvist 1973b); Urnenfelderzeit, St. Fridolinsmünster in Säckingen, Baden (Hopf in Gersbach 1969); späte Bronzezeit, Ouroux-Maray, Saône-et-Loire, Frankreich (Bonnamour 1974); Eisenzeit, Frixheim-Anstel, Kr. Grevenbroich (Knörzer 1974b); eisenzeitliche Keramik, Barley, Hertfordshire und Wandlebury, Cambridgeshire (Renfrew 1965); Eisenzeit, Nord-Spanien (Hopf 1973b); späte Hallstattzeit, Langweiler, Kr. Düren (Knörzer 1973c); attisch-geometrische Kanne, 8. Jh. v. u. Z. (Hopf 1974); jüngere vorrömische Eisenzeit, Hetzdorf, Kr. Strasburg, Mecklenburg (Lange 1972); 4. Jh. v. u. Z., Nekropolis von Salamis, Zypern (Hjelmqvist 1973c); Römerzeit, Butzbach, Hessen (Knörzer 1973a); Keramik der ersten Hälfte des ersten Jahrt. u. Z., Karpaten-Vorland (Vakulenko und Januševič 1974); 2.–4. Jh. u. Z., Černjachov-Kultur, Ukrainische SSR (Januševič 1973); 10. Jh., Fyrkat, Jütland (Helbaek 1975); um 1000 u. Z., Kirche von Middels/Ostfriesland (Behre 1973); Slawenzeit, Borchelt bei Tornow, Kr. Calau (Lange 1973b); frühes Mittelalter (etwa 10. Jh.), Braunschweig (Willerding 1973); Mittelalter, Bánov, SO-Mähren, ČSSR (OPRAVIL 1974); 17. Jh., V. Skrävlinge bei Malmö, Schweden (HJELMQVIST 1973a).

Gerstenfunde auf dem Gebiet der Slowakei erwähnt HAJNALOVÁ (1973). Die Nachweise in Indien zählt VISHNU-MITTRE (1974) auf. SINGH (1974) bespricht kurz die Domestikation der Gerste.

Lathyrus cicera L., Rote Platterbse

Im oberen Neolithikum von Baudinard (Süd-Frankreich) fanden sich verkohlte Samen der Roten Platterbse (ERROUX in COURTIN und PÉLOUARD 1971)

Lathyrus sativus L., Saat-Platterbse

Die Funde der Saat-Platterbse in Indien hat VISHNU-MITTRE (1974) zusammengestellt.

Lens culinaris Medik., Linse

Linsen wurden an folgenden Orten gefunden: Schichten verschiedener Zeitstellung (4500–3000 v. u. Z., 2600–2300 v. u. Z., 1800–1200 v. u. Z.), Korucutepe, Türkei (VAN ZEIST und HEERES 1974); Neolithikum, Malta (HELBAEK 1966); Bandkeramik, Siedlungsplatz Langweiler 2, Gemeinde Aldenhoven, Kr. Düren (KNÖRZER 1973b); späte Hallstattzeit, Langweiler, Kr. Düren (KNÖRZER 1973c); Eisenzeit, Frixheim-Anstel, Kr. Grevenbroich (KNÖRZER 1974b); 4. Jh. v. u. Z., Nekropolis von Salamis, Zypern (HJELMQVIST 1973c); Mittelalter, Bánov, SO-Mähren, ČSSR (OPRAVIL 1974).

Funde der Linse auf dem Gebiet der Slowakei erwähnt HAJNALOVÁ (1973). Die archäologischen Nachweise in Indien hat VISHNU-MITTRE (1974) zusammengestellt. Die Domestikation der Linse behandeln ZOHARY und HOPF (1973).

Linum usitatissimum L., Lein

Reste des Leins wurden an folgenden Orten nachgewiesen: Neolithikum (etwa 3400 v. u. Z.), Korucutepe, Türkei (VAN ZEIST und HEERES 1974); Bandkeramik, Siedlungsplatz Langweiler 2, Gemeinde Aldenhoven, Kr. Düren (KNÖRZER 1973b); Bandkeramik, Bedburg-Garsdorf, Kr. Bergheim/Erft (KNÖRZER 1974a); 1600–1440 v. u. Z., Indien (VISHNU-MITTRE 1974); Eisenzeit, Frixheim-Anstel, Kr. Grevenbroich (KNÖRZER 1974b); späte Hallstattzeit, Langweiler, Kr. Düren (KNÖRZER 1973c); jüngere vorrömische Eisenzeit, Hetzdorf, Kr. Strasburg, Mecklenburg (LANGE 1972); um 1000 u. Z., Kirche von Middels/Ostfriesland (BEHRE 1973); 17. Jh., V. Skrävlinge bei Malmö, Schweden (HJELMQVIST 1973a).

Unter der Bezeichnung *Linum* cf. *bienne* beschreibt DENNELL (1974a) verkohlte Leinsamen von zwei neolithischen Fundpunkten der VR Bulgarien.

Nelumbo nucifera Gaertn., Indischer Lotus

In Schichten des 4. Jh. v. u. Z. aus der Nekropolis von Salamis (Zypern) fanden sich Früchte des Indischen Lotus (HJELMQVIST 1973c). Ob die Pflanze kultiviert wurde, ist allerdings fraglich.

Olea europaea L., Ölbaum

Oliven-Steine aus dem Neolithikum Griechenlands erwähnt Renfrew (1973). Bei Ausgrabungen in der Nekropolis von Salamis (Zypern) kamen neben zahlreichen anderen Kulturpflanzenarten auch Olivenkerne zutage. Die Reste stammen aus Schichten des 4. Jh. v. u. Z. (Hjelmqvist 1973c).

Oryza sativa L., Reis

Reisreste aus Atranji Khera (Uttar Pradesh, Indien) aus der Zeit 1200–600 v. u. Z. beschreiben Buth und Chowdhury (1973). In seiner Übersicht der Kulturpflanzenfunde Indiens stellt Vishnu-Mittre (1974) auch die zahlreichen Reis-Nachweise zusammen.

Panicum miliaceum L., Rispenhirse

Rispenhirse wurde an folgenden Orten nachgewiesen: Bandkeramik, Higher Vistula Basin, VR Polen (Kulczycka-Leciejewiczowa 1973); Neolithikum bis Mittelalter, ČSSR (Hajnalová 1973); Bronzezeit, Lovčičky, ČSSR (Kühn 1974); ältere Eisenzeit, Nord-Spanien (Hopf 1973b); Eisenzeit, Frixheim-Anstel, Kr. Grevenbroich (Knörzer 1974b); späte Hallstattzeit, Langweiler, Kr. Düren (Knörzer 1973c); Römerzeit, Butzbach, Hessen (Knörzer 1973a); 2.–4. Jh. u. Z., Černjachov-Kultur, Ukrainische SSR (Januševič 1973); 10.–13. Jh., Poznań, VR Polen (Klichowska 1974); Slawenzeit, Borchelt bei Tornow, Kr. Calau (Lange 1973b).

Papaver setigerum DC., Borstenmohn

Samen des Borstenmohns fanden sich unter bandkeramischen Pflanzenresten von Bedburg-Garsdorf, Kreis Bergheim/Erft (Knörzer 1974a), ebenso unter gleichalterigen Pflanzenresten des Siedlungsplatzes Langweiler 2, Gemeinde Aldenhoven, Kreis Düren (Knörzer 1973b).

Papaver somniferum L., Schlafmohn

Zwischen römerzeitlichen Pflanzenresten aus einem Brunnen in Butzbach (Hessen) traten auch 12 Samen des Schlafmohns auf (Knörzer 1973a).

Paspalum scrobiculatum L., Koda-Hirse

Vishnu-Mittre (1974) nennt Ährchen-Funde aus Indien, die möglicherweise zur Koda-Hirse gehören.

Pennisetum spicatum (L.) Roem. et Schult., Perlhirse

Zwei Funde der Perlhirse in Indien erwähnt Vishnu-Mittre (1974).

Phaseolus acutifolius A. Gray, Tepary-Bohne

Reste der var. *latifolius* G. F. Freeman dieser Art fanden sich südlich von Tucson (Arizona) in Schichten, die aus der Zeit 700–1200 u. Z. stammen (Bohrer, Cutler und Sauer 1969).

Phaseolus aureus Roxb., Mung-Bohne

Reste der Mung-Bohne aus Indien erwähnt Vishnu-Mittre (1974).

Phaseolus mungo L., Urd-Bohne

Funde der Urd-Bohne aus Indien führt VISHNU-MITTRE (1974) an.

Phaseolus vulgaris L., Gartenbohne

BOHRER (1970) wies in Schichten aus der Zeit von 100 v. u. Z.–100 u. Z. in Snaketown, Süd-Arizona, Reste der Gartenbohne nach. Von einem anderen Fundort in Arizona (Point of Pines Ruin) nennt BOHRER (1973) das Vorkommen von verkohlten Bohnen in Schichten des 13. Jahrhunderts.

Phoenix dactylifera L., Dattelpalme

Einen verkohlten Dattel-Samen aus Indien (1370–1025 v. u. Z.) erwähnt VISHNU-MITTRE (1974).

Phyllanthus emblica L., Mirobalanenbaum

Einen Fund verkohlter Samen des Mirobalanenbaums in Indien aus der Zeit 1600–1440 v. u. Z. nennt VISHNU-MITTRE (1974).

Pinus pinea L., Pinie

Eine Zapfenschuppe und das Fragment einer Samenschale der Pinie fand sich unter Kulturpflanzenresten in Schichten des 4. Jh. v. u. Z. in der Nekropolis von Salamis, Zypern (HJELMQVIST 1973c). Ob diese Reste von kultivierten Bäumen stammen, ist freilich ungewiß.

Pisum elatius Steven, Wilderbse

In Schichten des 4. Jh. v. u. Z. der Nekropolis von Salamis (Zypern) hat HJELMQVIST (1973c) Samenhälften von Erbsen nachweisen können. In einigen Fällen waren Reste der Samenschale erhalten. Diese zeigte eine warzige Oberfläche, so daß hier mindestens teilweise Wilderbsen vorlagen.

Pisum sativum L., Erbse

Erbsen wurden an folgenden Orten nachgewiesen: Neolithikum (4500–3000 v. u. Z.), Korucutepe, Türkei (VAN ZEIST und HEERES 1974); Bandkeramik, Bedburg-Garsdorf, Kr. Bergheim/Erft (KNÖRZER 1974a); späte Hallstattzeit, Langweiler, Kr. Düren (KNÖRZER 1973c); Eisenzeit, Frixheim-Anstel, Kr. Grevenbroich (KNÖRZER 1974b); 2.–4. Jh. u. Z., Černjachov-Kultur, Ukrainische SSR (JANUŠEVIČ 1973).

Funde der Erbse auf dem Gebiet der ČSSR erwähnt HAJNALOVÁ (1973). Die archäologischen Nachweise in Indien führt VISHNU-MITTRE (1974) auf. ZOHARY und HOPF (1973) behandeln die Domestikation der Erbse.

Prunus amygdalus Batsch, Mandelbaum

Etwa 20 Steinkerne von Mandeln entdeckte man in Schichten des 4. Jh. v. u. Z. der Nekropolis von Salamis, Zypern (HJELMQVIST 1973c).

Prunus cerasus L., Sauerkirsche

Drei Steinkerne der Sauerkirsche fanden sich in Schichten des 10./11. Jh. in Poznań, VR Polen (KLICHOWSKA 1974).

Prunus domestica L., Pflaume

Ein längsgespaltener verkohlter Steinkern der Haferpflaume (*Prunus domestica* ssp. *insititia* var. *juliana*) fand sich unter bandkeramischen Pflanzenresten von Bedburg-Garsdorf, Kreis Bergheim/Erft (KNÖRZER 1974a). Bei Ausgrabungen in der Nekropolis von Salamis (Zypern) traten neben zahlreichen anderen Kulturpflanzenresten auch Fragmente von Steinkernen der Haferpflaume, ssp. *insititia* (Jusl.) Schneider, auf. Die Reste stammen aus dem 4. Jh. v. u. Z. (HJELMQVIST 1973c). Zwei Steinkerne der ssp. *insititia* entdeckte KNÖRZER (1973a) unter zahlreichen römerzeitlichen Pflanzenresten in einem Brunnen in Butzbach (Hessen).

In Poznań (VR Polen) fand sich in Schichten des 10./11. Jh. neben anderen Kulturpflanzenresten auch der Steinkern einer Pflaume (KLICHOWSKA 1974).

Prunus persica (L.) Batsch, Pfirsich

Steinkerne des Pfirsichs kamen in Schichten des 10./11. Jh. in Poznań, VR Polen, vor (KLICHOWSKA 1974).

Punica granatum L., Granatapfelbaum

In Schichten des 4. Jh. v. u. Z. der Nekropolis von Salamis (Zypern) fanden sich neben vielen anderen Kulturpflanzen auch Bruchstücke von Früchten des Granatapfelbaumes (HJELMQVIST 1973c).

Raphanus sativus L. var. *niger* Kerner, Rettich

In einem verkohlten Getreidefund aus dem 17. Jh. von V. Skrävlinge bei Malmö (Schweden) traten auch Samen des Rettichs auf (HJELMQVIST 1973a).

Ricinus communis L., Rizinus

Einen verkohlten Rizinus-Samen aus Ter (Indien) aus der Zeit von 150 v. u. Z.–100 u. Z. erwähnt VISHNU-MITTRE (1974).

Secale cereale L., Roggen

Roggen wurde an folgenden Orten gefunden: ältere Bronzezeit, Spišský Štvrtok, Ost-Slowakei, ČSSR (HAJNALOVÁ 1972; Abbildung 4, die Roggen darstellen soll, zeigt allerdings Körner der Gerste); späte Hallstattzeit, Langweiler, Kr. Düren (KNÖRZER 1973c); Keramik der ersten Hälfte des ersten Jahrtausends u. Z., Karpaten-Vorland (VAKULENKO und JANUŠEVIČ 1974); 2.–4. Jh. u. Z., Černjachov-Kultur, Ukrainische SSR (JANUŠEVIČ 1973); Slawenzeit (8.–10. Jh.), Kietz, Kr. Rathenow (SCHRÖDER 1974); Slawenzeit, Borchelt bei Tornow, Kr. Calau (LANGE 1973b); um 1000 u. Z., Kirche von Middels, Ostfriesland (BEHRE 1973); frühes Mittelalter (etwa 10. Jh.), Braunschweig (WILLERDING 1973); Mittelalter, Bánov, SO-Mähren, ČSSR (OPRAVIL 1974); 17. Jh., V. Skrävlinge bei Malmö, Schweden (HJELMQVIST 1973a).

Roggenfunde auf dem Gebiet der ČSSR erwähnt Hajnalová (1973). An die Beschreibung eines umfangreichen Roggenfundes aus dem befestigten Wikingerlager Fyrkat in Jütland (10. Jh.) knüpft Helbaek (1975) Betrachtungen über die Entstehung und Ausbreitung dieses Getreides.

Sesamum indicum L., Sesam

Zwei Sesam-Funde aus Indien erwähnt Vishnu-Mittre (1974).

Setaria italica (L.) Beauv., Borstenhirse

Reste der Borstenhirse wurden an folgenden Orten nachgewiesen: Späte Hallstattzeit, Langweiler, Kr. Düren (Knörzer 1973c); Eisenzeit, Frixheim-Anstel, Kr. Grevenbroich (Knörzer 1974b); Keramik der ersten Hälfte des ersten Jahrt. u. Z., Karpaten-Vorland (Vakulenko und Januševič 1974); 2.–4. Jh. u. Z., Černjachov-Kultur, Ukrainische SSR (Januševič 1973); Mittelalter, Bánov, SO-Mähren, ČSSR (Opravil 1974).

Sorghum Moench, Mohrenhirse

Mehrere *Sorghum*-Nachweise aus Indien erwähnt Vishnu-Mittre (1974).

Triticum aestivum L., Saatweizen (einschl. *T. compactum*, Zwergweizen)

Reste dieser Weizenart wurden an folgenden Orten nachgewiesen: Neolithikum, Malta (Helbaek 1966); Schichten verschiedener Zeitstellung (4500–3000 v. u. Z., 2600–2300 v. u. Z., 1800–1200 v. u. Z., 1200–1400 u. Z.), Korucutepe, Türkei (van Zeist und Heeres 1974); oberes Neolithikum, Baudinard, Süd-Frankreich (Erroux in Courtin und Pélouard 1971); Abdrücke auf chalkolithischen Scherben, Saint-Mathieu-de-Tréviers, Hérault, Frankreich (Erroux 1973); ältere Bronzezeit, Spišsky Štvrtok, ČSSR (Hajnalová 1972); 1200–600 v. u. Z., Atranji Khera, Uttar Pradesh, Indien (Buth und Chowdhury 1973); Bronzezeit, Languedoc Oriental, Süd-Frankreich (Erroux 1972); ältere Eisenzeit, Nord-Spanien (Hopf 1973b); späte Hallstattzeit, Langweiler, Kr. Düren (Knörzer 1973c); 4. Jh. v. u. Z., Nekropolis von Salamis, Zypern (Hjelmqvist 1973c); 2.–4. Jh. u. Z., Černjachov-Kultur, Ukrainische SSR (Januševič 1973); Slawenzeit, Borchelt bei Tornow, Kr. Calau (Lange 1973b); 17. Jh., V. Skrävlinge bei Malmö, Schweden (Hjelmqvist 1973a).

Saatweizen- und Zwergweizenfunde auf dem Gebiet der ČSSR erwähnt Hajnalová (1973).

Triticum dicoccon Schrank, Emmer

Bei Ausgrabungen in Nahal Oren (Wadi Fallah), Israel, fanden sich drei gut erhaltene Körner des Emmers in Schichten, die angeblich aus der Zeit 10000 v. u. Z. stammen. An diesen Fund knüpft Dennell (1973) Betrachtungen zur Entstehung dieser Getreideart.

Emmer-Funde auf dem Gebiet der ČSSR erwähnt Hajnalová (1973). Singh (1974) bespricht kurz die Domestikation des Emmers.

Die zahlreichen Nachweise dieses Weizens seien nur aufgezählt: Neolithikum (early ceramic), Umm Dabaghiyah, Irak (Helbaek 1972); Neolithikum, Griechenland (Renfrew 1973); Neolithikum, Malta (Helbaek 1966); Bandkeramik, Bedburg-Garsdorf, Kr. Bergheim/Erft (Knörzer 1974a); Bandkeramik, Siedlungsplatz Langweiler 2, Gemeinde Aldenhoven, Kr. Düren (Knörzer 1973b); Bandkeramik, Higher Vistula Basin, VR Polen (Kulczycka-Leciejewiczowa 1973); Keramik der Trichterbecherkultur, Gristow, Kr. Greifswald (Nilius 1973); oberes Neolithikum, Baudinard, Süd-Frankreich (Erroux in Courtin und Pélouard 1971); Schichten verschiedener Zeitstellung (4500–3000 v. u. Z., 2600–2300 v. u. Z., 1800–1200 v. u. Z.), Korucutepe, Türkei (van Zeist und Heeres 1974); ältere Bronzezeit, Spišsky Štvrtok, Ost-Slowakei, ČSSR (Hajnalová 1972); Keramik der älteren Bronzezeit, Schonen, Schweden (Hjelmqvist 1973b); Bronzezeit, Gottesberg-Süd, Berlin-Wittenau (Willerding in Wettstädt 1973); Bronzezeit, Lovčičky, ČSSR (Kühn 1974); Bronzezeit (etwa 1370 v. u. Z.), Bruszczewo, VR Polen (Klichowska 1971); Urnenfelderzeit, St. Fridolinsmünster in Säckingen, Baden (Hopf in Gersbach 1969); späte Bronzezeit, Languedoc Oriental, Süd-Frankreich (Erroux 1972); Eisenzeit, Frixheim-Anstel, Kr. Grevenbroich (Knörzer 1974b); Keramik der Eisenzeit, Barley (Hertfordshire) und Wandlebury, Cambridgeshire (Renfrew 1965); ältere Eisenzeit, Cortes de Navarra, Prov. Navarra, Nord-Spanien (Hopf 1973b); späte Hallstattzeit, Langweiler, Kr. Düren (Knörzer 1973c); jüngere vorrömische Eisenzeit, Hetzdorf, Kr. Strasburg, Mecklenburg (Lange 1972); Keramik der ersten Hälfte des ersten Jahrt. u. Z., Karpaten-Vorland (Vakulenko und Januševič 1974); 2.–4. Jh. u. Z., Černjachov-Kultur, Ukrainische SSR (Januševič 1973); Slawenzeit, Borchelt bei Tornow, Kr. Calau (Lange 1973b).

Triticum durum Desf., Hartweizen

Unter zahlreichen Kulturpflanzenresten, die in Schichten des 4. Jh. v. u. Z. in der Nekropolis von Salamis (Zypern) geborgen wurden, fand sich auch ein Korn des Hartweizens (Hjelmqvist 1973c).

Triticum monococcum L., Einkorn

Einkorn-Reste wurden an folgenden Stellen nachgewiesen: Neolithikum (early ceramic), Umm Dabaghiyah, Irak (Helbaek 1972); Neolithikum (4500–3000 v. u. Z.), Korucutepe, Türkei (van Zeist und Heeres 1974); Neolithikum, Griechenland (Renfrew 1973); Bandkeramik, Bedburg-Garsdorf, Kr. Bergheim/Erft (Knörzer 1974a); Bandkeramik, Siedlungsplatz Langweiler 2, Gemeinde Aldenhoven, Kr. Düren (Knörzer 1973b); Bandkeramik, Higher Vistula Basin, VR Polen (Kulczycka-Leciejewiczowa 1973); ältere Bronzezeit, Schonen, Schweden (Hjelmqvist 1973b); ältere Bronzezeit, Spišsky Štvrtok, Ost-Slowakei, ČSSR (Hajnalová 1972); Bronzezeit (etwa 1370 v. u. Z.), Bruszczewo, VR Polen (Klichowska 1971); Eisenzeit, Cortes de Navarra, Prov. Navarra, Nordspanien (HOPF 1973b); Römerzeit, Butzbach, Hessen (KNÖRZER 1973a).

Einkorn-Funde auf dem Gebiet der ČSSR erwähnt HAJNALOVÁ (1973). SINGH (1974) bespricht kurz die Domestikation des Einkorns.

Triticum spelta L., Spelz

An Keramik der älteren Bronzezeit von Schonen (Schweden) hat HJELMQVIST (1973b) einige Abdrücke des Spelzes festgestellt. Unter späthallstattzeitlichen Pflanzenresten von Langweiler, Kreis Düren, traten Früchte, Ährchenbasen und Spelzenteile des Spelzes auf (KNÖRZER 1973c). Ährchen- und Spelzenbasen dieser Art fanden sich neben zahlreichen anderen Pflanzenresten in einem römerzeitlichen Brunnen in Butzbach, Hessen (KNÖRZER 1973a). Im Gebiet des Karpaten-Vorlandes wurden an Keramik aus der ersten Hälfte des ersten Jahrtausends u. Z. Abdrücke des Spelzes nachgewiesen (VAKULENKO und JANUŠEVIČ 1974).

Triticum sphaerococcum Percival, Indischer Kugelweizen, Indischer Zwergweizen

In seiner Übersicht der Kulturpflanzenfunde Indiens erwähnt VISHNU-MITTRE (1974) Reste des Indischen Kugelweizens aus neolithischer Zeit.

Vicia ervilia (L.) Willd., Erve oder Linsenwicke

In neolithischen Schichten (4500–3000 v. u. Z.) von Korucutepe (Türkei) trat neben zahlreichen anderen Kulturpflanzenresten auch die Erve auf (VAN ZEIST und HEERES 1974). Die Samen dieser Pflanze sind erst nach Auslaugen und Dämpfen eßbar. Aus dem Neolithikum Griechenlands erwähnt RENFREW (1973) das Vorkommen der Erve.

Die Domestikation der Erve behandeln ZOHARY und HOPF (1973).

Vicia faba L., Ackerbohne

Ackerbohnenreste fanden sich an folgenden Orten: Oberes Neolithikum, Baudinard, Süd-Frankreich (ERROUX in COURTIN und PÉLOUARD 1971); Urnenfelderschicht, St. Fridolinsmünster in Säckingen, Baden (HOPF in GERSBACH 1969); späte Hallstattzeit, Langweiler, Kr. Düren (KNÖRZER 1973c); 4. Jh. v. u. Z., Nekropolis von Salamis, Zypern (HJELMQVIST 1973c); jüngere vorrömische Eisenzeit, Hetzdorf, Kr. Strasburg, Mecklenburg (LANGE 1972); 11.–13. Jh., Poznań, VR Polen (KLICHOWSKA 1974).

Funde der Ackerbohne auf dem Gebiet der ČSSR führt HAJNALOVÁ (1973) an. Die Domestikation der Ackerbohne wird von ZOHARY und HOPF (1973) diskutiert.

Vicia sativa L., Saatwicke

Aus dem Neolithikum Griechenlands erwähnt RENFREW (1973) das Vorkommen der Saatwicke. In mittelalterlichen Schichten von Bánov (SO-Mähren, ČSSR) fanden sich neben anderen Pflanzenresten auch 9 Samen der Saatwicke (OPRAVIL 1974).

Vitis vinifera L., Weinstock

In Korucutepe (Türkei) fanden sich in Schichten aus der Zeit 4500–3000 v. u. Z. sowie 2600–2300 v. u. Z. verkohlte Samen der Weinrebe, die der Wildsippe ssp. *sylvestris* zuzurechnen sind (van Zeist und Heeres 1974). In Schichten des 4. Jh. v. u. Z. der Nekropolis von Salamis (Zypern) traten verkohlte Weinbeeren, Teile von Beeren sowie Samen und deren Bruchstücke auf (Hjelmqvist 1973c). Die Beeren, insgesamt etwa 175, haben ungefähr 1 cm Durchmesser. Die etwa 60 Samen sind kurz und breit und besitzen einen kurzen, aber ± deutlichen Stiel. Das sog. Schildchen auf der Dorsalseite war meist undeutlich. Insgesamt gesehen stehen die Samen in ihren Merkmalen etwa in der Mitte zwischen Wild- und Kulturformen, d. h. es liegt eine vergleichsweise primitive Kulturform vor.

Bei neuen Ausgrabungen innerhalb des alten Pompeji wurde ein großer Weingarten entdeckt. Der Nachweis wurde erbracht, indem die Hohlräume der Wurzeln sowie der Stäbe mit Zement ausgegossen wurden. Es ergab sich eine gute Übereinstimmung mit den Angaben in den römischen Ackerbauhandbüchern (Jashemski 1973).

In mittelalterlichen Schichten von Bánov (SO-Mähren, ČSSR) fanden sich verkohlte dünne Rebenzweige (Opravil 1974).

Zea mays L., Mais

Mais wurde in Schichten aus der Zeit um 300 v. u. Z. von Snaketown in Süd-Arizona nachgewiesen (Bohrer 1970). Maisreste aus der Zeit von 700–1200 u. Z. fanden sich südlich von Tucson, Arizona (Bohrer, Cutler und Sauer 1969). Von einem anderen Fundort in Arizona (Point of Pines Ruin) nennt Bohrer (1973) das Vorkommen von verkohlten Maiskörnern in Schichten des 13. Jahrhunderts.

Die archäologischen Nachweise des Maises in Indien erwähnt Vishnu-Mittre (1974).

Ziziphus lotus (L.) Lam.

Früchte und Fruchtteile dieses Baumes fanden sich in Schichten des 4. Jh. v. u. Z. in der Nekropolis von Salamis, Zypern (Hjelmqvist 1973c). Die Art wird heute im Mittelmeergebiet ihrer Früchte wegen kultiviert. Die hier genannten Früchte dürften aber sehr wahrscheinlich von Wildpflanzen gesammelt worden sein.

Ziziphus nummularia (Burm. f.) Wight et Arn.

Mehrere Funde verkohlter Steinkerne dieser Art erwähnt Vishnu-Mittre (1974) aus Indien.

Nach den Angaben zu den einzelnen Arten folgt nun eine kurze Besprechung von zusammenfassenden Arbeiten oder solchen allgemeinen Inhalts.

Anhand von Funden aus Bulgarien untersucht Dennell (1974b) die Möglichkeit, mit Hilfe botanischer Fakten verschiedene urgeschichtliche Verfahren bei der Behandlung des Erntegutes nachzuweisen. Die Unkräuter in 384 frühgeschichtlichen Getreidefunden aus Mitteleuropa und Süd-Skandinavien hat LANGE (1973a) ausgewertet. ROTHE, SCHNEEWEISS und EHRLICH (1973) stellten in einer Übersichtstabelle Daten zur historischen Entwicklung von Getreideverarbeitung und Getreideverzehr zusammen.

Nur der Vollständigkeit wegen sei eine methodische Arbeit von GALL (1973) genannt, die außer unbegründeten Anwürfen gegen andere Autoren nichts Neues bringt.

Die frühere Verbreitung der Kulturpflanzen im Rhein-Main-Gebiet bespricht HOPF (1973a), den Stand der botanischen Untersuchungen für die Archäologie im Süden der BRD und ihre derzeitigen Möglichkeiten legt KÖRBER-GROHNE (1973) dar. Eine Übersicht der im Gebiet der Slowakai gefundenen archäologischen Kulturpflanzenreste gibt HAJNALOVÁ (1973), die entsprechenden Funde in Indien stellte VISHNU-MITTRE (1974) zusammen. Den Ackerbau im Neolithikum Griechenlands hat RENFREW (1973) besprochen.

Die Rolle des Feuers bei der Domestikation von Pflanzen und Tieren in Südwest-Asien ist von LEWIS (1972) dargestellt worden. SINGH (1974) bespricht kurz die Domestikation der Pflanzen in West-Asien. Die Domestikation der Leguminosen der Alten Welt (Erbse, Linse, Ackerbohne, Erve, Kichererbse) ist von ZOHARY und HOPF (1973) behandelt worden. Die Autoren kommen zu dem Schluß, daß der Beginn der Kultur dieser Arten gleichzeitig mit dem ersten Anbau der Getreide (oder sehr kurz danach) anzusetzen ist.

Die Entstehung des Ackerbaus in den Tropen behandelt HARRIS (1972). Eine Einschätzung ist hier besonders schwierig, da archäologische Reste äußerst spärlich sind.

Die primären Entstehungsgebiete des Ackerbaus auf dem afrikanischen Kontinent sind nach PORTÈRES (1970) Abessinien, Westafrika und Ostafrika. Mit der Entstehung und Entwicklung der Nahrungsmittelproduktion in Afrika setzt sich SHAW (1973) auseinander.

FORD (1973) bespricht die Entstehung des Ackerbaus in Nordamerika und PICKERSGILL (1972) untersucht die Rolle der Kulturpflanzen als Nachweis für kulturellen Kontakt vorwiegend anhand von Beispielen aus der Neuen Welt.

Die Entstehung des Ackerbaus wird in einem Buch von SEMENOV (1974) behandelt.

Zusammenfassung

In Fortsetzung von Bibliographien über archäologische Kulturpflanzenreste wurde die einschlägige Literatur der Jahre 1973/1974 zusammengestellt und der Inhalt der erfaßten 67 Arbeiten kurz kommentiert.

Summary

Literature on archaeological remains of cultivated plants (1973/1974)

The publications of 1973 and 1974 on archaeological remains of cultivated plants were put together and the contents of the 67 references briefly discussed.

Краткое содержание

Литература об археологических находках остатков культурных растений (1973/1974 гг.)

Продолжение библиографии работ об археологических находках остатков культурных растений. Дается список соответствующей литературы за 1973 и 1974 годы. Кратко коментируется содержание 67 работ.

Literatur

BEHRE, K.-E., 1973: Mittelalterliche Kulturpflanzenfunde aus der Kirche von Middels (Stadt Aurich/Ostfriesland). – Probleme der Küstenforschung im südlichen Nordseegebiet *10*, 39–47, Taf. I, II.

BOHRER, V. L., 1970: Ethnobotanical aspects of Snaketown, a Hohokam village in Southern Arizona. – American Antiquity *35*, 413–430.

– – 1973: Ethnobotany of Point of Pines Ruin, Arizona W: 10 : 50. – Economic Botany *27*, 423–437.

BOHRER, V. L., H. C. CUTLER, and J. D. SAUER, 1969: Carbonized plant remains from two Hohokam sites, Arizona BB : 13 : 41 and Arizona BB : 13 : 50. – The Kiva, Journal of the Arizona Archaeological and Historical Society *35*, 1–10.

BONNAMOUR, L., 1974: Trouvailles de la fin de l'âge du Bronze dans la Saône, sur le site d'Ouroux-Maray (Saône-et-Loire). – Bulletin de la Société Préhistorique Française *71*, Comptes Rendus des séances mensuelles No. 6, 185–191.

BUTH, G. M., and K. A. CHOWDHURY, 1973: Plant remains from Atranji Khera Phase III (1200–600 B. C.). – The Palaeobotanist *20*, 1971, 280–287, Plates 1–3.

COURTIN, J., et S. PÉLOUARD, 1971: Un habitat chasséen en Haute Provence: la „Grotte C" de Baudinard (Var.). – Bulletin de la Société Préhistorique Française *68*, Études et Travaux, fasc. 2, 540–561.

DENNELL, R. W., 1973: The Phylogenesis of *Triticum dicoccum*. A Reconsideration. – Economic Botany *27*, 329–331.

– – 1974 a: Neolithic flax in Bulgaria. – Antiquity *48*, No. 191, 220–222.

– – 1974 b: Botanical Evidence for Prehistoric Crop Processing Activities. – Journal of Archaeological Science *1*, 275–284.

ERROUX, J., 1972: Éléments paléobotaniques. I. Études de Céréales. (pp. 251–252). – In: J. L. ROUDIL, L'âge du Bronze en Languedoc Oriental. – Mémoires de la Société Préhistorique Française *10*.

ERROUX, J., 1973: Impressions végétales. (pp. 198–200). In: J. ERROUX et T. POULAIN, Le Lébous à Saint-Mathieu-de-Tréviers (Hérault). Ensemble du Chalcolithique au Gallo-Romain. II Analyses de Laboratoire. – Gallia Préhistoire *16*, 195–200.

FORD, R. J., 1973: Origins of agriculture in native North America. (pp. 406–407). In: Actes du VIIIe Congrès International des Sciences Préhistoriques et Protohistoriques Beograd 9–15 Septembre 1971, Tome Troisième, Rapports et Corapports, Beograd, 457 pp.

GALL, W., 1973: Zur Technik der Untersuchung von verkohltem Getreide und von Fruchtkornabdrücken. – Neue Museumskunde *16*, 286–287.

GERSBACH, E., 1969: Urgeschichte des Hochrheins (Funde und Fundstellen in den Landkreisen Säckingen und Waldshut). – Badische Fundberichte, Sonderheft *11*, 70.

HAJNALOVÁ, E., 1972: Obilniny pestované 1600 rokov pred našim letopočtom v okolí Spišského Štvrtku. Getreidearten, die 1600 Jahre vor unserer Zeitrechnung in der Umgebung von Spišský Štvrtok angebaut wurden. – Agrikultúra, Zborník Slovenského Pol'nohospodárskeho Múzea v Nitre *11*, 19–23.

– – 1973: Príspevok k štúdiu, analýze a interpretácii nálezov kultúrnych rastlín na Slovensku. Beitrag zu Studium, Analyse und Interpretierung der Funde von Kulturpflanzen in der Slowakei. – Slovenská Archeológia *XXI*-1, 211–220.

HARRIS, D. R., 1972: The Origins of Agriculture in the Tropics. Ecological analysis affords new insights into agricultural origins and suggests a fresh evaluation of the limited archaeological evidence. – American Scientist *60*, 180–193.

HELBAEK, H., 1966: Appendix IV. Report on carbonized grain from AF 5 (GHD. Phase). p. 53. In: D. H. TRUMP, Skorba. Reports of the Research Committee of the Society of Antiquaries of London No. *XXII*.

– – 1972: Traces of plants in the early ceramic site of Umm Dabaghiyah. – Iraq *34*, 17–19.

– – 1975: (preprint 1974): The Fyrkat Grain. A geographical and chronological study of rye. (pp. 1–41). In: Fyrkat. En jysk vikingeborg. Af OLAF OLSEN, ELSE ROESDAHL og HOLGER W. SCHMIDT. Med en ekskurs af HANS HELBAEK. – København. (Nordiske Fortidsminder, Serie B – in quarto. Bind *2*. Udgivet af Det kgl. nordiske Oldskriftselskab).

HJELMQVIST, H., 1973 a: Ett sädeskornsfynd från Skånes 1600-tal. – Malmö Fornminnesförenings Årsskrift *1972*, 109–112.

– – 1973 b: Ein Beitrag zur Kenntnis der Nutzpflanzen am Übergang von Stein- zur Bronzezeit in Schonen. – Meddelanden från Lunds Universitets Historiska Museum *1971–1972*, 144–150.

– – 1973 c: Appendix VI. Some economic plants from ancient Cyprus. (pp. 231–255). In: Salamis Vol. *5*, Excavations in the Necropolis of Salamis, III (Text) by VASSOS KARAGEORGHIS. – Nicosia.

HOPF, M., 1973 a: Verbreitung der Kulturpflanzen im Rhein-Main-Gebiet. – Nassauische Annalen *84*, 19–24.

– – 1973 b: Pflanzenfunde aus Nordspanien. Cortes de Navarra – El Soto de Medinilla. – Madrider Mitteilungen *14*, 133–142, Taf. 15 u. 16.

– – 1974: Getreideabdrücke in einer attisch-geometrischen Kanne. – Jahrbuch des Römisch-Germanischen Zentralmuseums Mainz *19*. Jg. 1972, 179–180.

JANUŠEVIČ, Z. V., 1973: Nachodki kul'turnych rastenij na poselenii u s. Lepesovka. Findings of cultivated plants in the habitation near the village Lepesovka. – Acta Museorum Agriculturae *VIII* (1), 1–14.

JASHEMSKI, W. F., 1973: Large Vineyard Discovered in Ancient Pompeii. Root and stake cavities reveal vineyard of A. D. 79. – Science *180*, 821–830.

Klichowska, M., 1971: Makroskopowe szczątki roślin z wykopalisk w Bruszczewie (Powiat Kościański). Plants from the archeological excavations at Bruszczewo (Major Poland). – Przyroda Polski Zachodniej *9*, 93–95.

– – 1974: Sprawozdanie z badań nad zawartością próbek organicznych z wykopu II przy placu katedralnym w Poznaniu z 1958 r. Compte rendu des recherches sur le contenu des échantillons organiques provenant de la tranchée II sur la place de la cathédrale à Poznań en 1958. – Poznań we wczesnym średniowieczu t. *IV*, 47–49.

Knörzer, K.-H., 1973 a: Römerzeitliche Pflanzenreste aus einem Brunnen in Butzbach (Hessen). – Saalburg-Jahrbuch *30*, 71–114.

– – 1973 b: Pflanzliche Großreste. (pp. 139–152). In: Farruggia, J.-P., R. Kuper, J. Lüning und P. Stehli, Der bandkeramische Siedlungsplatz Langweiler *2*, Gemeinde Aldenhoven, Kreis Düren. – Rheinische Ausgrabungen *13* (Beiträge zur neolithischen Besiedlung der Aldenhovener Platte I).

– – 1973 c: Die pflanzlichen Großreste. (pp. 301–315). In: W. Göbel, K.-H. Knörzer, J. Schalich, R. Schütrumpf, P. Stehli, Naturwissenschaftliche Untersuchungen an einer späthallstattzeitlichen Fundstelle bei Langweiler, Kr. Düren. – Bonner Jahrbücher *173*, 289–315.

– – 1974 a: Bandkeramische Pflanzenfunde von Bedburg-Garsdorf, Kreis Bergheim/Erft. – Rheinische Ausgrabungen *15*, 173–192.

– – 1974 b: Eisenzeitliche Pflanzenfunde aus Frixheim-Anstel, Kreis Grevenbroich. – Rheinische Ausgrabungen *15*, 405–414, Taf. 27.

Körber-Grohne, U., 1973: Stand der botanischen Untersuchungen für die Archäologie in Süddeutschland und ihre derzeitigen Möglichkeiten. – Archäologisches Korrespondenzblatt *3*, 381–386.

Kühn, F., 1974: Nálezy plodin z doby bronzové v Lovčičkách [Funde von Kulturpflanzen aus der Bronzezeit in Lovčičky]. – Od hradské cesty. Prameny k dějinám a současnosti Žarošic a okolí, Ročník *1971–1972*, 232.

Kulczycka-Leciejewiczowa, A., 1973: Niektóre problemy osadnictwa kultury ceramiki wstęgowej rytej w Dorzeczu Górnej Wisłý. Some problems concerning settlement of Linear pottery culture in the Higher Vistula Basin. – Archeologia Polski *18*, 73–90.

Lange, E., 1972: Ein Getreidefund von Hetzdorf aus der jüngeren vorrömischen Eisenzeit. – Zeitschrift für Archäologie *6*, 258–266.

– – 1973 a: Unkräuter in frühgeschichtlichen Getreidefunden. – Ethnographisch-Archäologische Zeitschrift *14*, 193–221.

– – 1973 b: Pollenanalytische Untersuchungen in Tornow und Presenchen. (pp. 203–241, Taf. 20, 21, Tabelle 2). In: Herrmann, J., Die germanischen und slawischen Siedlungen und das mittelalterliche Dorf von Tornow, Kr. Calau. – Berlin (Schriften zur Ur- und Frühgeschichte *26*).

Lewis, H. T., 1972: The role of fire in the domestication of plants and animals in southwest Asia: a hypothesis. – Man, The Journal of the Royal Anthropological Institute, New Series, *7*, 195–222.

Nilius, I., 1973: Die Siedlung der Trichterbecherkultur bei Gristow, Kr. Greifswald. Ein Beitrag zum neolithischen Siedlungswesen in Mecklenburg. – Zeitschrift für Archäologie *7*, 239–270.

Opravil, E., 1974: Mittelalterliche Pflanzenfunde aus Bánov (SO-Mähren, ČSSR). – Archeologické rozhledy *26*, 65–67.

Pickersgill, B., 1972: Cultivated plants as evidence for cultural contacts. – American Antiquity *37*, 97–104.

Portères, R., 1970: Primary cradles of agriculture in the African continent. (pp. 43–58). In: J. D. Fage and R. A. Oliver (eds.), Papers in African Prehistory. – Cambridge.

RENFREW, J., 1965: Appendix IV. Grain impressions from the Iron Age sites of Wandlebury and Barley. (pp. 10–11). In: M. D. CRA'STER, Aldwick, Barley: Recent work at the Iron Age site. – Proceedings of the Cambridge Antiquarian Society *58*, 1–11.
– – 1973: Agriculture. (pp. 147–164). In: D. R. THEOCHARIS, Neolithic Greece. – National Bank of Greece. 356 pp.
ROTHE, M., R. SCHNEEWEISS und R. EHRLICH, 1973: Zur historischen Entwicklung von Getreideverarbeitung und Getreideverzehr. – Ernährungsforschung *18*, 249–284.
SCHRÖDER, D., 1974: Tierknochen und Pflanzenreste aus einer slawischen Siedlungsschicht von der Mühlenburg bei Kietz, Kr. Rathenow. – Rathenower Heimatkalender *18*, 49–51.
SCHULTZE-MOTEL, J., 1968: Literatur über archäologische Kulturpflanzenreste (1965–1967). – Die Kulturpflanze *16*, 215–230.
– – 1971: Literatur über archäologische Kulturpflanzenreste (1968). – Jahresschrift für mitteldeutsche Vorgeschichte *55*, 55–63.
– – 1972 a: Literatur über archäologische Kulturpflanzenreste (1969). – Die Kulturpflanze *19*, 265–282.
– – 1972 b: Literatur über archäologische Kulturpflanzenreste (1970/1971). – Die Kulturpflanze *20*, 191–207.
– – 1973: Literatur über archäologische Kulturpflanzenreste (1971/1972). – Die Kulturpflanze *21*, 61–76.
– – 1975: Literatur über archäologische Kulturpflanzenreste (1972/1973). – Die Kulturpflanze *22*, 1974, 61–76.
SEMENOV, S. A., 1974: Proischoždenie zemledelija. – Izdatel'stvo „Nauka" Leningrad, 318 pp.
SHAW, T., 1973: The origins and development of food production in Africa. (pp. 399–406). In: Actes du VIIIe Congrès International des Sciences Préhistoriques et Protohistoriques Beograd 9–15 Septembre 1971, Tome Troisième, Rapports et Corapports, Beograd, 457 pp.
SINGH, P., 1974: Neolithic Cultures of Western Asia. – Seminar Press, London and New York, XII +240 pp.
STEPHENS, S. G., 1970: The botanical identification of archaeological cotton. – American Antiquity *35*, 367–373.
VAKULENKO, L. V., i Z. V. JANUŠEVIČ, 1974: Zemlerobstvo na Prikarpatti v peršij polovini I tisjačolittja n. e. – Archeologija (Kiiv) *14*, 31–41 (ukrain. mit russ. Zus.).
VISHNU-MITTRE, 1974: Palaeobotanical evidence in India. (pp. 3–30). In: Evolutionary Studies in World Crops. Diversity and change in the Indian subcontinent. Ed. by J. HUTCHINSON. – Cambridge University Press, VIII +175 pp.
WETTSTÄDT, G., 1973: Bronzefunde vom Gottesberg-Süd in Berlin-Wittenau. – Ausgrabungen in Berlin *3*, 1972, 71–75.
WILLERDING, U., 1973: Frühmittelalterliche Pflanzenreste aus Braunschweig. – Nachrichten aus Niedersachsens Urgeschichte *42*, 358–359.
ZEIST, W. VAN, and J. A. H. HEERES, 1974: The Excavations at Korucutepe, Turkey, 1968–70: Preliminary Report. Part X: The Plant Remains. – Journal of Near Eastern Studies *33*, 113–115.
ZOHARY, D., and M. HOPF, 1973: Domestication of Pulses in the Old World. Legumes were companions of wheat and barley when agriculture began in the Near East. – Science *182*, No. 4115, 887–894.

Kulturpflanze XXIII · 1975 · S. 207—215

Bericht über eine Reise nach Ostmähren und der Slowakei 1974 zur Sammlung autochthoner Sippen von Kulturpflanzen

PETER HANELT und KARL HAMMER

(Eingegangen am 3. Februar 1975)

Der außerordentlich schnell zurückgehende Anbau von autochthonen Landsorten stellt wegen des damit einhergehenden Verlusts von ihnen eigenen wertvollen Eigenschaften (Krankheits- und Schädlingsresistenz, Qualitätsmerkmale, z. B. hoher Proteingehalt usw.), die für die Züchtung künftiger ertragsstabiler Hochleistungssorten von Nahrungs- und Futterpflanzen von besonderer Bedeutung sind, ein weltweites Problem dar. Bereits in den ersten Jahrzehnten unseres Jahrhunderts hatten weitsichtige Züchter und Genetiker zur Erhaltung der alten einheimischen Landsorten aufgerufen und vor allem seit den zwanziger Jahren wurden viele Expeditionen in die Mannigfaltigkeitszentren der Kulturpflanzen unternommen und große Sortimente derartiger bedrohter Formen zusammengetragen. Für Länder mit einer hochentwickelten Landwirtschaft wie in den meisten außermediterranen Teilen Europas mußte man annehmen, daß die alten indigenen Landsorten bereits seit geraumer Zeit vollständig durch leistungsfähigere Zuchtsorten verdrängt sind. Überraschenderweise trifft dies zumindest für manche Gebiete nicht zu. Für Teile Mährens und der Slowakei hatte Dr. F. KÜHN aus Brno den Anbau einheimischer Landsorten verschiedener Kulturpflanzen und von Reliktkulturen in den letzten Jahren mehrfach nachweisen können.[1] Darunter waren Arten wie der Emmer, dessen Anbau man im zentralen Europa schon seit Jahrzehnten für erloschen hielt. Intensivierungsmaßnahmen in der Landwirtschaft der genannten Gebiete lassen die Kultur dieser Formen jedoch rapide zurückgehen. Bei einem Besuch von Dr. F. KÜHN in Gatersleben 1973, während dessen er auch in einem Kolloquium über seine bisherigen Ermittlungen eingehend berichtete, wurde deshalb der Plan für eine gemeinsame Unternehmung zur Erfassung und Sammlung

[1] KÜHN, F., 1970: Das Ausklingen der Emmerkultur in der Tschechoslowakei. — Acta Univ. Agric., fac. agron. 18, 4, 587—594.
— — 1972: Hafer in den westlichen Karpaten. — L. c., 20, 3, 355—362.
— — 1974: Genové zdroje místních plodin v Československu. — In: Genetické zdroje v šlechtění rostlin, 685—694. — Praha.

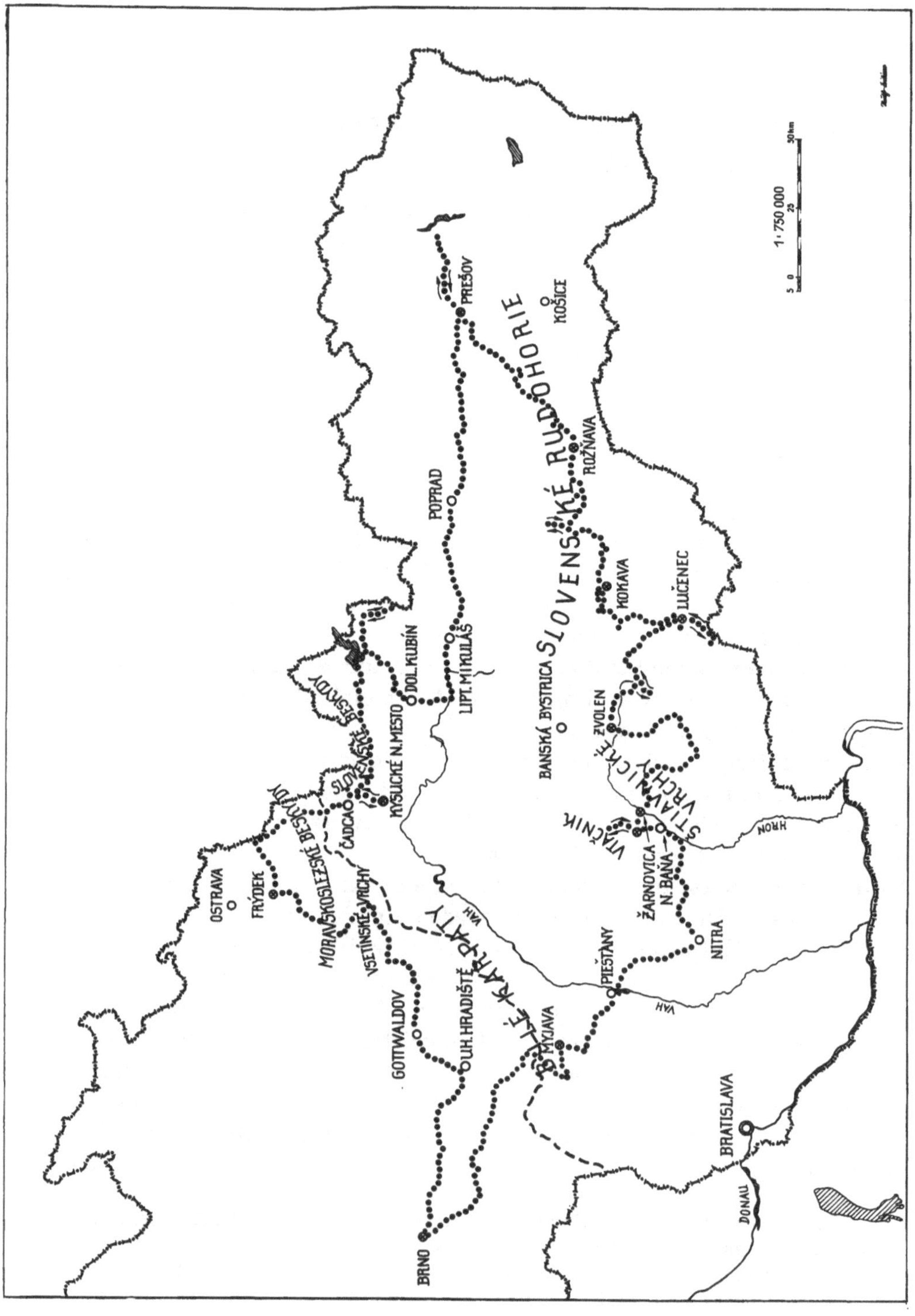

Abb. 1 Route der Sammelreise (Punktlinie); Kreise mit Kreuz bezeichnen Beginn bzw. Ende eines Reisetages

dieser aus dem Anbau verschwindenden Formen gefaßt. Danach wurde von der Akademie der Wissenschaften der DDR, der Tschechoslowakischen Akademie der Wissenschaften (ČSAV), dem Tschechoslowakischen Landwirtschaftlichen Museum in Praha und dem Ústav Genetiky a Šlechtěni in Praha-Ruzyně dessen Leiter der Abteilung Genetische Ressourcen, Herrn Ing. I. Bareš, die Koordinierung aller Aktivitäten zu verdanken ist, eine gemeinsame Sammelreise organisiert, die vom 30. 7 bis 16. 8. 1974 stattfand. Die Finanzierung der Reise erfolgte im Rahmen bestehender Abkommen durch die ČSAV. Ihre Organisation im Sammelgebiet lag in den Händen von Dr. F. Kühn, der über langjährige Erfahrungen in den betreffenden Regionen verfügte. Zur Fahrt ins Sammelgebiet, zum Aufsuchen verstreut liegender landwirtschaftlicher Betriebe und zum Transport des Materials diente ein Jeep (GAS), der vom Zentralinstitut für Genetik und Kulturpflanzenforschung in Gatersleben zur Verfügung gestellt wurde.

Teilnehmer der Reise waren:

Doc. Dr. F. Kühn, Landwirtschaftliche Hochschule, Brno
Dr. Müller, Landwirtschaftliches Museum, Praha
Dr. P. Hanelt, Gatersleben
Dr. K. Hammer, Gatersleben und als bewährter Fahrer
F. Werner, Gatersleben.

Die Teilnehmer der DDR trafen mit dem Jeep am 30. 7. abends in Brno ein, von wo aus die Sammelreise in östlicher Richtung am folgenden Tag begonnen wurde und anfangs in verschiedene Gebiete der westlichen und südlichen Slowakei führte. Nach der Überquerung des Slowakischen Erzgebirges wurde am 9. 8. in Prešov der östlichste Punkt der Reise erreicht. Hier schloß sich dann auch Dr. Müller aus Praha der Reise an, der neben den autochthonen Landsorten seltener Kulturen auch landwirtschaftlich-ethnographische Besonderheiten untersuchte. Aus Zeitgründen mußte auf das Sammeln in einigen nördlichen Gebieten der Slowakei verzichtet werden, die Fahrt ging deshalb dann zügig nach Westen, wo die letzten Tage in den Slowakischen und Mährisch-Schlesischen Beskiden gearbeitet wurde. Die genaue Reiseroute und der Verlauf der Reise ist in der folgenden Zusammenstellung enthalten (vgl. auch Abb. 1):

Ablauf der Reise zur Sammlung und zum Studium von Landsorten in verschiedenen Gebieten Mährens und der Slowakei (30. 7.–16. 8. 74)

30. 7 Gatersleben–Praha-Ruzyně; Erledigung der Formalitäten im Ústav Genetiky a Šlechtění; Weiterfahrt nach Brno über Kolín–Jihlava

31. 7. Brno–Kyjov–Veselí n. M.–Myjava; Sammeln in den Weißen Karpaten (Bílé Karpaty), besonders bei Hrubá Vrbka und Sobotiště

1. 8. Myjava–Piešt'any–Nitra–Zlaté Moravce–Nová–Baňa–Nová Baňa/ Moraz Dolina; Sammeln besonders im Raum von Nová Baňa

2. 8. Nová Baňa–Horné Hámre–Kl'ak–Horné Hámre–Žarnovica;

Sammeln vor allem am Südrand des Vtáčnik-Gebirges, besonders bei Ostrý Grúň und Kl'ak, bis ca. 600 m ü. M.

3. 8. Žarnovica–Banská Štiavnica–Prenčov–Senohrad–Dobrá Niva–Zvolen; Sammeln im Štiavnické-Gebirge bei etwa 700 m und südwestlich Senohrad (Dolné Mladunice)

4. 8. Zvolen–Vigl'aš–Stará Huta–Tisovské Lazy–Stará Huta–Mýtna–Lučenec; Sammeln vor allem im Raum Stará Huta und Tisovské Lazy

5. 8. Lučenec, Umgebung der Stadt; Präparieren und Trocknen des Sammelmaterials

6. 8. Lučenec–Veliká n. Ipl'on–Dolná Strehová und zurück über Lučenec nach Cinobaňa–Málinec–Kokava n. Rimavicou; Sammeln vor allem südwestlich Lučenec nahe der slowakisch-ungarischen Grenze (Dolná Strehová) und im Raum von Málinec, hier bis ca. 500 m ü. M.

7. 8. Kokava n. Rimavicou – Močiar und zurück über Kokava n. R. nach Ratková–Revúca–Muránska Zdychava, zurück nach Revúca und weiter nach Jelšava–Štitnik–Rožňava; Sammeln in verschiedenen Gebieten des Slowakischen Erzgebirges (Slovenské Rudohorie) besonders bei Močiar und nördlich Revúca (Muránska Zdychava) in Höhen von 600– ca. 800 m

8. 8. Rožňava–Smolník–Gelnica–Prešov; Sammeln vor allem nordöstlich des überquerten Passes des Slowakischen Erzgebirges im Raum von Úhorná in Höhen von ca. 900 m

9. 8. Prešov–Hanušovce–Matiaška; Sammeln vor allem im Gebiet von Matiaška; Eintreffen der Kollegen des Landwirtschaftlichen Museums von Praha

10. 8. Prešov – Levoča – Poprad – Svit – Lipt. Mikuláš – Ružomberok – Dolina Kubin–Orav. Podzámok–Orava-Stausee; Sammeln besonders nordöstlich Ružomberok und südwestlich des Stausees

11. 8. Teilung in zwei Gruppen:
Gruppe 1: Orava-Stausee–Lokca–Oravská Lesná–Nova Bystrica–Krásno–Čadca–Kysúcké Nové Mesto;
Gruppe 2: Orava-Stausee–Vitanova–s Oravica und zurück zum Stausee, dann die Route der Gruppe 1 bis Kysúcké Nové Mesto; Sammeln vor allem in den Bergen südwestlich (Oravská Magura) und südöstlich des Stausees nahe der slowakisch-polnischen Grenze sowie in den Randlagen der Slowakischen Beskiden (Slovenské Beskydy) besonders im Raum von Oravská Lesná

12. 8. Kysúcké Nové Mesto–Čadca–Krásno–Klubina, dann zurück nach Čadca und weiter nach Oščadnica–Svrčinovec–Hrčava–Mosty–Jablunkov–Bystřice–Těšin–Frýdek-Místek; Sammeln vor allem in den Slowakischen Beskiden nördlich Klubina und in den Mährisch-Schlesischen Beskiden (Moravskoslezské Beskydy) bei Hrčava nahe der polnischen Grenze

13. 8. Frýdek-Místek–Frenstát–Rožnov–Velké Karlovice–Vsetín–Gottwaldov–St. Město u Uh. Hradiště–Bučovice–Brno; Sammeln vor allem in den Mährisch-Schlesischen Beskiden nordöstlich Rožnov und in den Vsetínské Vrchy nordwestlich Velké Karlovice um Hutisko Solanec, bis zu Höhen von 600/650 m

14. 8. Brno; Präparieren, Trocknen und Teilen des Sammelmaterials

15. 8. Brno; Verpacken des Materials, Besuch des Mendel-Museums und Rückfahrt nach Praha über Jihlava–Havlíčkův Brod–Kolín

16. 8. Praha; Einholung der phytosanitären Zertifikate zur Ausfuhr des Pflanzenmaterials; finanzielle Abrechnung in Ruzyně und Rückfahrt nach Gatersleben.

Ergebnisse

Das Ergebnis der Sammelreise übertraf alle Erwartungen; im Hinblick auf die relativ geringen Kosten der Unternehmung ist es besonders hoch einzuschätzen. Insgesamt wurden 247 Saatgutproben von Landsorten gesammelt, wobei die Proben entweder direkt vom Feld bzw. von den Gartenkulturen entnommen werden konnten oder aus den Saatgutproben der Bauern erhalten wurden. Die Sammelnummern verteilen sich auf die einzelnen Kulturen wie folgt:

Triticum spp., Weizen	27 Proben	
Hordeum vulgare, Gerste	34	
Avena spp., Hafer	29	
Secale cereale, Roggen	20	
Zea mays, Mais	3	
Mischproben mehrerer Getreide	26	
Getreide insgesamt		139 Proben
Phaseolus ssp., Bohnen	11 Proben	
Pisum sativum, Erbsen	27 „	
Cicer arietinum, Kichererbsen	7 „	
Lathyrus sativus, Platterbsen	5 „	
Vicia faba, Ackerbohne	4 „	
Körnerleguminosen insgesamt		54 Proben
Papaver somniferum, Mohn	11 „	
Lactuca sativa, Salat	8 „	
Brassica spp., Kohl, Wasser- und Kohlrübe	7	
Cucumis, *Cucurbita*, Gurken, Kürbisse	4	
sonstige Gemüse- u. Heilpflanzen	11	
Gemüse- u. Heilpflanzen insgesamt		41 Proben
Unkräuter und Wildpflanzen		13 Proben
insgesamt:		247 Proben

Wie eine inzwischen weitgehend abgeschlossene erste Sichtung des Sammelmaterials ergab, stellt ein beachtlicher Teil der Nummern, besonders der Getreide und Leguminosen, Mischproben mitunter verschiedener Arten (Roggen + Weizen, Hafer + Gerste, Garten- + Feuerbohne u. a.) oder morphologisch oft recht unterschiedlicher Varianten derselben Art dar, so daß manche Nummern außerordentlich bunte Populationen repräsentieren. So setzt sich z. B. die Probe 25 (*Phaseolus*-Bohnen aus dem Saatgutvorrat von L. Tušinský in Nová Baňa) aus 13 Varianten hinsichtlich der Größe, Form und Farbe der Samen von *Phaseolus vulgaris* sowie 3 entsprechenden Varianten von *Ph. coccineus* zusammen, wobei 3 Samentypen von *Ph. vulgaris* und 1 Typ von *Ph. coccineus* den Hauptteil der Probe ausmachen und die übrigen als z. T. nur in wenigen Körnern vorliegende Beimengungen anzusehen sind.

Noch variabler erwies sich eine andere Bohnenprobe (Nr. 76, Saatgutvorrat von A. Debnár aus Ostrý Grúň), die 16 Samenvarianten von *Ph. vulgaris*, 3 von *Ph. coccineus* und kleine Beimengungen von Erbsen und Ackerbohnen enthielt. Eine bei Slatinské Lazy im Slowakischen Karst gesammelte Weizen-

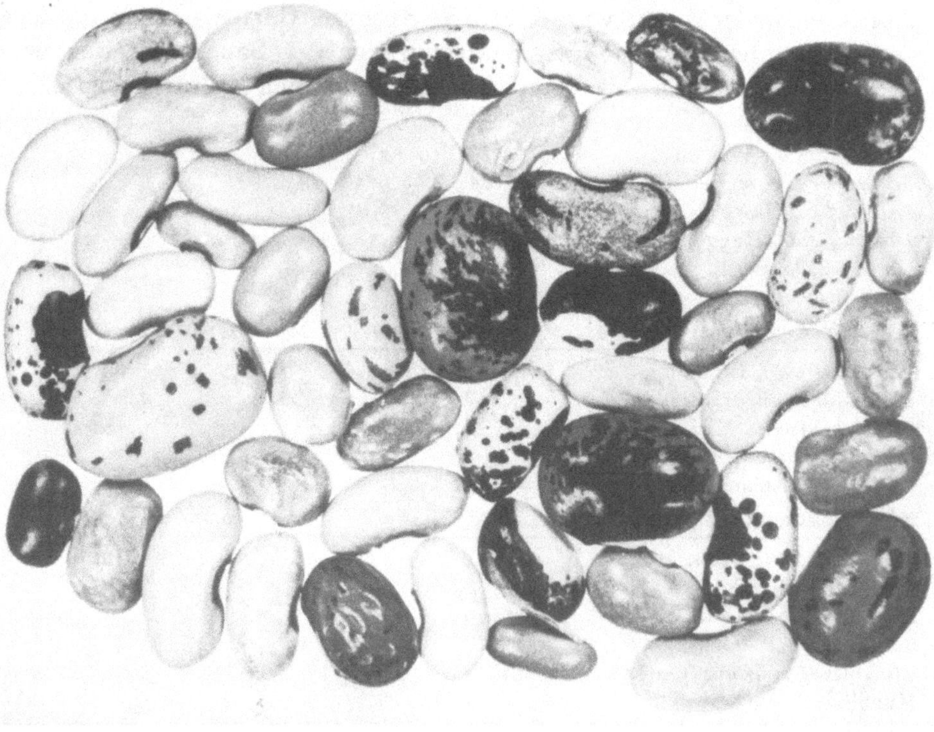

Abb. 2 Diese Bohnenprobe aus Ostrý Gruň veranschaulicht den Formenreichtum indigener Landsorten; die Probe besteht vorwiegend aus verschiedenen Samenvarianten von *Phaseolus vulgaris*, mit einer zusätzlichen Beimengung von *Ph. coccineus* (davon auf dem Bild 5 Samen)

Abb. 3 Bestandteile einer formenreichen Population von *Triticum aestivum* aus Slatinské Lazy

probe bestand abgesehen von einer Roggen-Beimengung aus den folgenden 5 Varietäten von *Triticum aestivum*: var. *ferrugineum*, var. *subferrugineum*, var. *suberythrospermum*, var. *lutescens* und var. *lutescenscompactoides* (vgl. auch Abb. 2 und 3).

Auf Grund der dadurch notwendig gewordenen Auftrennungen erhöht sich die effektive Zahl der Sammelproben noch wesentlich.

An Herbarmaterial wurden 326 Nummern in 539 Bögen eingelegt. Davon verblieben 403 Bögen an der Landwirtschaftlichen Hochschule in Brno für die dort laufenden pflanzensoziologischen Untersuchungen von Ackerunkrautgesellschaften, das restliche Material dient in Gatersleben der taxonomischen Bearbeitung und Vervollständigung der vorhandenen Archive.

Ergebnis der Reise sind auch umfangreiche Notizen zur Kulturpflanzenflora und Landwirtschaft der besuchten Gebiete sowie wertvolles fotografisches Anschauungsmaterial.

Ohne der eigentlichen wissenschaftlichen Bearbeitung des Sammelmaterials vorgreifen zu wollen, sei bereits hier auf einige der seltenen Reliktkulturen hingewiesen, die sich unter den Proben befinden und die deren wissenschaftlichen Wert dokumentieren.

In zwei Dörfern der Weißen Karpathen bzw. des Slowakischen Karsts (Sobotiště und Tisovské Lazy) gelang es, einen noch vorhandenen Anbau von Emmer, *Triticum dicoccon*, z. T. in Reinsaat nachzuweisen, über dessen Ausdehnung und Geschichte bereits Veröffentlichungen von Dr. KÜHN vorliegen. Die mit Emmer bestellten Flächen haben in den letzten Jahren sehr stark abgenommen. Rauhhafer, *Avena nuda* (*A. strigosa*), wurde – allerdings nur als Beimengung von Saathafer – mehrfach in den südlichen Ausläufern des Slowakischen Erzgebirges gefunden. Nacktgersten-Formen konnten – als Beimischung von Weizen, nur einmal in einem Reinbestand – in den Vsetínské Vrchy-Bergen in NO-Mähren gesammelt werden. Die Suche nach dem ehemals in den Gebirgsgegenden als Brandrodekultur verbreiteten mehrjährigen Johannisroggen, *Secale cereale* var. *multicaule*, in den Beskiden war dagegen vergeblich; es ist jedoch möglich, daß eine im Slowakischen Erzgebirge nördlich Revúca gesammelte Roggenprobe derartige Formen enthält, was aber erst an Hand des Nachbaues entschieden werden kann. In den südlichen Teilen der West- und Mittelslowakei wurde mehrfach noch ein kleinflächiger oder gartenmäßiger Anbau von Platterbse, *Lathyrus sativus*, Kichererbse, *Cicer arietinum*, und Färbersaflor, *Carthamus tinctorius*, festgestellt, die im außermediterranen Raum Europas als ausgeprochene Reliktkulturen zu gelten haben. Schließlich gehört auch die Beobachtung eines gärtnerischen Anbaues des primitiven Schüttmohns zu den kulturpflanzenfloristischen Besonderheiten der Reise. Spezielle Aufmerksamkeit bei der Bearbeitung werden dann vor allem die formenreichen Weizen-, Hafer-, Roggen- und Bohnenproben erfordern, deren Charakter von autochthonen Landsorten sich vielfach auch durch eine bezeichnende Unkraut-Begleitflora (u. a. *Agrostemma githago*, *Lolium temulentum*, *Bromus secalinus*) auswies.

Ein außerordentlich rascher Rückgang des Anbaues dieser alten Landsorten konnte überall festgestellt werden. Für manche der bereisten Gebiete, z. B. im Slowakischen Erzgebirge, in denen aus ökonomischen Gründen und im Zusammenhang mit Rationalisierungsmaßnahmen bzw. mit der Veränderung der Landwirtschafts- und Bevölkerungsstruktur ein einschneidender Rückgang der ackerbaulichen Nutzung landwirtschaftlicher Flächen unmittelbar bevorsteht, bot die Sammelreise offensichtlich die letzte Gelegenheit, das indigene Kulturpflanzenmaterial für die Erhaltung in Sortimenten und die künftige Nutzung durch die Züchtung zu retten.

Einige begünstigende Faktoren haben wesentlich zum Erfolg der Reise beigetragen. Darunter ist in erster Linie die intensive Vorbereitung durch Dr. F. KÜHN, seine eingehende Vertrautheit mit der Problematik und profunde Kenntnis des Landes und seiner Wild- und Kulturpflanzenflora zu nennen. Das große Verständnis und Entgegenkommen, das die slowakischen Bauern und – hinsichtlich der Gemüsekulturen – Bäuerinnen, deren besondere Obhut den Haus- und Gemüsegärten gilt, unserem Vorhaben zeigten, ermöglichte die Sammlung vieler Formen aus den eingelagerten Saatgutvorräten, die wegen mangelnder Reife der eigentlichen Pflanzenbestände sonst hätten unberücksichtigt bleiben müssen. Im allgemeinen war für Getreidekulturen der Zeitpunkt der Reise günstig, bei den Gemüsen und Körnerleguminosen mußte allerdings vielfach auf das noch vorhandene bäuerliche Saatgut zurückgegriffen werden.

Die in den gebirgigen Lagen noch praktizierte individuell-bäuerliche Wirtschaftsweise hat verständlicherweise die Voraussetzung für den bis in die Gegenwart reichenden Anbau der alten einheimischen Sorten und Reliktkulturen geliefert.

Die wissenschaftliche Bearbeitung des gesammelten Materials erfolgt gemeinsam durch die Teilnehmer der Reise aus Brno und Gatersleben. Sie ist mit einer ersten Bonitierung der Saatgutproben eingeleitet. Die Vermehrung aller Proben wird entsprechend einer mit Dr. KÜHN getroffenen Vereinbarung im Rahmen des jährlichen Sortimentsanbaues in Gatersleben und zwar erstmals 1975 vorgenommen. Nach der Vermehrung wird dann das Saatgut tschechoslowakischen Institutionen, insbesondere an das Ústav Genetiky a Šlechtěni in Praha-Ruzyně übergeben. Die Publikation der Untersuchungen wird in einem der nächsten Bände der „Kulturpflanze“ erfolgen.

Aus den während der Reise gewonnenen Erfahrungen ergeben sich einige Schlußfolgerungen für eine Weiterführung der Sammeltätigkeit: Eine Erfassung von Landsorten in den von der durchgeführten Reise nicht berücksichtigten Gebieten der Ostslowakei, in denen ebenfalls wertvolles Ausgangsmaterial von Getreiden, Körnerleguminosen und Gemüsen zu erwarten ist, wäre dringend erforderlich. In der Südslowakei ist noch mit einem kleinflächigen Anbau besonders frühreifer Körnermaise zu rechnen, deren Sammlung und Nutzung für die Züchtung im mittleren Europa ebenfalls von Bedeutung sein dürfte.

Die der Slowakei benachbarten Gebiete der VR Polen, besonders in den Beskiden und Karpathen, sind hinsichtlich ihres Sortenbestandes für die meisten Kulturarten weitgehend unbekannt. Auch hier ist, begünstigt durch die dortige Wirtschaftsstruktur der Landwirtschaft, mit dem Vorkommen von interessanten Kulturpflanzenformen, z. B. Nacktgersten und Johannisroggen zu rechnen. Sammlungen in diesen Gebieten versprechen gleichfalls Erfolg.

Nicht zuletzt regte die Reise dazu an, auch in der DDR nach aus dem Anbau verschwindenden Kulturarten und -sorten vor allem unter den Gemüsen zu suchen.

Kulturpflanze XXIII · 1975 · S. 217—221

Chlorophyllbestimmungen mittels eines Aceton-Diäthyläther-Methanol-Petroläther-Gemisches

H. SAGROMSKY

(Eingegangen am 19. Februar 1975)

Einleitung

In früheren Untersuchungen (H. SAGROMSKY und V. S. SAAKOV 1970) war gezeigt worden, daß sich die Plastidenpigmente aus verschiedenem Blattmaterial durch ein Gemisch von Aceton, Diäthyläther, Methanol und Petroläther im Verhältnis 1 : 1 : 1 : 1 leichter extrahieren lassen als durch Methanol oder Aceton allein. Inzwischen konnte beobachtet werden, daß dieses Gemisch auch für Material mit dicken und schwer durchlässigen Zellmembranen besonders geeignet ist, zum Beispiel für viele Algen und deren Dauerformen. In solchen Fällen ist bisher heißes Methanol verwandt worden, wobei jedoch die Gefahr besteht, daß heißes Methanol gewisse Pigmentzerstörungen hervorruft. PORRA und GRIMME (1974) geben für diese Objekte ein alkalisches Pyridin (2,1 M Pyridin in 0,35 n NaOH) als Extraktionsmittel an. Für die Berechnung des Chlorophyll *a*- und des Chlorophyll *b*-Gehaltes stellen sie Gleichungen auf, in denen die Extinktionswerte des alkalischen Pyridinextraktes an den Stellen der Hauptabsorptionsmaxima von Chlorophyll *a* und von Chlorophyll *b* im Blau benötigt werden. Da Carotinoide oder Abbauprodukte davon im Blau die Absorption beeinflussen können, sollten für unser Extraktionsmittel Formeln zur Errechnung der Pigmentgehalte (Chlorophyll *a* und Chlorophyll *b*) bestimmt werden, die die Extinktionswerte an den Hauptabsorptionsmaxima von Chlorophyll *a* und Chlorophyll *b* im Rot enthalten.

Spezifische Absorptionskoeffizienten für Chlorophyll a und Chlorophyll b im Lösungsmittelgemisch

Zur Ermittlung der spezifischen Absorptionskoeffizienten für Chlorophyll *a* und Chlorophyll *b* im Lösungsmittelgemisch für die Wellenlängen ihrer Hauptabsorptionsmaxima im Rot wurde zunächst reines Chlorophyll *a* und Chlorophyll *b* hergestellt. — Wie in früheren Untersuchungen (SAGROMSKY 1954) wurden Blätter von *Hordeum vulgare* cv. Donaria, in Erde in einem normalen Gewächshaus kultiviert, mit Methanol extrahiert und die Chlorophylle und ein Teil der Carotinoide in Benzin (thiophenfrei) übergeschüttelt (der Benzinextrakt wurde zur Schonung des Materials sehr stark gemacht, so daß eine Einengung dieser Lösung nicht nötig war). Die Pigmenttrennung geschah an einer 2 cm dicken und 25 cm langen Puderzuckersäule. Nach dem Auftragen des Benzinextraktes wurde die Säule zunächst mit Benzin, dann mit einem Benzin-Benzol-Gemisch (2 : 1) und darauf mit einem Benzin-Benzol-Gemisch, dem 9 Tropfen Methanol pro 100 ccm zugesetzt worden waren, gewaschen. Die Zonen mit Chlorophyll *a* und Chlorophyll *b*, die voneinander getrennt und frei von Carotinoiden waren, konnten nun aus der Säule gekratzt (Zwischenzonen wurden verworfen), Chlorophyll *a* beziehungsweise Chlorophyll *b* daraus mit Methanol eluiert, ein zweites Mal gereinigt und dann vom Methanol in Diäthyläther (peroxydfrei) übergeschüttelt werden. Von diesen reinen Chlorophyll *a*- beziehungsweise Chlorophyll *b*-Lösungen wurden gleiche Pigmentmengen von Chlorophyll *a* oder von Chlorophyll *b* in Diäthyläther oder in Lösungsmittelgemisch (Aceton, Diäthyläther, Methanol, Petroläther) gebracht. Das geschah durch Einpipettieren von je 5 ccm wasserfreier Chlorophyll *a*- beziehungsweise Chlorophyll *b*-Diäthylätherlösung in zwei 20 ccm-Meßkölbchen, wonach das eine Kölbchen mit Diäthyläther auf 20 ccm aufgefüllt, der Inhalt des andern mit einem Gemisch aus Aceton, Methanol und Petroläther (1 : 1 : 1) zu 20 ccm ergänzt wurde. Die Aufnahme von Absorptionsspektren von Chlorophyll *a* beziehungsweise Chlorophyll *b* geschah mit einem Unicam-Spektrophotometer SP 800. Die Absorption von Chlorophyll *a* sowie von Chlorophyll *b* war im Lösungsmittelgemisch etwas geringer als in Diäthyläther. Im Rot lag in Diäthyläther die Hauptabsorptionsbande von Chlorophyll *a* bei 662 nm, im Lösungsmittelgemisch bei 664,5 nm. Chlorophyll *b* hatte im Diäthyläther den Hauptabsorptionsgipfel bei 644 nm, im Lösungsmittelgemisch bei 648,5 nm. Die Messungen wurden mit 20 Parallelen angesetzt.

Nun konnten die spezifischen Extinktionskoeffizienten von Chlorophyll *a* sowie von Chlorophyll *b* bei 664,5 nm und bei 648,5 nm im Lösungsmittelgemisch berechnet werden. Für die Konzentration C_a (in g/Liter) von Chlorophyll *a* in der Diäthylätherlösung gilt die Gleichung

$$C_a = \frac{E'^{662}_{1\,\mathrm{cm}}}{\alpha'}$$

wobei $E'^{662}_{1\,\mathrm{cm}}$ die optische Dichte von 1 cm Diäthylätherlösung von Chlorophyll *a* an seinem Absorptionsmaxima bei 662 nm und α' der spezifische Absorptionskoeffizient von Chlorophyll *a* bei 662 nm in Diäthyläther ist. Da die gleiche Menge Chlorophyll *a* auch im Extraktionsgemisch enthalten ist, gilt auch für C_a:

$$C_a = \frac{E^{664,5}_{1\,\mathrm{cm}}}{\alpha},$$

wobei α der spezifische Absorptionskoeffizient von Chlorophyll *a* am Absorptionsmaximum bei 664,5 nm im Lösungsmittelgemisch und $E^{664,5}_{1\mathrm{cm}}$ die optische Dichte von 1 cm des Chlorophyll *a* im Lösungsmittelgemisch ist. Aus diesen beiden Gleichungen ergibt sich:

$$\alpha = \frac{\alpha' \cdot E^{664,5}_{1\,\mathrm{cm}}}{E'^{662,5}_{1\,\mathrm{cm}}}.$$

Nach SMITH und BENITEZ (1955) hat Chlorophyll *a* in Diäthyläther bei 662 nm den spezifischen Absorptionskoeffizienten α' von 100,9, Chlorophyll *b* bei 644 nm den Wert β' von 62. Dann ergibt sich für α:

$$\alpha = \frac{100{,}9 \cdot E_{1\,\mathrm{cm}}^{664,5}}{E'^{662}_{1\,\mathrm{cm}}}.$$

Nach Einsetzen der Werte für $E_{1\mathrm{cm}}^{664,5}$ und $E'^{662}_{1\mathrm{cm}}$ aus 20 Versuchen ergab sich für α die Größe 87,39. Ähnlich wurde der spezifische Absorptionskoeffizient β von Chlorophyll *b* im Lösungsmittelgemisch an seinem Rotmaximum bei 648,5 nm zu 48,05 bestimmt. Aus 20 Absorptionskurven für Chlorophyll *a* beziehungsweise für Chlorophyll *b* im Extraktionsmittelgemisch ließ sich ableiten, daß der spezifische Absorptionskoeffizient von Chlorophyll *a* bei 648,5 nm gleich $0{,}3195 \cdot \alpha$ und der spezifische Absorptionskoeffizient von Chlorophyll *b* bei 664,5 nm gleich $0{,}3867 \cdot \beta$ ist.

Berechnung von Chlorophyllkonzentrationen aus dem Lösungsmittelgemisch

Für ein Lösungsmittelgemisch, das Chlorophyll *a* und Chlorophyll *b* enthält, ergeben sich danach für die optischen Dichten bei 664,5 nm und 648,5 nm folgende Gleichungen:

$$E_{1\,\mathrm{cm}}^{664,5} = \alpha \cdot C_a + 0{,}3867\beta \cdot C_b$$

und

$$E_{1\,\mathrm{cm}}^{648,5} = 0{,}3195\,\alpha \cdot C_a + \beta \cdot C_b,$$

wobei C_a und C_b die Chlorophyll *a*- und die Chlorophyll *b*-Konzentration in g pro Liter Lösung ist. Dann ist

$$C_a = \frac{\begin{vmatrix} E_{1\,\mathrm{cm}}^{664,5} & 0{,}3867\,\beta \\ E_{1\,\mathrm{cm}}^{648,5} & \beta \end{vmatrix}}{\begin{vmatrix} \alpha & 0{,}3867\,\beta \\ 0{,}3195\,\alpha & \beta \end{vmatrix}}$$

$$C_b = \frac{\begin{vmatrix} \alpha & E_{1\,\mathrm{cm}}^{664,5} \\ 0{,}3195\,\alpha & E_{1\,\mathrm{cm}}^{648,5} \end{vmatrix}}{\begin{vmatrix} \alpha & 0{,}3867\,\beta \\ 0{,}3195\,\alpha & \beta \end{vmatrix}}.$$

Nach Einsetzen der Werte für α und β ist dann:

$$C_a\ (\mathrm{g/Liter}) = 0{,}01306\ E_{1\,\mathrm{cm}}^{664,5} - 0{,}00505\ E_{1\,\mathrm{cm}}^{648,5}$$

$$C_b\ (\mathrm{g/Liter}) = 0{,}02374\ E_{1\,\mathrm{cm}}^{648,5} - 0{,}00759\ E_{1\,\mathrm{cm}}^{664,5}$$

oder

$$C_a\ (\mathrm{mg/Liter}) = 13{,}06\ E_{1\,\mathrm{cm}}^{664,5} - 5{,}05\ E_{1\,\mathrm{cm}}^{648,5}$$

$$C_b\ (\mathrm{mg/Liter}) = 23{,}74\ E_{1\,\mathrm{cm}}^{648,5} - 7{,}59\ E_{1\,\mathrm{cm}}^{664,5}$$

und für das Gesamtchlorophyll:

C_{a+b} (mg/Liter) $= 5{,}47\ E_{1\,\mathrm{cm}}^{664,5} - 18{,}69\ E_{1\,\mathrm{cm}}^{648,5}$.

Die Koeffizienten dieser Gleichungen liegen in der Größenordnung von Werten bei anderen Berechnungsvorschriften (siehe Šesták 1971). Die Extraktion mit dem Lösungsmittelgemisch verläuft relativ schnell und schonend und ist auch bei Material mit schwer durchlässigen Zellmembranen anwendbar. Gegenüber der Vorschrift von Porra und Grimma (1974) hat sie den Vorteil, daß Erwärmungen des Materials auf 60 °C nicht nötig sind und optische Dichten im Rot benutzt werden, im Bereich, in dem Carotinoide oder Abbauprodukte davon nicht absorbieren.

Zusammenfassung

Die Plastidenpigmente wurden mittels eines Gemisches aus Aceton, Diäthyläther, Methanol und Petroläther im Verhältnis 1 : 1 : 1 : 1 extrahiert, die spezifischen Absorptionskoeffizienten für Chlorophyll *a* und Chlorophyll *b* für die Wellenlängen 664,5 nm und 648,5 nm (Lage der Absorptionsmaxima von Chlorophyll *a* und Chlorophyll *b* im Lösungsmittelgemisch) ermittelt und Gleichungen für die Berechnung des Chlorophyll *a*- und des Chlorophyll *b*-Gehaltes im Extraktionsmittel gegeben.

Summary

Determination of chlorophylls in a mixture of acetone, diethyl ether, methanol and petroleum ether

The plastid pigments were extracted by a mixture of acetone, diethyl ether, methanol and petroleum ether (1 : 1 : 1 : 1), the specific absorption coefficients for chlorophyll *a* and chlorophyll *b* at 664,5 nm and 648,5 nm (location of the absorption pikes of chlorophyll *a* and chlorophyll *b* in the solvent mixture) determined and equations given for the calculation of chlorophyll *a* and chlorophyll *b* from the extraction solution.

Краткое содержание

Определения хлорофилла при помощи смеси ацетон — диэтиловый эфир — метанол — петролейный эфир

Пластидные пигменты экстрагировались смесью из ацетона, диэтилового эфира, метанола и петролейного эфира в отношениях 1 : 1 : 1 : 1. Определялись специфические коэффициенты абсорбции для хлорофилла *a* и хлорофилла *b* на длине волн 664,5 *нм* и 648,5 *нм* (максимальная абсорбция для хлорофилла *a* и *b* в смеси растворителей). Даются уравнения для вычисления содержания хлорофилла *a* и хлорофилла *b* в экстракционной смеси.

Literatur

Porra, R. J. and L. H. Grimme, 1974: A new procedure for the determination of chlorophylls *a* and *b* and its application to normal and regreening *Chlorella*. – Anal. Biochem. *57*, 255–267.

Sagromsky, H., 1954: Einfluß von Lichtintensität und Tageslänge auf Wachstum und Pigmentbildung verschiedener Tomatenmutanten. – Die Kulturpflanze *II*, 155–163.

– und V. S. Saakov, 1970: Ein Vergleich verschiedener Extraktionsmittel für Plastidenpigmente. – Die Kulturpflanze *XVIII*, 241–251.

Sesták, Z., 1971: Determination of chlorophyll *a* and chlorophyll *b*. – In: Sesták, Catsky and Jarvis: Plant Photosynthetic Production, Manual of Methods. – The Hague, 662–701.

Smith, J. H. C. and A. Benitez, 1955: Chlorophylls: Analysis in plant materials. – In: Paech-Tracy: Moderne Methoden der Pflanzenanalyse, Berlin-Göttingen-Heidelberg Bd. 4, 142–196.

Frau U. Danneil danke ich für die Mithilfe bei den Untersuchungen.

Kulturpflanze XXIII · 1975 · S. 223—239

Pflanzenproteine: Ihre wirtschaftliche Bedeutung und Nutzung[1]

KLAUS MÜNTZ

(Eingegangen am 26. Februar 1975)

1. Das Protein-Problem

Die nach wie vor rasch zunehmende Zahl der auf der Erde lebenden Menschen führt zu dem Zwang, die auf der Erde vorhandenen Ressourcen verschiedener Art, darunter insbesondere jene für Nahrungsmittel, in immer stärkerem Maße auszunutzen. Diese Situation konfrontiert uns mit einem doppelten Problem: Die im Durchschnitt in der Welt bereits ungenügende Nahrungsmittelversorgung und -verteilung für die gegenwärtige Bevölkerung muß einerseits verbessert werden und gleichzeitig muß dafür gesorgt werden, daß quantitativ aber auch qualitativ ausreichende Nahrung für den weiteren Bevölkerungszuwachs geschaffen wird. Nach Auffassung von KOSARIC (7) kann das gegenwärtige landwirtschaftliche Weltpotential selbst bei besten Erträgen, verbesserter Verteilung und verringerten Verlusten nicht jene Menge an Nahrung erzeugen, die in 20 Jahren für die dann auf der Erde lebende Bevölkerung benötigt werden wird. Deshalb ist es unumgänglich notwendig, neue Methoden und Technologien zu entwickeln und alle möglichen unkonventionellen Nahrungsressourcen zu erforschen, um den gegenwärtigen und zukünftigen Nahrungsbedarf in der Welt zu decken.

Im Rahmen dieser Problematik spielen die Proteine eine besondere Rolle. Protein bildet in der Nahrung des Menschen und für das Futter der überwiegenden Anzahl landwirtschaftlicher Nutztiere einen unverzichtbaren und durch nichts anderes ersetzbaren Bestandteil. Optimale Proteinmenge und -qualität in einem Nahrungs- oder Futtermittel bestimmen den Ernährungswert für das betreffende Lebewesen entscheidend. Eine hinsichtlich der Proteinqualität und -quantität optimale Nahrung gestattet es nicht nur, die in den sogenannten Entwicklungsländern hauptsächlich verbreiteten Proteinmangelkrankheiten, Kwashiorkor und Marasmus, zu vermeiden oder soweit noch möglich zu heilen, sondern stellt auch ein entscheidendes Mittel zur

[1] Überarbeitete Fassung eines Vortrages anläßlich des Festcolloquiums zum 65. Geburtstag von Akademiemitglied W. R. MÜLLER-STOLL (Potsdam), gehalten am 23. 4. 1974 in Potsdam.

Gesunderhaltung der Bevölkerung in den hochentwickelten Industriestaaten dar. Gleichzeitig mit diesen Wirkungen kann in einigen Ländern eine Senkung des Pro-Kopf-Verbrauches an Nahrung und damit indirekt eine Verbesserung der Nahrungssituation angestrebt werden.

Ebenso wie das Welternährungs- ist auch das Protein-Problem so komplex, daß es hier nicht weiter unter allgemeinen Gesichtspunkten betrachtet werden kann. Hingewiesen sei nur noch auf die Verschiedenartigkeit der Aufgaben in Entwicklungsländern und den hochentwickelten Industriestaaten, um zu zeigen, welcher Aspekt für die DDR zutrifft. Etwa 71% der Weltbevölkerung leben in den ökonomisch unterentwickelten Regionen der Erde. Sie erzeugen jedoch nur 42% des Weltnahrungsaufkommens und haben nur mit 21% Anteil am Einkommen der Weltbevölkerung. Die durchschnittliche Pro-Kopf-Protein-Versorgung beträgt z. B. in Indien 50 g/Tag, erforderlich wären 70 g/Tag, aber die nationalen Verteilungsverhältnisse führen dazu, daß große Teile der Bevölkerung weit weniger als den Durchschnittswert bekommen. Darunter leiden vor allem die Kinder, bei denen sich innerhalb der ersten 18 Lebensmonate 80% des Zentralnervensystems ausgebildet haben und bis zum 4. Lebensjahr 90% der Gehirnstruktur entwickeln (11). Proteinmangelernährung führt dazu, daß im genannten Zeitraum der Jugendentwicklung bleibende Schäden in Gehirn und Nervensystem entstehen, die die Leistungsfähigkeit im Erwachsenenalter wesentlich herabsetzen und auf diese Weise die gesellschaftliche Entwicklung zusätzlich hemmen. Aus diesen wenigen Zahlen ist ersichtlich, worauf es in den Entwicklungsländern ankommt: Zusammen mit der Masse der im Inland erzeugten und der importierten Nahrungsmittel muß die Menge der bereitgestellten Nahrungsproteine erhöht werden, der Anteil des Proteins in der Nahrung muß rascher steigen als das Nahrungsaufkommen und die Ernährungsqualität des Proteinanteils in der Nahrung muß sich verbessern. Gleichzeitig aber muß die Entwicklung der Produktivität so gestaltet werden, daß die betreffenden Nahrungsmittel billig und die Einkommen genügend hoch sind, damit sie von allen Bevölkerungsschichten gekauft werden können. Hemmende nationale Traditionen und religiöse Bräuche müssen überwunden, soziale Änderungen vollzogen werden. Die Lösung des Protein-Problems ist in diesen Ländern unlösbar mit gesellschaftlichen Umwälzungen verknüpft.

In den hochentwickelten, industrialisierten Ländern ist das Protein-Problem ebenfalls nicht getrennt von sozialen Aufgaben zu bewältigen. Jedoch kommt es hier darauf an, auf der nicht erweiterungsfähigen oder sich sogar verkleinernden Nutzfläche mehr, qualitativ hochwertigeres Protein mit immer geringerem Aufwand zu erzeugen. Dabei gibt es im einzelnen in mancherlei Hinsicht ähnliche Aufgaben zu lösen wie in Entwicklungsländern.

Sie lassen sich folgendermaßen zusammenfassen:

1. Steigerung des Proteinaufkommens, auf extensivem oder intensivem Wege;
2. Verbesserung der Proteinqualität durch Erzeugung qualitativ verbesserter

Ernteprodukte, durch Herstellung entsprechender Produktgemische oder durch Supplementation von Nahrungs- bzw. Futtermitteln mittels Aminosäuren aus chemischer oder mikrobieller Produktion (1).

Zur Lösung dieser Aufgaben müssen folgende Wege beschritten werden:

1. Züchterische Steigerung des Proteinanteils oder/und der Proteinqualität in Proteinträgern;
2. Anwendung physiologischer, über den Pflanzenbau, die Mikrobenkultur oder Tierernährung wirkender Maßnahmen zur Steigerung des Proteinaufkommens und evtl. zur Steigerung der Proteinqualität;
3. Ausdehnung der Nutzung auf unkonventionelle Proteinträger (Mikroben, Algen, extrahiertes Blattprotein);
4. Betriebswirtschaftliche Maßnahmen zur Rationalisierung und Senkung von Produktverlusten.

Welche Funktion haben Pflanzenproteine bei der Lösung dieser Aufgaben?

2. Bedeutung der Pflanzenproteine bei der Lösung des Proteinproblems

2.1 Pflanzen als primäre Proteinproduzenten auf der Erde

Photoautotrophe Organismen sind die Primärproduzenten von Protein auf der heutigen Erde. Dieser Gruppe von Lebewesen gehören alle höheren grünen Pflanzen an. Alles tierische Eiweiß und Mikrobenprotein geht direkt oder indirekt auf stickstoffhaltige organische Kohlenstoffverbindungen zurück, die von photoautotrophen Organismen gebildet worden sind. Die Umwandlung von pflanzlichen Proteinen in tierische bzw. Mikrobenproteine ist stets mit dem Verlust von mehr als der Hälfte des ursprünglich in den Pflanzen vorhandenen Proteinstickstoffs verbunden. Andererseits führt diese Umwandlung häufig zu Protein mit verbesserter biologischer Wertigkeit für die menschliche Ernährung bzw. Tierfütterung. Die direkte Ernährung des Menschen mit pflanzlichem Protein ist die verlustloseste Form der Nutzung des primär von photoautotrophen Lebewesens synthetisierten Eiweißes. Infolgedessen wird nach Wegen gesucht, den Anteil von Pflanzenprotein in der menschlichen Ernährung und Tierfütterung zu erhöhen, die biologische Wertigkeit des Pflanzenproteins zu verbessern und die Produktion von Pflanzeneiweiß bezogen auf die landwirtschaftliche Nutzfläche zu steigern.

2.2 Einteilung der Pflanzenproteine

Bei den Pflanzenproteinen kann man drei funktionell verschiedene Gruppen unterscheiden:

- Enzymproteine u. ä. biologisch aktive Proteine
- Strukturproteine, z. B. Histone
- Reserveproteine.

Enzymproteine und Strukturproteine sind in allen lebenden Zellen zu finden und haben lebensnotwendige biologische Funktionen, z. B. enzymatische Katalyse biochemischer Reaktionen oder Regulation von Differenzierungsvorgängen. Reserveproteine findet man in Speichergeweben von Samen.

Im folgenden sollen die Begriffe „Samenprotein" für Reserveprotein und „Blattprotein" für jenen Proteinkomplex aus vegetativen Pflanzenorganen verwendet werden, der in der Hauptsache Enzymproteine, daneben aber auch Strukturproteine umfaßt. Die Verwendung dieser Begriffe ist insofern gerechtfertigt, als wie bereits festgestellt, echte Reserveproteine nur in den Samen vorkommen und Blattproteine durch Weidewirtschaft, Heugewinnung, Gemüseverwertung u. a. einen entscheidenden Teil andersartiger Pflanzenproteine in Tierfütterung und menschlicher Ernährung ausmachen.

2.2.1 Samenproteine

Reserveproteine unterscheiden sich von Enzym- und Strukturproteinen in einigen wesentlichen Merkmalen: Soweit man heute weiß, besitzen pflanzliche Reserveproteine keine biologische Aktivität im Sinne von Enzymen, sie kommen nur in den Zellen bestimmter Organe vor, sind darin auf besondere Speicherorganelle konzentriert, unterliegen keinem sofortigen „turnover" und unterscheiden sich meist in ihrer Aminosäurezusammensetzung erheblich von Enzym- und Strukturproteinen. Echte Reserveproteine kommen in den Samen der höheren Pflanzen vor. Tiere und Mikroben besitzen keine Reserveproteine.

Tabelle 1

Körner- und Rohproteinertrag verschiedener Leguminosen

Fruchtart	Körnerertrag dt/ha	Rohprotein-ertrag dt/ha	Literatur-quelle	Anbauort
Ackerbohne	33,2	9,98	(9)	
Buschbohne	21,2	4,97	(9)	
Speiseerbse	19,9	4,88	(9)	Europa
Futtererbse	18,7	4,74	(9)	gemäßigte
Weißlupine	22,3	8,18	(9)	Zone
Schmalbl. Lupine	22,7	7,22	(9)	(DDR)
Gelblupine	16,2	7,01	(9)	
Sojabohne	9,5	3,70	(9)	
Sojabohne	10–20	3,8–7,6	(2)	trop. und
Erdnuß	15–20	3,8–5,6	(2)	subtrop.
Mungobohne	2–7	0,4–1,7	(2)	Afrika/Asien

Samenproteine werden in Abhängigkeit von den Entwicklungsphasen der Frucht gebildet (8). In einer ersten „Jugendphase", während der sich Endosperm- oder Kotyledonenzellenzahl durch Mitosen entwickeln, werden keine Reserveproteine gebildet. Erst nach Abschluß der Mitosen in den Speicher-

Tabelle 2

Aminosäurezusammensetzung der Samen verschiedener Leguminosen (mg/g N)

	Isoleucin	Leucin	Lysin	Phenylalanin	Tyrosin	S-haltige AS (gesamt)	Methionin	Cystin	Threonin	Tryptophan	Valin	Proteinwert vgl. mit FAO-Empfehlung	limit. Aminosäuren No. 1	limit. Aminosäuren No. 2	Quellen
Vicia faba	390	540	350	260	170	70	30	40	200	60	310	26	S.	Try.	1
Phaseolus vulgaris	360	540	460	350	240	120	60	60	270	60	380	46	S.	Try.	1
Phaseolus mungo	270	490	460	410	210	140	90	60	230	–	370				2
Pisum sativum	350	520	460	320	250	160	80	80	240	70	350	58	S.	Try.	1
Lupinus albus	–	–	325	–	–	174	63	112	–	75	–				3
Lens esculenta	330	440	380	280	170	100	50	50	220	50	340	36	S.	Try.	1
Glycine max	340	480	400	310	200	200	80	110	250	90	330	72	S.	Try.	1
Arachis hypogaea	260	380	220	320	220	150	60	90	170	70	310	55	S.	Try.	1
FAO-Empfehlung	270	306	270	180	180	270	144	126	180	90	270	100			

1 ORR, M. L. and WATT, B. K. 1957 U. S. D. A. Home economics Research Rep. No. 4
2 CERIGHELLI, R., BUSSON, F., TOURY, J. and BERGERET, B. 1959. Annales Nutrit. Alimentation, Vol. *XIV*, No. 2, 1960
3 GLADSTONES, J. S. J. Agr. West. Austr. *11*, No. 2, 26–32 (1970)

Tabelle 3

Weltproduktion an Getreidekörnern und Getreideprotein (aus 15) (in kg $\times 10^9$)

	Weizen	Gerste	Hafer	Roggen	Mais	Sorghum und Hirse	Reis	Getreidekörner insgesamt
Körner	333	131	54	33	251	85	284	1180
Protein (% der Frischmasse)[1]	12	10	10.5	12.5	10	11	8	10.2
Protein	40	13	6	4	25	9	23	120

1 Adaption aus KENT 1966

geweben kommt es zur Bildung der Reserveproteine, die in Aleuronvakuolen gespeichert werden.

Bei den Körnerleguminosen (Tab. 1) herrschen Globuline als Reserveproteine vor. Sie werden in den Mesophyllzellen der Kotyledonen synthetisiert und gespeichert und sind in gepufferten Neutralsalzlösungen löslich, dagegen nicht in destilliertem Wasser (10). Die Reserveglobuline bestehen aus wenigen verschiedenen Proteinkomponenten (bei den Vicieae nahezu ausschließlich Vizilin und Legumin), die hinsichtlich ihrer biologischen Wertigkeit (Tab. 2) durch einseitigen Mangel an schwefelhaltigen Aminosäuren erheblich begrenzt sind (9).

Die Synthese und Speicherung der für Getreide (Tab. 3) typischen Reserveproteine geschieht im Endosperm. Zum Unterschied von Körnerleguminosen setzen sich die Speicherproteine aus Vertretern der Prolamine und Gluteline zusammen. Sie bilden einen ebenfalls relativ komponentenarmen Komplex, der als Kleber (beim Weizen das Gluten) bezeichnet wird, und für die Backqualität des entsprechenden Mehles verantwortlich ist. Nach der Klassifizierung von Osborne (10) sind die Prolamine durch ihre Löslichkeit in 70–80prozentigem Äthanol, die Gluteline dagegen durch Löslichkeit in verdünnten Säuren oder Basen charakterisiert. Prolamine zeichnen sich durch extrem geringen Anteil der essentiellen Aminosäure Lysin in der Aminosäurezusammensetzung aus (Tab. 4, 5; Abb. 1). Der Prolaminanteil im Komplex der Samenproteine von Getreiden begrenzt also deren biologische Wertigkeit (15).

Tabelle 4

Proteinfraktionen und ihr Lysin-Gehalt in den Körnern einiger Getreide (aus 15)

Eiweiß löslich in	Albumin Wasser		Globulin Salz		Glutelin Alkali		Prolamin Alkohol	
	(a)	(b)	(a)	(b)	(a)	(b)	(a)	(b)
Reis	5	4,9	10	2,6	80	3,5	5	0,5
Hafer	1	–	78	–	5	–	16	–
Gerste (normal)	13	7,9	12	6,3	23	4,8	52	0,8
Gerste (Hiproly)	18	8,2	14	6,1	22	4,6	46	0,5
Weizen	5	–	10	–	16	1,9	69	0,6
Mais (normal)	4	3,8	2	6,1	39	3,4	55	0,2
Mais (opaque-2)	15	4,1	5	5,2	55	4,7	25	0,1
Sorghum (normal)	8	4,5	8	4,6	32	2,7	52	0,5
Sorghum (160-Cernum)	6	–	10	–	38	–	46	–

a) Proteinfraktion in % des Gesamtproteins; b) Lysin in % der Proteinfraktion.

Werte nach: Bonner (1952), Breeze-Jones (1926), Brohult und Sandegren (1954), Folkes und Yemm (1956), Hischke et al. (1968), Jimenez (1966), Juliano (1971), Munck, Karlsson und Hagberg (1971), Nelson (1969), Skoch et al. (1970).

Tabelle 5

Ungefähre Aminosäurezusammensetzung von Getreidekörnerprotein in g/16 g N (aus 15)

Essentielle Aminosäuren für einige Futter	Idealzusammensetzung für Kücken	Reis (1)	Reis (4)	Hafer (1)	Hafer (2)	Gerste (1)	Gerste (2)	Weizen (1)	Weizen (2)	Mais (1)	Mais (2)	Sorghum (1)	Sorghum (3)
Lysin	5,0	3,5	3,7	4,0	3,7	3,7	3,4	2,6	2,7	2,7	3,0	1,8	2,0
Methionin und Cystin	3,5	3,4	3,5	4,8	3,2	4,1	3,5	3,6	3,7	4,6	4,2	3,0	2,3
Threonin	3,5	3,3	4,1	3,6	3,4	3,6	3,7	3,0	2,9	4,0	4,2	3,6	3,0
Isoleucin	4.0	4,5	3,9	4,0	4,6	3,7	3,8	3,4	3,8	3,8	4,0	4,5	3,8
Leucin	7,0	8,0	8,0	7,1	7,0	7,1	6,9	6,8	6,4	10,6	12,0	11,6	13,1
Valin	4,3	5,4	5,7	5,1	5,4	5,3	5,0	4,6	4,3	5,0	5,6	5,4	4,9
Phenylalanin und Tyrosin	7,0	10,3	8,5	8,4	8,8	8,6	8,5	7,6	7,8	8,7	8,8	5,2	6,4
Tryptophan	1,0	0,6	1,4	0,9	1,3	1,3	1,4	1,1	1,3	0,7	0,8	0,8	0,7
Histidin	2,0	2,2	2,3	2,2	1,9	2,2	1,9	2,3	2,1	2,6	2,4	2,0	2,1
Arginin	6,0	7,8	7,7	6,1	6,6	5,4	5,0	4,7	4,3	4,3	5,0	3,4	2,7
NPU für Ratten (%)		66		59		59		53		51		48	

1 Werte der ersten Säule bei jedem Getreide nach EGGUM (1966)

2 Werte in den zweiten Säulen für Hafer, Gerste, Weizen und Mais nach HUGHES (1960)

3 Werte in der zweiten Säule für *Sorghum* (ausgen. Try) nach SYKES (1970)

4 Werte in der zweiten Säule für Braun-Reis (ausgen. Try) nach JULIANO, BAUTISTA, LUGAY und REYES (1964)

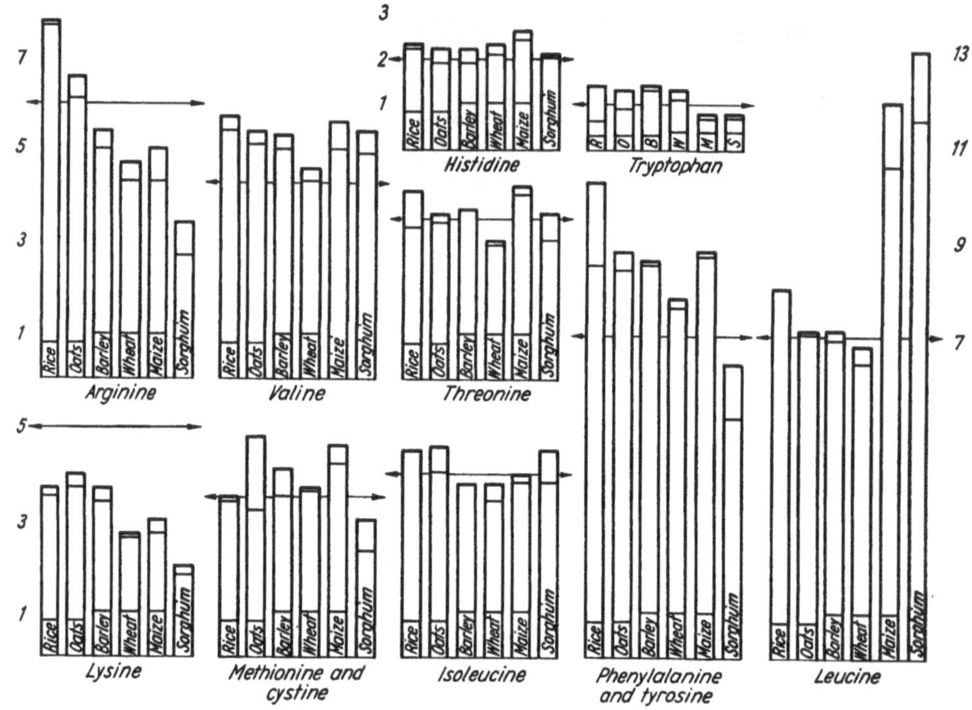

Abb. 1 Gehalt an essentiellen Aminosäuren in Getreidekörnerprotein (g/16 g N; Doppelbestimmung)
Pfeile geben den Bedarf bei der Kückenfütterung an (aus 15)

2.2.2 Blattproteine

Bereits junge, sich entwickelnde Blätter sind proteinreich. Vom Ertragsgesichtspunkt her stellt sich die günstigste Entwicklung ein, wenn sich das

Tabelle 6

Grenzwerte für den Gehalt an essentiellen Aminosäuren (ausgedrückt in g Aminosäure/100 g wiedergefundene Gesamtaminosäuremenge) aus 56 unfraktionierten Blattproteinpräparaten von 21 verschiedenen Pflanzenarten (aus 3)

Aminosäure		Vorläufige FAO-Empfehlung von 1965
Isoleucin	4.5– 5.5	4.2
Leucin	8.8–10.2	4.8
Lysin	5.6– 7.3	4.2
Methionin	1.6– 2.6	2.2
Phenylalanin	5.5– 6.8	2.8
Threonin	4.7– 5.8	2.8
Tryptophan	1.2– 2.3	1.4
Tyrosin	3.7– 4.9	2.8
Valin	5.9– 6.9	4.2

Cystin-Werte unsicher

Tabelle 7

Aminosäurezusammensetzung der Chloroplasten-, unfraktionierten und cytoplasmatischen Proteine aus Blättern von Gerste, Lupine und Chinakohl (ausgedrückt in g Aminosäure/100 g wiedergefundene Aminosäure; aus 3)
Mittlere Prozentwerte der Aminosäuren aus drei Präparaten je Gruppe (ausgenommen Cystin, Ammoniak und Tryptophan)

	Chloroplasten			unfraktioniert			Cytoplasma		
Aminosäure	Gerste	Lupine	Chinakohl	Gerste	Lupine	Chinakohl	Gerste	Lupine	Chinakohl
Asparaginsäure	9,75	10,10	9,86	9,57	10,22	10,01	9,62	10,01	10,05
Threonin	4,82	4,97	4,87	5,07	5,01	5,22	5,41	5,04	5,43
Serin	4,85	5,15	5,24	4,40	4,68	4,50	4,10	4,13	4,12
Glutaminsäure	11,00	11,35	11,28	11,41	11,88	11,91	11,94	12,15	12,21
Prolin	4,88	5,06	4,98	4,68	4,79	4,72	4,62	4,79	4,46
Glycin	6,12	5,97	6,53	5,64	5,69	5,35	5,38	5,32	5,29
Alanin	7,05	6,40	6,45	6,71	6,21	6,10	6,52	5,99	5,91
Valin	6,16	6,10	5,64	6,37	6,27	6,06	6,50	6,32	6,17
Methionin	2,28	1,90	2,11	2,24	1,70	1,94	2,39	1,76	2,13
Isoleucin	5,25	5,76	5,03	4,95	4,93	4,62	4,74	4,42	4,38
Leucin	10,43	10,68	10,40	9,33	9,75	9,29	8,42	9,21	8,79
Tyrosin	4,49	4,20	4,19	4,50	4,61	4,71	4,92	5,56	5,07
Phenylalanin	6,97	7,16	6,85	6,22	6,24	6,24	5,84	5,82	5,87
Lysin	5,60	4,78	5,23	6,61	6,60	7,08	7,06	7,30	7,23
Histidin	1,82	1,91	2,00	2,34	2,31	2,42	2,66	2,82	2,65
Arginin	6,29	6,13	6,33	6,89	6,35	6,46	7,01	6,67	6,89

Blatt voll entfaltet hat, über längere Zeit einen relativ konstanten Proteingehalt von etwa durchschnittlich 20–25 % beibehält, und die Blattalterung noch nicht eingesetzt hat. Die Qualität des Blattproteins (Tab. 6, 7) beruht auf dem Mittelwert der Aminosäurezusammensetzung sehr vieler verschiedener, meist nur in geringen Mengenanteilen vorkommender Enzym- und Strukturproteine. Eine Verschiebung der anteiligen Zusammensetzung dieses Komplexes wirkt sich deshalb kaum auf die Proteinqualität im Sinne der Ernährung aus, so daß ein in der Proteinqualität recht stabiles Ernteprodukt zu erwarten ist. Der Proteinanteil in Blättern schwankt jedoch besonders in Abhängigkeit von Faktoren der Pflanzenernährung (13).

2.3 Nutzung in der Ernährung

Für die menschliche Ernährung oder für die Tierfütterung verwendetes Pflanzeneiweiß gehört vorwiegend zu den Reserveproteinen, wenn Samen genutzt werden, zu den Enzym- und Strukturproteinen, wenn Wurzeln, Knollen, Stengel, Blätter oder Knospen als Nahrung oder Futter Verwendung finden. Gemessen am Ertrag pro Einheit der landwirtschaftlichen Nutzfläche ist die Effektivität der Erzeugung von Pflanzenprotein (Tab. 1, 3, 8a und b) in jeder Form größer als bei der Produktion von Tierprotein (14), was in erster Linie mit dem schon erwähnten hohen Verlustfaktor bei der Umwandlung von Pflanzen- in Tierprotein zusammenhängt. Die Erzeugung von Mikrobenprotein beruht bisher in jedem Falle auf der Umwandlung von Substraten organischer Herkunft. Die auf der Erde vorhandenen oder anfallenden Mengen an derartigen Substraten sind begrenzt, so daß die Erzeugung von Mikrobenprotein zwar zu einer Anreicherung von Protein in der organischen Masse oder zu verbesserter biologischer Wertigkeit führen, jedoch mengenmäßig das Pflanzenprotein vorläufig auf keinen Fall ersetzen kann.

Blattprotein besitzt eine höhere biologische Wertigkeit als Samenprotein (Tab. 6), kann jedoch in der menschlichen Ernährung und bei der Fütterung von monogastrischen Tieren nur in begrenztem Umfang eingesetzt werden,

Tabelle 8 a

Relative Proteinproduktion
(aus 14), Umrechnung von lb/acre auf kg/ha mittels $F = 1{,}12356$
(1 ha ≙ 2,4711 acres, 1 kg ≙ 2.2046 lb avdp.)

Erzeugnis	Durchschnitts-ertrag kg/ha	Proteinertrag kg/ha
Sojabohnen	1618	571
Maiskörner	4027	362
Weizen	1685	202
Milch	3146	109
Rind	384	65

Tabelle 8 b
Nahrungsproteinproduktion bei Pflanzen und Tieren (aus 14), Umrechnung von 1b/acre auf kg/ha mittels $F = 1{,}12356$ (1 ha ≙ 2,4711 acres, 1 kg ≙ 2,2046 1b avdp.)

Erzeugnis	Nahrungsprotein Extrahiert/ha/Jahr kg
Luzerne U.S.A. (durchschn.)	674
Sojabohnenanbau	509
Leguminosenanbau	418
Weizenanbau	306
Milch (Silagefütterung an Kühe)	92
Rind (Silagefütterung an Bullen)	43

da Blätter, Stengel oder Wurzeln einen hohen Anteil an sogenannter Rohfaser enthalten, welche die verdaubare Menge an derartiger Frischmasse stark begrenzt. Günstiger liegen die Verhältnisse bei Wiederkäuern. Derartige Nutzungsschwierigkeiten gibt es bei Samenproteinen in weit geringerem Maße, jedoch wird die biologische Wertigkeit bei Getreideproteinen besonders durch den geringen Lysingehalt (Tab. 4, 5), bei Leguminosenprotein (Tab. 2) durch den geringen Gehalt an schwefelhaltigen Aminosäuren oder Tryptophan begrenzt. Im Ertrag pro Flächeneinheit, biologischer Wertigkeit und Art der Nutzbarkeit ergänzen sich Blatt- und Samenprotein in gewisser Weise. Es kommt darauf an, solche Kombinationen von Samen- und Blattprotein in menschlicher Nahrung und Tierfutter zu verwenden, die eine qualitative und quantitative Ergänzung der Eigenschaften beider Proteingruppen und damit eine optimale biologische Wertigkeit von Nahrung bzw. Futter ermöglichen.

Die Nutzung von Pflanzenprotein geschieht in verschiedenen Formen, von denen einige noch erheblicher Verbesserung bedürfen (4):

- direkte menschliche Konsumption;
- mechanische oder chemische Verarbeitung, z. B. Blattproteinextraktion oder Verarbeitung von Samenprotein zur Erzeugung von Fleischanaloga;
- Wiederkäuerfütterung; Wiederkäuer benötigen nicht mehr als 10 Prozent Rohprotein im Futter, weshalb hoher Proteingehalt im Futter nicht erforderlich ist. Ebensowenig ist die Proteinqualität von großer Bedeutung, da die Aminosäuren im Magen de novo synthetisiert werden können.
- Fütterung monogastrischer Tiere, wobei im Gegensatz zu Wiederkäuern Proteingehalt und -qualität große Bedeutung haben;
- Verarbeitung durch Mikroorganismen; sie kann zu verbesserter Proteinqualität führen. Anwendung z. B. bei der Verarbeitung von Rückständen der Blattproteinextraktion nach Pirie (13), welche neben hohem Rohfaseranteil noch ca. 10 Prozent Rohprotein enthalten.

Nach Pirie (12, 13) setzt eine erweiterte Nutzung von Blattprotein gegenüber dem heutigen Stand die Extraktion dieses Proteins mittels industrieller Verfahren voraus, wobei garantiert sein muß, daß aus Gründen der Rentabilität und des Umweltschutzes alle drei Komponenten, in die das Rohmaterial zerlegt wird (Proteinkonzentrat, Rohfaserrückstand und Überstand aus der Proteinkoagulation) biologisch verwertet werden. Ein stichhaltiger Kostenvergleich zwischen Blatt- und Samenproteinerzeugung ist gegenwärtig kaum möglich.

Pflanzenprotein hat ohne Zweifel erstrangige Bedeutung unter allen heute und zukünftig erzeugten Nahrungs- und Futtereiweißen (Tab. 9, 10). Samenproteine spielen dabei für die menschliche Ernährung und die Fütterung monogastrischer Tiere die größte Rolle. In allen hochentwickelten Industrie-

Tabelle 9
Proteinverbrauch 1968
(aus 14)

Quelle	Konsum in metr. t x 10^6	
Cerealien	60,5	
Fisch	3,4	
Tier	26,4	
Milch		12,5
Fleisch		12,7
Eier		1,8
Andere	23,2	
Gesamt	113,5	

Tabelle 10
Relative Preise für Protein
(aus 14)

Proteinträger	Preis c/kg	Gesamtprotein %	durchschn. NPU[1]	Verwertbares Protein $/kg
Rind	48,7	19,5	76,7	3,26
Vollmilch	6,7	3,5	81,6	2,34
Magermilchpulver	22,4	35,6	79,6	0,79
Kasein	24,0	99,0	72,1	0,34
Eier	25,0	12,8	93,5	2,09
Sojamehl (geringer Fettgehalt)	8,5	44,7	61,4	0,31
Sojabohnen, ausgepreßt	28,0	52,5	58,0	0,92
Maismehl	8,5	9,2	51,1	1,81
Weizenkörner	3,3	12,2	65,2	0,41
Baumwollsamenmehl	35,0	42,3	57,7	1,57
Reiskörner	9,0	7,5	70,2	1,71

Quelle: Bird (1971).

[1] Net protein utilization

staaten machen Samenproteine gegenwärtig etwa 30–50 Prozent der von den Menschen konsumierten Eiweiße aus, in Entwicklungsländern beträchtlich mehr (Tab. 11). Die Nutzung von Samenproteinen beschränkt sich dabei fast ausschließlich auf Getreide und Körnerleguminosen (Tab. 12). Beide ergänzen sich hinsichtlich ihrer limitierenden essentiellen Aminosäuren. Die Untersuchung von Struktur, Biosynthese, Speicherung und Nutzung von Samenprotein bildet deshalb eine entscheidende Aufgabe in Grundlagen- und angewandter Forschung zur Lösung eines Kernproblems bei der zukünftigen Ernährung der Weltbevölkerung: Der effektiveren Erzeugung von mehr Pflanzenprotein bei gesteigerter biologischer Wertigkeit.

Tabelle 11

Anteile tierischer und pflanzlicher Eiweißträger an der Proteinversorgung (aus 5)

Land	% der Kalorien als Protein	g Protein/Tag Tier	Pflanze	gesamt	% Anteil pflanzl. Proteinträger
Iran	12,2	13	49	62	79
Irak	13,1	15	59	74	80
Syrien	11,5	11	54	65	83
Ägypten	12,0	7	63	70	90
Kongo	7,4	7	42	49	86
Nigeria	9,0	6	54	60	90
Brasilien	9,1	20	44	64	69
Kolumbien	9,2	20	31	51	61
Mexico	10,1	18	51	69	74
Indien	11,1	6	51	57	90
Indonesien	9,0	4	44	48	92
Pakistan	10,6	10	44	54	82
Durchschnitt	10,4	11	49	60	82

Quelle: USDA (1962)

Tabelle 12

Welterzeugung der wichtigsten Körnerfrüchte (aus 6)

Cerealien	metr. t x 10^6	Ölsaaten	metr. t x 10^6
Weizen	333	Sojabohnen	44
Reis	284	Baumwollsamen	21
Mais	251	Erdnüsse	15
Gerste	131	Sonnenblumensamen	10
Hafer	54	Rapssamen	6
Roggen	33	Leinsamen	3
Sorghum und Hirse		Sesam	2
Sorghum	42		
Hirse	16		
nicht spezifiziert	27		

Quelle: Produktions-Jahrbuch 1969, Bd. 23, FAO, Rom, Italien

3. Aufgaben zukünftiger Grundlagenforschung über Pflanzenproteine

Obwohl ganz offensichtlich Pflanzenprotein die primäre Eiweißquelle der Menschen darstellt und Proteine einen der größten Engpässe bei der Ernährung von Mensch und Tier bilden, besitzen wir über tierische Eiweiße weitaus bessere Kenntnisse als über pflanzliche. Eine der Ursachen dafür liegt in methodischen Schwierigkeiten, die sich bei der Arbeit mit Pflanzenproteinen in größerem Maße ergeben als beim Umgang, insbesondere bei der Isolierung, von Tierprotein. Allerdings steht auch der bisherige Aufwand der Gesellschaft für die Erforschung von pflanzlichen Proteinproblemen in keinem richtigen Verhältnis zu ihrer Bedeutung und war stets weitaus geringer als für die Erforschung der Proteine von Tieren. Außerordentliche Impulse hat die Erforschung von Proteinen des menschlichen und tierischen Körpers medizinischen Fragestellungen zu verdanken. Probleme der Heilung von Krankheiten lagen Forschern und Gesellschaft bisher vielfach näher als die allgemeinen Fragen der Proteinernährung des „gesunden" Menschen. Die zunehmende Einsicht in die Welternährungssituation hat während der letzten 20 Jahre zu der Erkenntnis geführt, daß den zuletzt genannten Fragen weitaus größere Bedeutung beizumessen ist, als das bislang geschah. In wachsendem Maße zeigt sich, daß auch die Lösung zahlreicher medizinischer Probleme von ausreichender und richtiger Ernährung, insbesondere Proteinversorgung, abhängt. Die pflanzliche Proteinforschung hat einen Aufschwung genommen, allerdings werden die heutigen Anstrengungen bei weitem noch nicht der Größe der Aufgabe und der zentralen Bedeutung der Pflanzenproteine gerecht, denn in absehbarer Zeit wird die natürliche Proteinbiosynthese, fußend auf autotropher Kohlendioxydassimilation mit Hilfe von Strahlungsenergie, die Hauptquelle an Nahrungseiweiß bleiben, da hier noch die geringsten Begrenzungen an Ressourcen vorliegen.

Grundlagenforschung auf dem Gebiete der pflanzlichen Proteine muß aus den erwähnten Gründen besonders darauf gerichtet sein, einen Vorlauf für jene Gebiete zu liefern, auf denen Pflanzenproteine erzeugt und genutzt werden. Dazu gehören jene Maßnahmen, die zu einer Steigerung der Proteinproduktion bzw. -qualität auf züchterischem Wege oder durch gezielte Anwendung von physiologisch wirksamen Faktoren führen: Erforschung und systematische Erfassung genetisch bedingter Merkmale, die als Ausgangspunkte für die Züchtung von ertragreichen, proteinreichen und qualitativ verbesserten Kulturpflanzensorten dienen können (z. B. Protein- und Aminosäure-screening, sortenabhängige Kapazität zur Stickstoffverwertung und -umlagerung), Untersuchungen über die Abhängigkeit des Stickstoffbedarfes von ontogenetischen Entwicklungsphasen, ontogenetische Bedingtheit der Stickstoffumlagerung, Ontogenese proteinspeichernder Überdauerungsorgane und die Faktoren, welche die volle Entwicklung und Auslastung der Proteinsynthese-

und speicherkapazität bedingen, Forschungen über die Möglichkeiten einer gezielten Beeinflussung des Proteinstoffwechsels durch exogene Wirkstoffe, Studium der Speicher- und Syntheseprozesse. Die Erforschung von Struktur und physiko-chemischen Eigenschaften pflanzlicher Proteine, vor allem von Speicherproteinen, bildet eine Voraussetzung für verbesserte oder neue Nutzungstechnologien in der Futter- und Nahrungsmittelproduktion.

Es gilt, aus der planmäßig auf Beiträge zur Lösung großer gesellschaftlicher Aufgaben orientierten Grundlagenforschung alle möglichen Ergebnisse zu gewinnen und Aufgaben abzuleiten, die es gestatten, solche Resultate in eine wirtschaftliche Nutzung zu überführen. Ein optimaler naturwissenschaftlicher Beitrag zur Lösung des Proteinproblems innerhalb der Welternährungsaufgaben und der spezifischen Probleme einzelner Länder ist nur zu erwarten, wenn Grundlagenforschung, Überführung nutzbarer Ergebnisse aus der Grundlagenforschung in wirtschaftlich wirksame Formen und Anwendungsforschung, ausgehend von derselben Grundaufgabe koordiniert und mit aufeinander abgestimmtem Einsatz der Kräfte erfolgen.

Zusammenfassung

Photoautotrophe Organismen (Pflanzen) sind die primären Proteinproduzenten auf der Erde. Die Erzeugung von Tier- und Mikrobenprotein geht von organischen Substraten aus, deren Ressourcen auf der Erde begrenzt sind. Deshalb stellt pflanzliches Protein nicht nur gegenwärtig, sondern auch für die absehbare Zukunft die Hauptquelle für Nahrungs- und Futterproteine dar.

Die Hauptgruppen der Pflanzenproteine werden zusammen mit ihren wichtigsten Eigenschaften und den Formen der wirtschaftlichen Nutzung übersichtsartig beschrieben.

Der zentralen Bedeutung von Pflanzenproteinen stand in der Vergangenheit und steht noch heute ein zu geringer Aufwand für Forschung gegenüber, die sich in sinnvoller Koordinierung von Grundlagen- und Anwendungsforschung der Lösung von Problemen auf dem Gebiet der Pflanzeneiweiße widmet, wofür eine Reihe von Aufgaben aus der Sicht des Autors genannt werden.

Summary

Plant proteins: Economic importance and use.

Photo-autotrophic organisms (plants) constitute the primary protein producers on the earth. The production of animal and microbial protein needs organic substrates, but there are only limited sources of it on the earth. Consequently, at present and in future times plant protein will constitute the main source of food proteins.

A short review is given about groups, main characteristics and the manners of economic use of plant proteins.

Social efforts spent for investigations about plant protein problems are to small in comparison to their central importance. Starting from this point of view the author claims for adequate and well coordinated basic and applied research in the field of plant proteins and their economic use with the aim of contributing to future resolution of world nutrition problems.

Краткое содержание

Растительные протеины, их хозяйственное значение и использование

Фотоавтотрофные организмы (растения) являются первичными продуцентами протеинов на Земле. Продукция жовотного и микробиального протеинов нуждается в органических веществах, чьи ресурсы на Земле ограничены. Поэтому растительный протеин, не только сегодня, но, очевидно, и в будущем будет главным источником для пищевых и кормовых белков.

Дается обзор основных групп растительных протеинов с указанием их важнейших свойств и форм хозяйственного использования.

Несмотря на центральную роль растительных белков, на их изучение выделялось и выделяется слишком мало средств, чтобы можно было успешно скоординировать фундаментальные исследования и работы прикладного характера. Автор предлагает ряд конкретных задач, направленных на решение проблем изучения растительных белков.

Literatur

(1) Altschul, A. M., 1974: Fortification of foods with amino acids. – Nature *248*, 643–646.
(2) Aykroyd, W. R., and J. Doughty, 1964: Legumes in human nutrition. – FAO Nutritional Studies No. 19.
(3) Byers, M., 1971: The amino acid composition of some leaf protein preparations. In: Pirie, N. W. (Edit.), Leaf protein: Its agronomy, preparation, quality and use. IBP Handbook No. 20, Scientific Publications, S. 95–114. – Oxford & Edinburgh.
(4) Cooper, J. P., and P. F. Wareing, 1973: Discussion. In: Jones, J. G. W. (Edit.), The biological efficiency of protein production, S. 131–137. – Cambridge, University Press.
(5) Jansen, G. R., 1972: Seeds as a source of protein for humans. In: Inglett, G. E. (Edit.), Seed proteins. A symposium, S. 19–38. – Westport, Connecticut.
(6) Inglett, G. E., 1972: Seed proteins in perspective. In: Inglett, G. E. (Edit.), Seed proteins. A symposium, S. 1–4. – Westport, Connecticut.
(7) Kosaric, N., 1973: Develop new technologies. – Ceres *31*, 32–37.
(8) Müntz, K., und G. Scholz, 1974: Speicherproteine und Proteinspeicherung in pflanzlichen Samen. – Biol. Rundschau *12*, 225–244.

(9) MÜNTZ, K., CH. HORSTMANN und G. SCHOLZ, 1972: Proteine und Proteinbiosynthese in Samen von *Vicia faba* L. – Kulturpflanze *20*, 277–326.
(10) OSBORNE, TH. B., 1924: The vegetable proteins. Monographs in Biochemistry. – Longmans, Green and Co., London.
(11) PARPIA, H. A. B., 1968: Novel routes to plant protein. – Science Journal *4*, 66–71.
(12) PIRIE, N. W., 1971: Leaf protein. Its agronomy, preparation, quality and use. IBP Handbook No. 20, Blackwell Scientific Publications. – Oxford & Edinburgh.
(13) PIRIE, N. W., 1973: Plants as sources of unconventional foods. In: JONES, J. G. W. (Edit.), The biological efficiency of protein production, S. 101–118. – Cambridge, University Press.
(14) ROSENFIELD, D., and B. L. BERNTSON, 1972: Economics and technology of cereal fortification. In: INGLETT, G. E. (Edit.), Seed proteins. A symposium, S. 5–18. – Westport, Connecticut.
(15) WHITEHOUSE, R. N. H., 1973: The potential of cereal grain crops for protein production. In: JONES, J. G. W. (Edit.), The biological efficiency of protein production, S. 83–99. – Cambridge, University Press.

Kulturpflanze XXIII · 1975 · S. 241–256

Der Gehalt, die Zusammensetzung und der Ertrag von Proteinen beim Reis (*Oryza sativa* L.) in Kuba

Alfredo Travieso[1] und Klaus Müntz[2]

(Eingegangen am 26. Februar 1975)

1. Einleitung

Gemessen an ihrer weltweiten Bedeutung ist die Zusammensetzung der Proteine des Reiskornes, insbesondere in Abhängigkeit von der Stickstoffdüngung wenig untersucht worden. Obwohl zahlreiche Arbeiten über die Wirkung verschiedener Stickstoffgaben auf den Gesamtproteingehalt der Reiskörner bekannt sind, fehlen entsprechende Untersuchungen in Bezug auf die einzelnen Proteinfraktionen. Deshalb wurden auf der Basis der Ernten aus den Ertragsversuchen von Lerch et al. (7) in der vorliegenden Arbeit Untersuchungen über Gehalt und Zusammensetzung von Reiskörnern in Abhängigkeit von den Anbaubedingungen angestellt. In die Untersuchungen wurde ein Vergleich der Proteinzusammensetzung von 6 verschiedenen Reissorten einbezogen.

2. Material und Methoden

2.1. Material

Im Rahmen der vorliegenden Untersuchungen wurden folgende 6 Linien und Sorten von *Oryza sativa* L., deren Anbau in Kuba potentiell von Interesse ist, verwendet: Sorte IR-8, Linien P-53, P-98; Sorten IR-20, IR-160 und Blue Bonnet (kurz als BB bezeichnet). Das verglichene Material stammt aus einem einheitlichen Anbau auf der Reis-Versuchsstation „La Coca" bei Havanna, 1971.

Für die Versuche über den Einfluß der Stickstoffdüngung und Pflanzdichte auf Proteingehalt, Proteinertrag und -zusammensetzung wurde die Sorte IR-8 verwendet. Der Anbau erfolgte ebenfalls auf der Reis-Versuchsstation „La Coca" bei Havanna (Aussaat: 18. 8. 1971) unter den von Lerch et al. (7) beschriebenen Bedingungen.

Teil einer Dissertation von Lic. A. Travieso

1 Dpto. Fiziología Vegetal del Instituto de Investigaciones Fundamentales de la Agronomia Tropical, Santiago de las Vegas, Akademie der Wissenschaften der Republik Kuba;

2 Zentralinstitut für Genetik und Kulturpflanzenforschung, Gatersleben, Akademie der Wissenschaften der DDR.

Das Versuchsschema umfaßte 16 Varianten aus der beliebigen Kombination von 2 in jeweils 4 Stufen variierten Faktoren.

Stickstoffdüngung	Pflanzdichte
N_0 – 0 kg/ha	D_1 – 10×10 cm
N_1 – 60 kg/ha	D_2 – 20×20 cm
N_2 – 120 kg/ha	D_3 – 30×30 cm
N_3 – 180 kg/ha	D_4 – 40×40 cm

Die Stickstoffgaben erfolgten in 3 gleich großen Teilmengen als Ammoniumsulfat: Zur Zeit der Aussaat, 30 Tage nach der Keimung und zur Zeit des Beginns der generativen Entwicklung (histologische Bestimmung am Sproßprimordium). Die Ernte der Reiskörner geschah stets, wenn sie einen Feuchtigkeitsgehalt von 12,5 Prozent erreicht hatten.

2.2 Mahlen der Körner

Der Reis wurde maschinell geschält, anschließend mit einer Schlagmühle grob zerkleinert und schließlich in einem mechanischen Mörser zu Mehl sehr feiner und stets gleichbleibender Korngröße zerrieben. Bis zur Extraktion wurde dieses Mehl in Exsikkatoren über Blaugel aufbewahrt.

2.3 Proteinextraktion

Extraktion und Fraktionierung beruhen grundsätzlich auf dem klassischen Schema von OSBORNE (14). Albumine und Globuline wurden gemeinsam als Extrakt A mittels gepufferter Salzlösung (7,5 % NaCl in 0,1 M Phosphatpuffer, pH 6,9) gewonnen. Zur Extraktion der alkohollöslichen Proteine (Prolamine) wurde auf der Basis der Ergebnisse von FUKUSHIMA (3) anstelle von Äthanol 70prozentiger Isopropylalkohol benutzt. Die Glutelinfraktion ließ sich mit einer Lösung von 0,01 M 2-Merkaptoäthanol in 0,1 M NaOH extrahieren.

Die fraktionierende Extraktion wurde mit einem kontinuierlich arbeitenden Verfahren nach SCHWERDTFEGER (16), siehe auch SCHÖN (15), ausgeführt. Dabei wird Getreidemehl mit analysenreinem Quarzsand vermischt, in Glassäulen gefüllt und ähnlich wie bei chromatographischen Methoden im Durchfluß mit dem jeweiligen Lösungsmittel extrahiert. Ein Mischungsverhältnis von 2 g Mehl mit 100 g Sand erwies sich in unserem Falle als besonders günstig. Voraussetzung für eine gute Reproduzierbarkeit der Extraktion war die gute Mischung beider Komponenten und das Vermeiden einer Komponententrennung beim Füllen der Glasrohre. Die Extraktion erfolgte bei Temperaturen zwischen +6 °C ±1 °C und in 3 Parallelenansätzen.

Die Extraktion der Albumine (Fraktion I) und Globuline (Fraktion II) geschah mit 100 ml gepufferter Neutralsalzlösung. Ehe sich die Prolaminextraktion anschloß, wurde die Säule mit 20 ml destilliertem Wasser gewaschen. Waschwasser und Salzlösungsextrakt bildeten zusammen Extrakt A. Die Elutionsgeschwindigkeit betrug 50 ml/h und wurde durch Wahl eines entsprechenden hydrostatischen Druckes eingestellt. Vorversuche hatten gezeigt, daß für eine quantitative Extraktion der Fraktionen I und II mit 100 ml Lösungsmittel eine Extraktionszeit von 1 Stunde nicht unterschritten werden durfte.

Zur Elution der Prolamine (Fraktion III) genügten 70 ml 70 %igen Isopropanols bei 2 h Durchflußzeit (35 ml/h). Ehe die Extraktion der Gluteline erfolgte, wurde die Säule erneut mit 20 ml destilliertem Wasser gewaschen.

Fraktion IV, die Gluteline, konnte mit 110 ml des adäquaten Lösungsmittels (s. o.) bei sehr langsamem Durchlauf über Nacht (rd. 16 Stunden) eluiert werden.

Das experimentell einfache und elegante fraktionierende Extraktionsverfahren von SCHWERDTFEGER (16) hat den Nachteil, daß ein relativ großer Anteil an Reststickstoff im Mehl bleibt (4), was sich auch in unseren Versuchen bestätigte. Dieser Rest macht bis zu 30 Prozent des Gesamtstickstoffs aus. Der nicht extrahierbare Stickstoffanteil stammt vorwiegend aus schwerlöslichen Glutelinen. Das zeigten Vergleiche mit dem Extraktionsverfahren nach NIELSEN et al. (13), bei dem der Glutelinextraktion in harnstoffhaltigem Lösungsmittel eine Entfernung der Stärke mit Hilfe von Dimethylsulfoxyd (DMSO) vorausgeht, wodurch der extrahierte Glutelinanteil wesentlich ansteigt und sich der Stickstoffgehalt im Mehlrückstand drastisch verringert (Tabelle 2). Für serienmäßige Bestimmungen ist die Methode von NIELSEN et al. (13) jedoch nicht geeignet.

Zur Trennung der Albumine und Globuline aus dem Extrakt A wurde dieser mit Ammoniumsulfat zu 90 Prozent gesättigt, 1 Stunde gerührt und das ausgefallene Protein anschließend durch Zentrifugation (30 min bei 6000 x g) abgetrennt. Der Proteinniederschlag wurde in 10 ml destilliertem Wasser suspendiert, in einen Dialysierschlauch überführt und 72 h gegen fließendes destilliertes Wasser in der Kälte dialysiert. Dabei fallen die Globuline aus und können von den im Überstand befindlichen Albuminen durch Zentrifugation abgetennt werden. Der Globulinniederschlag wurde in 15 ml 1 N NaOH gelöst. Die Albumine konnten nur nach erneuter Konzentrierung quantitativ bestimmt werden. Dazu wurde zur Albuminlösung Trichloressigsäure bis zum Erreichen einer 5prozentigen Konzentration gegeben, der Albuminniederschlag abzentrifugiert und in 10 ml 1 N NaOH gelöst.

Die Extrakte B und C (Fraktionen III bzw. IV) konnten direkt für die quantitativen Bestimmungen verwendet werden.

2.4 Quantitative Proteinbestimmungen

Gesamtstickstoffbestimmungen wurden mit einem Mikro-KJELDAHLverfahren nach KLINGMÜLLER (6) durchgeführt. Der Proteingehalt der Fraktionen I bis IV konnte mit dem Folin-Reagenz nach dem Verfahren von LOWRY et al. (9) gemessen werden. Die Eichkurven für jede Fraktion wurden getrennt aufgestellt und bezogen sich auf Eichlösungen, die nach dem beschriebenen Extraktions- und Fraktionierungsschema gewonnen worden waren. Der Proteingehalt der jeweiligen Eichlösung wurde mit dem KJELDAHL-Verfahren ($N \times 6{,}25$) bestimmt.

2.5 Aminosäureanalyse

Die Aminosäureanalysen wurden dankenswerterweise unter der Leitung von Dr. A. RUDOLPH in der Arbeitsgruppe „Analysenlaboratorium" der Forschungsgruppe „Eiweißstoffwechsel" des Zentralinstitutes für Genetik und Kulturpflanzenforschung, Gatersleben, der AdW der DDR mit Hilfe von automatischen Analysatoren des Typs AAA 881 (Firma Mikrotechna, Prag, ČSSR) ausgeführt.

2.6 Biometrische Verfahren

Die Primärdaten aus den 16 Versuchsvarianten wurden durch doppelte Varianzanalyse mit anschließendem DUNCAN-Test (18) analysiert. Die Prüfung von Unterschieden zwischen den 6 verschiedenen Reissorten geschah durch einfache Varianzanalyse.

3. Ergebnisse

3.1 Proteingehalt und Zusammensetzung 6 verschiedener Reissorten

In Übereinstimmung mit der Literatur (5, 20) ergab sich, daß die Albumine den geringsten, die Gluteline dagegen den weitaus größten Anteil an der Zusammensetzung der Reisproteine haben (Tabelle 1 und 2). Die Ergebnisse der Extraktionen nach SCHWERDTFEGER zeigen zum Teil beträchtliche Unterschiede in der Löslichkeit der Glutelinfraktion. Sortenunterschiede im Glutelingehalt ließen sich mit diesem Verfahren deshalb nicht eindeutig erfassen. Besonders geringe Löslichkeit des Glutelins zeigt die Sorte IR-160, die gleichzeitig den höchsten Rohproteingehalt besitzt (Lysin 3,40 mg/1 g Mehl). Dagegen weist IR-8, die Standardsorte der Versuche über Pflanzdichte und Stickstoffdüngung das am besten lösliche Glutelin und den geringsten Rohproteingehalt auf. Der Lysingehalt im Mehl beträgt 3,10 mg/1 g. Alle anderen Sorten haben ungefähr gleiche Löslichkeit des Glutelins, gleiche Rohproteingehalte und Lysin im Mehl zwischen 2,71 und 3,54 mg/1 g. Insgesamt sind die Variabilitäten der Rohproteingehalte (81,6 bis 98,6 mg/1 g Mehl) und der absoluten Lysingehalte (2,71 bis 3,54 mg/1 g Mehl) nicht groß ($\mp$13 Prozent um den jeweiligen mittleren Wert). Die relativen Lysingehalte liegen zwischen 3,22 und 4,10 Prozent des Rohproteins (vgl. 5).

Tabelle 1

Durchschnittliche Proteinzusammensetzung von 6 Reissorten im Vergleich zur Standardsorte IR-8. Methode nach SCHWERDTFEGER (16). Absolute Werte = mg Protein pro 1 g Mehl, relative Werte = Prozent bezogen auf denRohproteingehalt

Proteinfraktion	Mittelwerte aus 6 Sorten		Sorte IR-8	
	absolut	relativ	absolut	relativ
Albumine	1,99	2,22	1,81	2,22
Globuline	5,09	6,35	4,50	5,54
Prolamine	12,04	13,44	9,83	12,05
Gluteline	42,04	46,92	50,48	61,86
Summe der Fraktionen	61,76	68,93	66,62	81,67
Rest	27,84	31,07	14,98	18,33
Rohprotein	89,60	100,00	81,60	100,00

Auffällig ist der Unterschied in den mit beiden Methoden extrahierten Prolaminmengen. Sie sind beim kontinuierlichen Extraktionsverfahren nach SCHWERDTFEGER (16) größer als bei Extraktion unter Rühren im Becherglas und Trennung der jeweiligen Fraktion vom Sediment durch Zentrifugation. Man kann annehmen, daß sich beim SCHWERDTFEGER-Verfahren die 70%ige Isopropanol-Konzentration erst allmählich durch Verdrängung des in der massiven Mehl-Sand-Füllung enthaltenen Wassers einstellt und diese Übergangsbedingungen mit langsam von 0 auf 70 Prozent steigender Alkoholkonzentration die Ursache dafür bilden, daß nicht nur Prolamine sondern evtl. auch andere Proteine in dieser Fraktion erscheinen.

Tabelle 2

Rohproteingehalt und Proteinzusammensetzung verschiedener Reissorten (weitere Erklärungen s. Text). Die Mittelwerte nach der Methode von NIELSEN et al. (13) beziehen sich auf die Sorten IR-8, -20, -160, BB.

A. Methode nach SCHWERDTFEGER (16)

Sorte	Rohprotein mg/g TM	Proteinfraktionen, mg/g Trockenmasse					
		Albumine	Globuline	Prolamine	Gluteline	Extrakt A	Rest
IR-8	81,6	1,81	4,50	9,83	50,48	6,31	14,98
IR-20	86,4	2,47	5,97	7,13	43,65	8,44	27,18
IR-160	98,6	2,24	5,62	10,19	33,76	7,86	46,79
BB	88,4	1,68	4,95	10,26	42,33	6,63	29,18
P-53	90,9	1,87	5,80	14,46	41,51	7,67	27,26
P-98	91,8	1,88	7,30	20,39	40,42	9,18	21,81
Mittelwerte	89,60	1,99	5,69	12,04	42,04	7,68	27,84

B. Methode nach NIELSEN et al. (13)

Sorte	Rohprotein mg/g TM	Albumine	Globuline	Prolamine	Gluteline	Extrakt A	Rest
Mittelwerte	96,95	1,31	6,69	3,99	82,20	7,99	2,76

Albumine lassen keine statistisch sichtbaren Unterschiede zwischen den untersuchten Sorten auf der Basis der SCHWERDTFEGER-Methode erkennen. Für die Gluteline lassen sich zwar Unterschiede sichern, jedoch konnte gezeigt werden, daß diese nicht tatsächlich vorhandenen Verschiedenheiten entsprechen müssen, sondern auf Unterschieden in der Extrahierbarkeit dieser Fraktion beruhen können. Deshalb wird auf diese Unterschiede nicht weiter eingegangen. Verwertbare Differenzen traten demnach zwischen Globulin-, Prolamin- und Rohproteingehalten auf. Von den 15 sinnvollen Sorten- bzw. Linienvergleichen ergaben 5 Unterschiede in allen 3 gewerteten Merkmalen, in 5 Fällen lagen Unterschiede bei 2 Merkmalen und in 3 Vergleichen Unterschiede in 1 Merkmal vor (Abb. 2a). Am häufigsten sind die Sorten bzw. Linien IR-160, P-53 und P-98 an gesicherten Unterschieden beteiligt (jeweils 5 mal), BB und IR-20 sind in 4 und IR-8 ist in 3 Fällen an gesicherten Unterschieden beteiligt.

Obwohl sich das kontinuierliche fraktionierende Extraktionsverfahren nach SCHWERDTFEGER (16) für serienmäßige Analysen anbietet, ist seine Eignung für Reis wegen der Löslichkeitsunterschiede der Glutelinfraktion bei verschiedenen Sorten zweifelhaft. Dagegen hat sich dieses Säulenverfahren bei der Arbeit mit einer Sorte bewährt, wenn die Abhängigkeit der Proteinzusammensetzung von äußeren Faktoren untersucht werden sollte (s. Abschnitt 3.2 dieser Arbeit).

3.2 Einfluß von Pflanzdichte und Stickstoffdüngung auf Proteingehalt und -zusammensetzung der Reissorte IR-8

3.2.1 Einfluß der Pflanzdichte

Tabelle 3 zeigt, daß die Pflanzdichte keinen Einfluß auf den Rohproteingehalt der Körner von IR-8 ausübt. Dagegen erhöht sich der Rohproteinertrag in direkter Abhängigkeit vom Kornertragszuwachs mit steigender Pflanzdichte.

Tabelle 3

Einfluß der Pflanzdichte auf Gehalt und Ertrag an Rohprotein und basischen Aminosäuren von Körnern der Reissorte IR-8. Mittelwerte aus Versuchen mit 4 verschiedenen Stufen der Stickstoffdüngung.

		Pflanzdichte in cm			
		10 × 10	20 × 20	30 × 30	40 × 40
1. **Rohprotein**	mg/g TM	107,80	108,80	108,90	105,50
Kornertrag	t/ha	5,63	4,68	3,47	3,24
Proteinertrag	kg/ha	606,81	509,19	377,88	341,80
2. **Lysingehalt**	mg/g TM	3,7	3,9	3,7	3,8
Lysinertrag	kg/ha	20,8	18,2	12,8	12,3
3. **Histidingehalt**	mg/g TM	2,64	2,72	2,64	2,76
Histidinertrag	kg/ha	14,8	12,7	9,2	8,9
4. **Argininingehalt**	mg/g TM	7,37	7,97	7,21	7,48
Argininertrag	kg/ha	41,6	37,3	25,1	24,2

Die Pflanzdichte übt auf die Proteinzusammensetzung ebenfalls keinen Einfluß aus. Als einen Beweis dafür enthält Tabelle 3 die Mittelwerte der absoluten Lysin-, Histidin- und Argininingehalte aus den bei den verschiedenen Pflanzdichten vorliegenden unterschiedlichen Düngungsvarianten. Keine der 3 basischen Aminosäuren ändert ihre Konzentration im Mehl bei wechselnder Pflanzdichte. Deshalb steigt der jeweilige Aminosäureertrag pro ha in gleichem Maße wie der Proteinertrag und in direktem Zusammenhang mit dem Kornertragszuwachs bei zunehmender Pflanzdichte. Die Proteinqualität bleibt demnach konstant und ist unabhängig von den verwendeten Pflanzdichten.

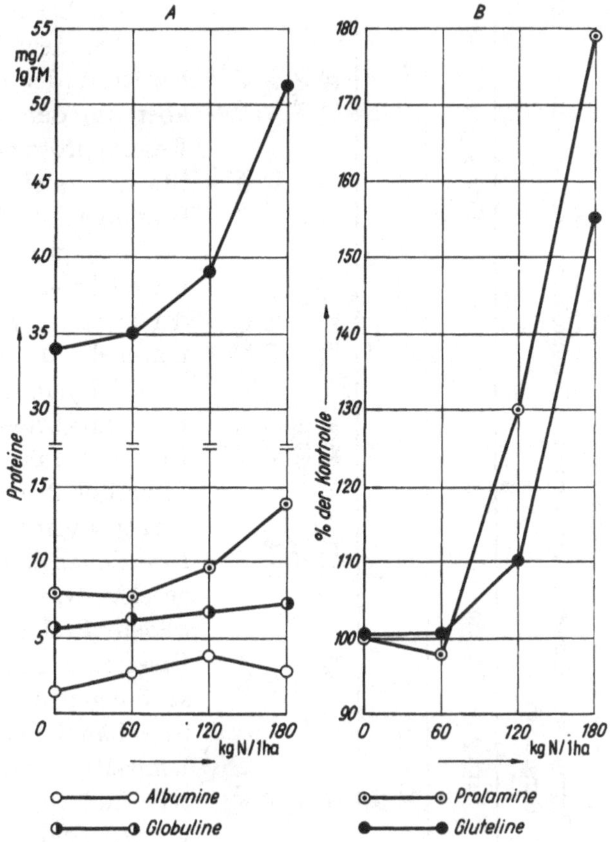

Abb. 1 Einfluß der Stickstoffdüngung auf den absoluten (A) und auf die Kontrolle bezogenen prozentualen Gehalt (B) der Körner der Reissorte IR-8 an Albuminen, Globulinen, Prolaminen und Glutelinen (Mittelwerte der Varianten verschiedener Pflanzdichte).

3.2.2 Einfluß der Stickstoffdüngung

Während in den Ertragsversuchen von Lerch et al. (7) kein wesentlicher Einfluß der Höhe der Stickstoffdüngung auf die Größe des Ertrages bei dem Anbauversuch vom 18. 8. 1971 festgestellt werden konnte, und sich die Pflanzdichte als entscheidender ertragsbestimmender Faktor erwies, verändert sich der Proteingehalt des Erntegutes in Abhängigkeit von der Stickstoffgabe ganz erheblich (Tabelle 4). Damit bewirken steigende Stickstoffgaben beträchtliche Zunahmen des Proteinertrages pro ha. Abbildung 2 läßt erkennen, daß die Steigerung des Proteingehaltes im Korn statistisch im Vergleich von N_0 mit N_2 und N_3 stets sehr gut sicherbar ist. Albumin- und Globulingehalte im Korn zeigten keine signifikanten Zunahmen mit steigender Stickstoffdüngung. Abbildung 1a läßt allerdings auch für diese Fraktionen eine Steigerungs-

Tabelle 4

Einfluß verschiedener Stickstoffgaben auf Gehalt und Ertrag an Rohprotein und basischen Aminosäuren von Reiskörnern der Sorte IR-8. Mittelwerte aus den Varianten verschiedener Pflanzdichten.

Stickstoffmenge	Gehalt in der Trockenmasse (mg/g)				Ertrag pro Fläche (ha)					Ertrag pro Pflanze (g)	
kg/ha	Protein	lys	his	arg	Körner t	lys kg	his kg	arg kg	Protein kg	Körner	Protein
N_0: 0	91,2	3,22	2,24	5,73	4,06	13,1	9,1	23,3	370,3	26,01	2,36
N_1: 60	103,5	3,74	2,62	7,40	4,01	15,0	10,5	29,6	415,0	27,27	2,62
N_2: 120	112,9	3,84	2,71	7,80	4,26	16,4	11,6	33,1	485,0	25,42	2,89
N_3: 180	123,5	4,34	3,18	8,93	4,71	20,4	15,0	42,1	581,7	28,08	3,44

tendenz bei erhöhter Stickstoffgabe erkennen. Am deutlichsten und statistisch sicherbar tritt der Effekt der Stickstoffdüngung aber in den Fraktionen der eigentlichen Reserveproteine zutage (Abbildung 1a, b). Stärker noch als die Hauptfraktion, die Gluteline (+55%), nehmen die Prolamine (+75%) prozentual zu. Auf Grund des geringen Prolaminanteils im Reiskorn beträgt der absolute Zuwachs an Glutelin aber 3,24 mal mehr als bei den Prolaminen.

Der Lysingehalt in den 4 verschiedenen Proteinfraktionen wird von JULIANO (5) für Reis wie folgt angegeben: Albumine 4,92, Globuline 2,56, Gluteline 3,47 und Prolamine 0,51 g Lysin/16 g N. Die 3 erstgenannten Fraktionen können als relativ lysinreich angesehen werden. Wie bei anderen Getreiden bilden Prolamine die lysinarme Fraktion. Diese Klassifizierung kann für unsere Untersuchungen übernommen werden, auch wenn in Abhängigkeit von Sorteneigenschaften und Umweltbedingungen geringfügige quantitative Änderungen der absoluten Werte zu erwarten sind. Bildet man dementsprechend für IR-8 den Quotienten aus der Summe der Proteingehalte von den 3 lysinreichen Fraktionen und dem Prolamingehalt für die ungedüngte Kontrolle N_0, so beträgt dieser rund 5,4. Bei der höchsten Düngungsstufe liegt er mit 4,7 um etwa 13 Prozent niedriger. Damit wird erklärt, weshalb bei einer Steigerung des Rohproteingehaltes von N_3 gegenüber N_0 um 35,5 Prozent eine nur wenig geringe Steigerung des Lysingehaltes um 34,8 Prozent auftritt (Tabelle 4), wobei anzunehmen ist, daß sich außerdem Veränderungen in den Mengenanteilen der sogenannten lysinreichen Fraktionen ergaben, die das Verhältnis von lysinreichen zu lysinarmen Fraktionen positiv beeinflußten.

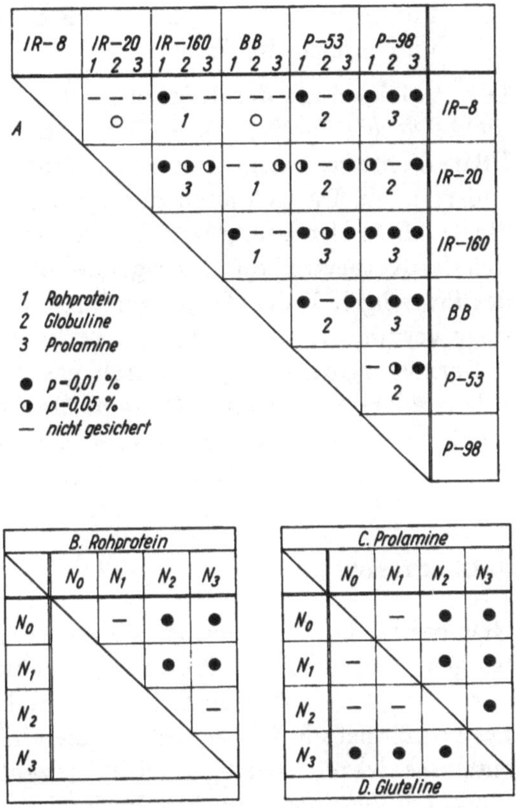

Abb. 2 Übersicht über die statistische Sicherung von Unterschieden im Gehalt an Rohprotein bzw. verschiedenen Proteinfraktionen bei 6 verschiedenen Reissorten (A) bzw. zwischen Varianten mit unterschiedlicher Stickstoffdüngung (B und C). Das Kombinationsquadrat A weist durch entsprechende Zeichen Unterschiede in 3 Merkmalen und daneben in Ziffern die Anzahl der Merkmale mit gesicherten Unterschieden aus.

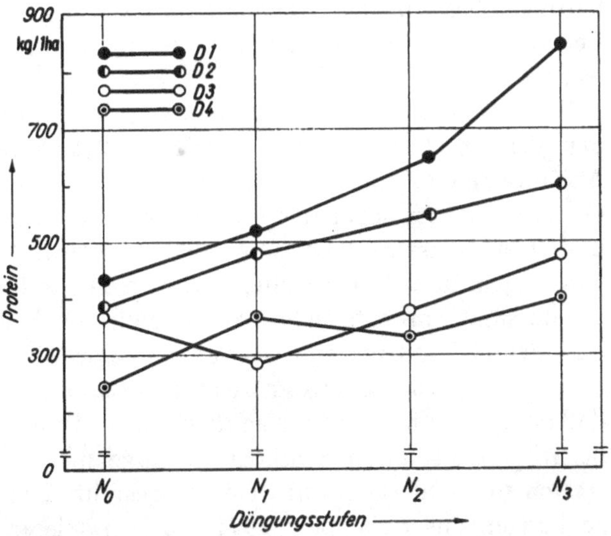

Abb. 3 Zunahme des Proteinertrages in Abhängigkeit von Pflanzdichte und Stickstoffdüngung bei der Reissorte IR-8.

3.2.3 Proteinertrag der Reissorte IR-8 in Abhängigkeit von Pflanzdichte und Stickstoffdüngung

Der Proteingehalt der Reiskörner hatte keine Abhängigkeit von der Pflanzdichte gezeigt (s. S. 246). Andererseits stieg der Kornertrag mit wachsender Pflanzdichte und damit auch der Proteinertrag, da der Proteingehalt unverändert blieb. Da sich auch der Lysingehalt im Reiskorn nicht änderte, blieb die Qualität der geernteten Körner ebenfalls konstant. Umgekehrt änderte sich der Kornertrag durch steigende Stickstoffgaben wenig, jedoch erhöhte sich der Proteingehalt der Körner und damit auch der Proteinertrag bei nur geringfügig vermindertem Lysingehalt (< 10 Prozent) des Proteins.

Daraus ergibt sich, daß durch geeignete Stickstoffdüngung bei optimaler Pflanzdichte ein größerer Proteinertrags- als Kornertragszuwachs bei nahezu gleichbleibender Proteinqualität erreicht werden kann (Abbildung 3), d. h. man erhält ein Ernteprodukt von größerem ernährungsphysiologischem Wert.

4. Diskussion

Reis besitzt im Vergleich zu anderen Cerealien bei relativ geringem Rohproteingehalt von 8 bis 10 Prozent des Mehles eine Proteinzusammensetzung, die durch den sehr hohen Anteil von Glutelinen (bis zu 80 Prozent) geprägt ist. Die lysinärmste Fraktion der Cerealien hat nur geringen Anteil an der Proteinzusammensetzung (weniger als 10 Prozent), weshalb auf dem Wege einer züchterischen Verminderung des Prolaminanteils bei Reis keine merkliche Verbesserung der Proteinqualität zu erwarten ist (11). Da die Gluteline einen verhältnismäßig hohen Lysingehalt besitzen, ist die Konzentration an dieser für Cerealien typischen limitierenden essentiellen Aminosäure bei Reis vergleichsweise hoch.

Wie bei allen anderen Cerealien so gibt es auch beim Reis die Möglichkeit, den Proteinertrag auf züchterischem Wege oder durch geeignete Wahl der Anbaubedingungen zu steigern. Dabei ist es von Interesse, die Proteinqualität zu erhalten oder sogar noch zu verbessern. Beim Vergleich von Proteingehalt und Proteinzusammensetzung der 6 ausgewählten Reissorten bzw. -linien ergaben sich zum Teil gesicherte Unterschiede im Rohprotein- und im Lysingehalt, ohne daß eine sicherbare Korrelation zwischen Lysingehalt im Protein und Proteinkonzentration im Mehl nachweisbar war ($r = -0{,}491$). Im Internationalen Reisforschungsinstitut, Los Baños, konnte 1971 (2) gezeigt werden, daß oberhalb eines Proteingehaltes von 10 Prozent im Mehl die oft beobachtete negative Korrelation zwischen Lysingehalt im Protein und Proteinkonzentration im Mehl (1, 17) nicht mehr besteht. Tabelle 2 weist für unsere Untersuchungen aus dem Jahr 1971 einen mittleren Rohproteingehalt von rund 9 Prozent und bei einer Wiederholung sogar von rund 9,7 Prozent aus. Damit bewegen sich die Werte in der Nähe jener 10-Prozentgrenze, oberhalb derer sich keine Korrelation zwischen Rohproteingehalt im Mehl und Lysinanteil im Protein mehr nachweisen läßt.

Das Verhältnis von Lysin- zu Rohproteingehalt wird wesentlich vom Mengenverhältnis zwischen lysinarmen und lysinreichen Proteinfraktionen im Reiskorn bestimmt. Leider war es mit der Methode von SCHWERDTFEGER (16) nicht möglich, die Glutelinfraktion serienmäßig restlos aus dem Reismehl zu extrahieren. Deshalb läßt sich keine Aussage über den Zusammenhang von Lysingehalt und Proteinzusammensetzung machen. Auf die Schwierigkeiten der quantitativen und bei verschiedenen Autoren wenig vergleichbaren Extraktion der Proteinfraktionen aus Cerealien ist in der Literatur verschiedentlich hingewiesen worden (4, 12). Diese Schwierigkeit hat sich für Reis in unserem Falle erneut bestätigt. Eine quantitative Extraktion der Glutelinfraktion gelang nur bei Anwendung eines komplizierten und für serienmäßige Vergleiche ungeeigneten Verfahren nach NIELSEN et al. (13), das für Mais ausgearbeitet worden war, und von uns auf Reis übertragen wurde.

Gesicherte Unterschiede gab es zwischen den Rohprotein-, Globulin- und Prolamingehalten einiger der untersuchten Sorten und Linien. Am häufigsten traten derartige Differenzen zwischen den Fraktionen bei den Prolaminen auf (s. Abbildung 2a), was mit Ergebnissen von MONOD et al. (11) bei der elektrophoretischen Analyse der Proteinfraktionen von Reis übereinstimmt.

Erhebliche Steigerungen des Proteinertrages bei Reis sind durch Anwendung optimaler Kulturverfahren möglich. Beide in der vorliegenden Arbeit untersuchten Faktoren können wesentlich zu erhöhtem Proteinertrag beitragen. Die Pflanzdichte beeinflußte den Proteingehalt der Reiskörner nicht, wohl aber den Kornertrag, der bei einer Pflanzdichte von 8 bis 10 cm Abstand zwischen den einzelnen Reispflanzen seinen maximalen Wert erreicht (7, 8), ohne daß Proteingehalt und -qualität gemindert sind, weshalb der Proteinertrag in gleichem Maße mit der Pflanzdichte zunimmt wie der Kornertrag. Zusätzliche Stickstoffdüngung kann in Abhängigkeit vom Aussaatdatum im Jahreslauf zwei verschiedene Wirkungen haben. Im Falle unserer Untersuchungen wurde mit einer Kultur gearbeitet, bei der auf Grund der jahreszeitlichen Bedingungen (7) durch Stickstoffdüngung keine wesentliche Steigerung des Kornertrages zu erreichen war. Dennoch bewirkte die Stickstoffdüngung durch Erhöhung des Proteingehaltes im Erntegut (vgl. 2) eine zusätzliche Steigerung des Proteinertrages, so daß bei dichtester Aussat und höchster Stickstoffgabe ein größerer Proteinertrags- als Kornertragszuwachs zu erreichen war. Der maximale Zuwachs an Kornertrag betrug bei optimaler Pflanzdichte und stärkster Stickstoffdüngung 78 Prozent. Der entsprechende Proteinertragszuwachs belief sich dagegen auf 108 Prozent. Aussaaten im Herbst und Winter ergaben unter den Klimabedingungen Kubas außerdem auch Kornertragszunahmen unter dem Einfluß der Stickstoffdüngung (7), so daß in diesen Fällen noch eine weitere Steigerung des Proteinertrages hinzukommen dürfte. Wesentlich ist dabei, daß sich das Verhältnis der lysinreichen zu den lysinarmen Proteinfraktionen trotz der erheblichen Ertragssteigerungen nur um maximal 13 Prozent verschlechtert, d. h. die Qualität des Erntegutes wird nur geringfügig vermindert. Entsprechende statistische Berechnungen über die Korrelation zwischen relativem Lysingehalt im Protein und absolutem Proteinanteil im Mehl ergaben auch nur eine schwach gesicherte negative Korrelation mir $r = -0{,}500$. Die Erklärung für diesen Vorgang gaben Untersuchungen über den Einfluß von Pflanzdichten und Stickstoffdüngung auf die Proteinzusammensetzung. Obwohl der Einfluß der Stickstoffdüngung bei den Prolaminen zu einem stärkeren prozentualen Zuwachs des Anteils an der Proteinzusammensetzung führt, ist die absolute Zuwachsmenge wegen des geringen Anteils der Prolamine an der Zusammensetzung des Reisproteins beim Glutelin 3,24 mal größer als beim Prolamin. Deshalb wirkt sich die veränderte Proteinzusammensetzung nur schwach auf die Proteinqualität aus.

Die Tatsache, daß sich die Stickstoffdüngung besonders auf Prolamine und Gluteline auswirkt, ist auch von anderen Cerealien bekannt (20). Sie beruht auf der bevorzugten Biosynthese von Reserveproteinen während der Kornfüllungsphase und auf dem Fehlen eines sofortigen turnovers bei diesen Proteinen. Die von Weissman (19) bei Soja und Sonnenblumen sowie von Mitra und Bhatia (10) bei Weizen beobachtete Förderung der Glutamatdehydrogenaseaktivität durch Düngung mit Ammoniumstickstoff steht zwar im Zusammenhang mit der geförderten Prolamin- und Glutelinbiosynthese, kann aber nicht als deren Ursache angesehen werden, da es sich darum handelt, durch die Stickstoffgaben eine Proteinsynthesekapazität quantitativ auszulasten, die im Zuge der ontogenetischen Entwicklung des Kornes durch differentielle Genaktivierung herausgebildet wird. Die Entwicklung dieser Kapazität steht aber in keinem direkten ursächlichen Zusammenhang mit der Stickstoffdüngung.

Eine hoch gesicherte positive Korrelation ergab sich zwischen Blattfläche zur Zeit der Blüte und Proteinertrag der Einzelpflanzen der Sorte IR-8 in Abhängigkeit von der Höhe der Stickstoffgaben. Geht man davon aus, daß zur Zeit der Kornfüllung nur noch eine geringe Nettoabsorption von Stickstoff durch Reispflanzen stattfinden soll (5), dann wäre die gefundene Korrelation ein Hinweis darauf, daß die Stickstoffgaben über die vegetative Masse und eine entsprechende Stickstoffumlagerung zur Erhöhung des Proteingehaltes der Körner und des Proteinertrages beitragen könnten. Eine entsprechende eindeutige Korrelation zwischen Stickstoffgabe und Kornertrag konnte von Lerch et al. (7) für den Reisanbau der Sorte IR-8, dessen Ernte von uns analysiert wurde, nicht gefunden werden. Allerdings ließ sich immer eine positive Korrelation zwischen Höhe der Stickstoffgabe und Ausbildung der Blattfläche zur Zeit der Blüte nachweisen (7).

Die vorliegenden Ergebnisse weisen daraufhin, daß durch geeignete Wahl der Pflanzdichte und richtige Stickstoffdüngung nicht nur eine Ertragssteigerung bei Reis zu erzielen ist, sondern gleichzeitig ein Korn mit wesentlich größerem Proteingehalt, d. h. mit verbessertem ernährungsphysiologischem Wert, erzeugt werden kann. Allerdings beruhen unsere Ergebnisse auf Experimenten mit Versuchsparzellen von 5×5 m (7). Ihre Übertragbarkeit auf den Feldanbau muß deshalb noch nachgewiesen werden.

Zusammenfassung

Als Bestandteil umfassender Untersuchungen über genetische und umweltbedingte Änderungen von Kornertrag, Proteinertrag und Proteinqualität unter kubanischen Klimabedingungen wurden Proteingehalt und -zusammensetzung der Körner von 6 verschiedenen Reissorten bzw. -linien sowie der Einfluß von Pflanzdichte und Stickstoffdüngung auf Proteinertrag, -zusammensetzung und -gehalt der Körner der Standardsorte IR-8 untersucht. Dazu wurden KJELDAHLverfahren (Rohproteinbestimmung), LOWRYmethode (Proteingehalt der Fraktionen), fraktionierende Extraktion nach dem OSBORN-Schema in Gestalt der Methode nach SCHWERDTFEGER (Albumine, Globuline, Prolamine, Gluteline) und die automatische ionenaustauschchromatographische Methode der Aminosäureanalyse (basische Aminosäuren) benutzt. Zwischen den untersuchten Sorten ergaben sich signifikante Unterschiede im Rohprotein-, Globulin- und Prolamingehalt. Die Unterschiede zwischen den Proteinfraktionen waren bei den Prolaminen am ausgeprägtesten. Eine quantitative Glutelinextraktion war mit dem benutzten Serienverfahren nicht möglich. Es traten sortenabhängige Löslichkeitsunterschiede bei den Glutelinen auf, die eine Feststellung sortenbedingter Differenzen für diese Fraktion der Reserveproteine unmöglich machten.

Die Pflanzdichte übte keinen Einfluß auf den Proteingehalt der Körner der Sorte IR-8 aus. Mit zunehmender Pflanzdichte stieg jedoch der Kornertrag und damit in gleichem Maße der Proteinertrag bis zu einem optimalen Pflanzabstand von 8 bis 10 cm an, ohne daß sich die Proteinqualität verminderte. Zusätzliche Stickstoffdüngung ergab in Abhängigkeit von den Klimabedingungen während der Vegetationsperiode zwar keinen signifikanten Kornertragszuwachs, jedoch durch Erhöhung des Proteingehaltes im Korn einen zusätzlichen Anstieg im Proteinertrag. Dabei verminderte sich auf Grund der hohen absoluten Zunahme des Glutelinanteils bei relativ geringer absoluter Zunahme der Prolaminfraktion die Proteinqualität unerheblich.

Summary

Content, composition and yield of proteins of rice (*Oryza sativa* L.)

Grain yield, protein yield and protein composition of 6 varieties of rice were estimated under climatic conditions of Cuba in 1971. Furthermore, the influence of population density and nitrogen fertilization on yield characteristics, protein content and composition of grains of the standard variety IR-8 were investigated as part of a more sophisticated experimental program with the aim of optimizing cultivation condition of rice in Cuba. The following methods were applied in the course of these investigations: Kjeldahl method (crude protein), Lowry method (protein content of different fractions), Schwerdtfeger modification of the Osborne scheme of grain protein fractionation (albumines, globulines, prolamines, glutelines), and automatic amino acid analysis (basic amino acids). Some of the varieties exhibited statistically significant differences with respect to the contents of crude protein, globulines, and prolamines. Differences between protein fractions were most prominent in the prolamin fraction. Glutelines could not be extracted quantitatively by the screening-methods applied. Differences with respect to the solubility of gluteline fractions were observed between different varieties of rice. Consequently, it was impossible to verify differences in glutelines quantitatively.

The population density did not influence the protein content in kernels of the variety IR-8, but grain yield increased with decreasing distances between rice plants. Therefore, protein yields were increasing by the same rate as grain yields, without any decrease of protein quality. Additional nitrogen fertilization did not significantly increase the grain yield under the climatic conditions ruling during the vegetation period of these experiments, but led to further increase of protein yield by causing higher protein contents of the grains. There was only little decrease in the lysin content of the protein. This can be explained on the basis of the large absolute increase in the gluteline fraction in comparison with the relatively small increase in prolamines.

Краткое содержание

Содержание, состав и урожай протеинов риса (*Oryza sativa* L.) на о. Куба

В рамках обширной работы об изменениях урожая зерна, а также количества и качества его белка под влиянием генетических и средовых факторов, в климатических условиях о. Куба, исследовались содержание и состав протеина зерна шести сортов и линий риса. Кроме того изучалось влияние густоты посева и азотистых удобрений на количество, состав и содержание протеина зерна стандартного сорта риса IR-8. В этих целях применялся метод Кьельдаля (определение сырого протеина), метод Лаури (содержание протеина отдельных фракций), фракционирующая экстракция по особорновской схеме в виде метода Швердтфегера (альбумины, глобулины, проламины, глутелины) и автоматический метод анализа аминокислот с применением ионообменной хроматографии (основные аминокислоты). Между анализированными сортами были найдены достоверные различия в содержании сырого протеина, глобулина и проламина. Различия между отдельными фракциями протеина были наиболее четко выражены у проламинов. Количественная экстракция глутелина при серийном анализе оказалась неприменимой. У глутелинов были обнаружены различия их растворимости, зависящие от сорта; это обстоятельство исключило возможность выявления сортовых различий для этой фракции запасных белков.

Густота посева не оказывала влияния на содержание протеина зерен сорта IR-8. В загущенных посевах наблюдолось, однако, повышение урожая зерна; в той же мере повышался и урожай белка до оптимального расстояния между растениями, в 8–10 *см*, причем качество белка не ухудшалось. Добавочное азотистое удобрение хотя и не давало достоверной прибавки урожая зерна, но, благодаря повышению процента белка в зерне, наблюдалось и добавочное повышение урожая белка. При этом было замечно, правда незначительное, снижение качества протеина, обусловленное высокой абсолютной прибавкой доли глутелина при относительно невысокой абсолютной прибавке фракции проламина.

Literatur

(1) Annual Report of the International Rice Research Institute (IRRI), 1967, S. 53–58, Los Baños, Filippinen.

(2) Annual Report of the International Rice Research Institute (IRRI), 1971, S. 7–9, Los Baños, Filippinen.

(3) Fukushima, D., 1969: Denaturation of soybean protein by organic solvents. – Cereal Chem. *46*, 156–163.

(4) Gaul, H., G. Frimmel, A. Fritz and E. Ulonska, 1970: Combination of yield and protein content in tetraploid barley. – In: Improving plant protein by nuclear techniques. Proc. Symp. Intern. Atomic Energy Agency, Vienna, S. 133–145.

(5) Juliano, B. O., 1972: Studies on protein quality and quantity of rice. – In: Inglett, G. E. (Edit.), Symposium: Seed Proteins, S. 114–125. – Westport Connecticut.

(6) Klingmüller, V., 1950: Zur Technik der Mikrostickstoffbestimmung nach Kjeldahl-Parnas. – Z. analyt. Chem. *131*, 17–24.

(7) Lerch, G., J. Ramon und J. Horsford, 1972: Desarrollo y rendimiento del arroz, var. IR-8, en Cuba. VI. Efectos mutuos de la densidad de la población, de la fertili-

zación nitrogenada, y de la época de siembra en el ciclo anual de 1971/1972. – Revista Agricultura *5*, 51–83.

(8) LERCH, G., A. TRAVIESO und G. ANTIGUA, 1973: Desarrollo y rendimiento del arroz, var. IR-8, en Cuba. VII. Efecto de altas densidades en tres épocas de siembra del tercer ano experimental de 1972/1973. – Revista Agricultura *6*, 1–17.

(9) LOWRY, O. H., N. J. ROSEBROUGH, A. L. FARR and R. J. RANDALL, 1951: Protein measurement with the Folin phenol reagent. – J. biol. Chem. *193*, 265–275.

(10) MITRA, R. and C. R. BHATIA, 1973: Studies on protein biosynthesis in developing wheat kernels. – In: Nuclear techniques for seed protein improvement. Proc. Symp. Intern. Atomic Energy Agency, Vienna, S. 379–389.

(11) MONOD, M., R. MARIE and P. FEILLET, 1972: Frationnement des proteines de quelquer variétés de riz, par electrophorése en gel polyacrylamide. – C. R. Acad. Sc. Paris *274*, Sér. D. 13, 1957–1960.

(12) MUNCK, L., 1970: Increasing the nutritional value in cereal protein. Basic research on the hily character. – In: Improving plant protein by nuclear techniques. Proc. Symp. Intern. Atomic Energy Agency, Vienna, S. 319–329.

(13) NIELSEN, H. C., J. W. PAULIS, C. JAMES and J. S. WALL, 1970: Extraction and structure studies on corn glutelin protein. – Cereal Chem. *47*, 501–512.

(14) OSBORNE, T. B., 1924: The vegetable protein. – 2nd ed., Longmans & Greewand Co., London-New York.

(15) SCHÖN, W. J., 1970: Analysis of protein and amino acids in protein rich barley strains. – In: Improving plant protein by nuclear techniques. Proc. Symp. Intern. Atomic Energy Agency, Vienna, S. 265–273.

(16) SCHWERDTFEGER, E., 1958: Über die Extraktion pflanzlicher Proteine. – Wissensch. Abhdlg. Dtsch. Akad. Landwirtsch. Wissensch. *37*, 153–163.

(17) TONG, W. F. and H. W. LI CHU, 1970: Variation in protein and amino acid contents among genetic stocks of rice. – In: Improving plant protein by nuclear techniques. Proc. Symp. Intern. Atomic Energy Agency, Vienna, S. 71–76.

(18) WEBER, E., 1967: Grundriß der biologischen Statistik. 6. Aufl. – VEB Gustav Fischer Verlag, Jena.

(19) WEISSMAN, G. S., 1972: Influence of ammonium and nitrate nutrition on enzymatic activity in soybean and sunflower. – Plant Physiol. *49*, 138–141.

(20) WHITEHOUSE, R. N. H., 1973: The potential of cereal grain crops for protein production. In: JONES, J. G. W. (Edit.), The biological efficiency of protein production, S. 83–99. – Cambridge, University Press.

II. Das Institut im Jahre 1974

A. Kolloquien; Vortragsabende

22. 1. 1974 Dipl.-Biol. P. SILHENGST: Freie proteinogene Aminosäuren im Stoffwechsel von *Vicia*-Früchten.

12. 3. 1974 Dipl.-Biol. I. SCHUBERT: Zur mutagenen Wirkung ionisierender Strahlen – Experiment mit synthetischen Karyotypen von *Vicia faba*.

16. 4. 1974 Dipl.-Biol. B. SCHLESIER: Zur Variabilität der Reserveproteine in der Gattung *Vicia*.

18. 4. 1974 Prof. Dr. F. CONSTABEL, National Research Council of Canada, Prairie Regional Laboratory Saskatoon/Saskatchewan: Experimentelle Fusion pflanzlicher Protoplasten.

2. 5. 1974 Prof. Dr. R. SMILLIE, Commonwealth Scientific Research Organisation Melbourne, Australia: Environmental regulation of metabolism and biosynthesis through interaction with cellular membranes.

2. 5. 1974 Prof. Dr. D. v. WETTSTEIN, Institut für Genetik der Universität in Kopenhagen: Struktur und Regulatorgene für den Aufbau der Photosynthese-Membran.

17. 5. 1974 Prof. Dr. N. P. BOTSCHKOW, Direktor des Instituts für medizinische Genetik der Akademie der Medizinischen Wissenschaften der UdSSR, Moskau: Human Genetics and genetic counseling in the USSR.

29. 5. 1974 Dr. W. HENNIG, Institut für Molekularbiologie II der Universität Zürich: Zur molekularen Struktur des Genoms höherer Organismen.

31. 5. 1974 Prof. Dr. W. SCHMID, Kinderspital Zürich, Abt. Medizinische Genetik: Praenatale Diagnose genetischer Defekte.

17. 6. 1974 Prof. Dr. M. M. GREEN, Department of Genetics University of California, Davis, California: Gene Chromomere Organisation.

2. 7. 1974 Dr. G. A. NOGLER, Institut für Allgemeine Botanik der Universität Zürich: Genetik der Apomixis bei *Ranunculus auricomus* L.

3. 9. 1974 Prof. Dr. F. K. ZIMMERMANN, Fachbereich Biologie, Arbeitsgruppe Mykologie/Genetik der Technischen Hochschule Darmstadt: *Saccharomyces cerevisiae* als mikrobiologischer Indikatororganismus für die Umweltmutagenese.

17. 9. 1974 Dr. T. ERIKSSON, Institut für physiologische Botanik der Universität Uppsala: Isolation, culture and fusion of Protoplasts from higher plants.

24. 9. 1974 Dr. G. MOHN, Zentrallaboratorium für Mutagenitätsprüfung, Freiburg i. Br.: Probleme der Prüfung von Umweltchemikalien auf mutationsauslösende Wirkung.

14. 10. 1974	Prof. Dr. F. DE SERRES, Environmental Mutagenesis Branch, National Institute of Environmental Health Sciences Research, Triangle Park, N. C. USA: Correlation between mutagenicity and carcinogenicity.
5. 11. 1974	Dr. sc. W. A. KNORRE, Zentralinstitut für Mikrobiologie und experimentelle Therapie, Jena: Modellfindung, Computersimulation und Modelloptimierung in der Biologie.
12. 11. 1974	Dr. R. MANTEUFFEL: Anwendung immunologischer Methoden in der Proteinchemie unter besonderer Berücksichtigung pflanzlicher Reserveproteine.
19. 11. 1974	Dr. H. KOBLITZ: Zellkulturen bei Getreide.
26. 11. 1974	Dr. U. WOBUS: Repetitive DNA und die Organisation des Eukaryotenchromosoms.
9. 12. 1974	Prof. Dr. P. BÖGER, Lehrstuhl für Biologie der Universität Konstanz: Wechselwirkung von Redoxüberträgern im photosynthetischen Elektronentransport.
17. 12. 1974	Prof. D. BOULTER, M. A., D. Phil. Department of Botany, University of Durham: Structure, Function and Biosynthesis of Plant Proteins.

	Vortragsabende
11. 1. 1974	K. HOFER, Halle: Geschützte Tiere im Jahresrhythmus (Film).
23. 1. 1974	Klavierabend: Gunda SCHARLACH.
6. 3. 1974	Veranstaltung des Hausmusikkreises des Zentralinstituts.
4. 4. 1974	Chansonabend: Sonja KEHLER, Gesang Werner PAULI, Gitarre.
9. 5. 1974	P. STEPHAN: Einführung in die romanische Baukunst.
14. 5. 1974	H. FÜSSLING, Stellvertreter des Vorsitzenden des Rates des Kreises Aschersleben: Ergebnisse nach dem VIII. Parteitag der SED und die Aufgaben bei der perspektivischen Entwicklung im Kreise Aschersleben.
30. 5. 1974	Blockflötenkonzert: Thekla WALDBAUER, Blockflöte Reiner GEBAUER, Blockflöte Roland ZIMMER, Gitarre.
22.–30. 6. 1974	Ausstellung des Malerei- und Plastikzirkels.
30. 6. 1974	Veranstaltung der Kindergruppe des Hausmusikkreises des Zentralinstituts.
25. 9. 1974	Kammermusikabend: Rostocker Nonett.
22. 10. 1974	Dr. E. H. BENEDIX: Im Pilzrevier der Windenhütte.
25. 10.– 7. 11. 1974	Ausstellung Hallesche Kunst VII (Rosemarie und Werner RATAICZYK).
20. 11. 1974	Klavierabend Klaus BÄSSLER.

B. Verzeichnis der Veröffentlichungen aus dem Institut 1974

ADLER, Klaus: Polypeptide composition of ultrasonic- and detergent-produced chloroplast membrane particles derived from lyophylized *Vicia faba* chloroplasts. – Photosynthetica *8* (4) (1974) 360–367.

BENEDIX, Erich Heinz: Helvellales, Tuberales und Geoglossaceae, in: Urania-Pflanzenreich, Niedere Pflanzen, Leipzig-Jena-Berlin 1974.

– Siegfried DANERT zum Gedächtnis. – Fedd. Repert. 85 (1974) 321–323.

DANERT, Siegfried†, SCHULTZE-MOTEL, Jürgen und TABBERT, Eckhardt: Struktur und Dynamik von Kulturpflanzenarten, in: Widerspiegelung der Binnenstruktur und Dynamik der Art in der Bontanik. Ed. W. VENT. – Akademie-Verlag, Berlin (1974) 105–110.

FRITSCH, Reinhard: Chromosomenzahlen einiger Lebermoose aus der Hohen Tatra. – Lindbergia *2* (1974) 234–236.

HANELT, Peter: Fragen der infraspezifischen Gliederung von Kulturpflanzen, in: Widerspiegelung der Binnenstruktur und Dynamik der Art in der Botanik. Ed. W. VENT. – Akademie-Verlag, Berlin (1974) 111–113.

HORSTMANN, Christian, ZSCHIESCHE, Wolfgang und MÜNTZ, Klaus: A phytohämagglutinine from seeds of *Vicia faba*, in: Abstracts 9th FEBS-Meeting. – 25–30 August, Budapest 1974, S. 304.

MACHOLD, Otto: Molekulargewichtsbestimmung von Chloroplastenproteinen durch Dodecylsulfat-Gelelektrophorese. – Biochem. Physiol. Pflanzen (BPP) *166* (1974) 149–162.

MACHOLD, Otto: On the Molecular Nature of Thylakoid Membranes, in: Symposium Pigment-Protein, Complexes in Photosynthesis, Poznan 15–21 September 1974. – Poznan (1974) 44–45.

MATZK, Fritz: Selbstfertilität, Inzuchtdepression und kreuzungstechnische Experimente bei *Lolium*. – Archiv für Züchtungsforschung *4* (2) (1974) 141–151.

– Unterschiede zwischen F_1-Familien aus intra- und interspezifischen Kreuzungen mit diploiden und tetraploiden *Lolium*-Formen. – Archiv für Züchtungsforschung *4* (3) (1974) 191–202.

MEISTER, Armin: An approach for quantitative determination of chlorophyll a forms and chlorophyll b from in vivo (derivative) spectre, in: Symposium Pigment-Protein, Complexes in Photosynthesis, Poznan 15–21 September 1974. – Poznan (1974) 49–50.

MÜLLER, Andreas J.: Haploide Blütenpflanzen aus in vitro kultivierten Pollen. – Biol. Rundschau *12* (1974) 117–128.

MÜNTZ, Klaus: Bedeutung des Perikarps für die Reserveproteinbiosynthese in Leguminosenfrüchten, in: Kurzfassungen der Vorträge auf der Tagung „Probleme der angewandten Pflanzenphysiologie“, 24.–27. 4. 1974, Heringsdorf. Biologische Gesellschaft, Potsdam. – WTZ Pädagogische Hochschule Potsdam (1974) 47.

MÜNTZ, Klaus und SCHOLZ, Günter: Speicherproteine und Proteinspeicherung in pflanzlichen Samen. – Biol. Rundschau *12* (4) (1974) 225–244.

MÜNTZ, Klaus, RUDOLPH, Armin, HANELT, Peter, LEHMANN, Christian und SCHOLZ, Friedrich: Protein-screening am Weizen- und Ackerbohnen-Sortiment in Gatersleben, in: Mitteilungsblatt der Chemischen Gesellschaft der DDR, *21* (9/10) (1974) 216.

NÁTR, Lubomir und APEL, Peter: The influence of the rate of photosynthate production on the rate of dry matter accumulation in barley kernels. – Photosynthetica *8* (1) (1974) 53–56.

OHLE, Harald: Beiträge zur Taxonomie der Gattung *Calendla*, II. Taxonomische Revision der südeuropäischen perennierenden Sippen. – Fedd. Repert. *85* (4) (1974) 245–283.

PANITZ, Reinhard: Riesenchromosomen – Modellobjekte moderner Chromosomenforschung. – Spektrum 12 (1974) 10–13.

PEISKER, Martin: A model describing the influence of oxygen on photosynthetic carboxylation. – Photosynthetica *8* (1) (1974) 47–50.

RIEGER, Rigomar, MICHAELIS, Arnd und GREEN, Melvin M.: Słownik terminór genetycznych, Państwowe Wydawnictwo Rolnicze i Lešne. – Warsczawa 1974.

RIETH, Alfred: Beiträge zur Kenntnis der Vaucheriaceae XVI. *Vaucheria hercyniana* nov. spec. und ihre Entwicklung. – Arch. Protistenk. *116* (1974) 201–209.

SAGROMSKY, Herta: Zur physiologischen Bedeutung von Chlorophyll b. – Biochem. Physiol. Pflanzen (BPP) *166* (1974) 95–104.

– Further investigations with mutants from *Hordeum vulgare* cv. donaria that lack chlorophyll b. – Symposium Pigment-Protein, Complexes in Photosynthesis Poznan 15–21 September 1974. – Poznan (1974) 59–61.

SAGROMSKY, Herta und DÖBEL, Peter: Zur Bedeutung von Chlorophyll b für die Chloroplastendifferenzierung. – Biochem. Physiol. Pflanzen (BPP) *166* (1974) 371–376.

SCHLESIER, Bernhard und SCHOLZ, Günter: Studies on Seed Globulins from Legumes. II. A Crystalline Protein from the Globulin Fraction of *Vicia narbonensis* L. – Biochem. Physiol. Pflanzen (BPP) *166* (1974) 367–369.

SCHLESIER, Gisela und MÜNTZ, Klaus: The function of the pod at protein storage in the seeds of *Vicia faba* L., III. Nitrate reductase in developing pods and seeds of leguminosae. – Biochem. Physiol. Pflanzen (BPP) *166* (1974) 87–93.

SCHOLZ, Günter und MANTEUFFEL, Renate: Über Samenglobuline der Ackerbohne (*Vicia faba* L.), in: Mitteilungsblatt der Chemischen Gesellschaft der DDR, *21* (9/10) (1974) S. 217.

– Isolation and Characterization of Vicilin from *Vicia faba*, in: Abstracts 9th FEBS-Meeting. – 25–30 August, Budapest 1974, S. 489.

SCHOLZ, Günter, RICHTER, Johannes und MANTEUFFEL, Renate: Studies on Seed Globulins from Legumes. I. Separation and Purification of Legumin and Vicilin from *Vicia faba* L. by Zone Precipitation. – Biochem. Physiol. Pflanzen (BPP) *166* (1974) 163–172.

SERFLING, Edgar, MAXIMOVSKY, Leonid F. and WOBUS, Ulrich: Synthesis and Processing of ribosomal RNA in Salivary Gland Cells of *Chironomus thummi*. – European Journal of Biochemistry *45* (1974) 277–289.

WOBUS, Ulrich: Preliminary characterization of the *Chironomus thummi* (Diptera) genome, in: Abstracts 9th FEBS-Meeting. – 25–30 August, Budapest 1974, S. 168.

Nachtrag zum Verzeichnis der Veröffentlichungen aus dem Institut 1973

APEL, Peter und PEISKER, Martin: Experiments in the regulation of photosynthetic rate with cereals, in: Breeding and productivity of Barley, Proceedings of the International Symposium held on June 26–30 th 1972 at Kromeriz. Institute of cereal crops, Kromeriz (1973) 433–444.

SAGROMSKY, Herta: Einfluß der Lichtintensität auf die Pigmentzusammensetzung in den Plastiden von *Anthirrhinum majus*, Sippe 50 und 2 Mutanten davon. – Kulturpflanze *21* (1973) 111–118.

SCHOLZ, Friedrich: Induced high-protein mutants of barley – problems in breeding for protein content, in: Breeding and productivity of Barley, Proceedings of the International Symposium held on June 26–30 th 1972 at Kromeriz. Institute of cereal crops, Kromeriz (1973) 255–265.

C. Vorträge von Mitarbeitern bei wissenschaftlichen Veranstaltungen anderer Institutionen

Dr. ADLER, Klaus: Polypeptide composition of ultrasonic- and detergent-produced chloroplast membrane particles. – Demonstration auf dem 9. FEBS-Kongreß, Budapest (26. August 1974).

Dr. APEL, Peter: Beziehungen zwischen Photosynthese und Karyopsenwachstum bei Getreide. – RGW-Symposium „Anwendung der mathematischen Modellierung bei der Untersuchung der Photosynthese von Blättern, Pflanzen und Pflanzenbeständen", Tallin (9. Januar 1974).

– Photosynthese und Lichtatmung. Einige neuere Ergebnisse und Probleme. – Karl-Marx-Universität Leipzig, Sektion Biowissenschaften (7. Februar 1974).

– Beziehungen zwischen Photosynthese und Karyopsenwachstum bei Getreide. – Vortragstagung der Sektion Biochemie und Physiologie der Pflanzen der Biologischen Gesellschaft der DDR „Probleme der angewandten Pflanzenphysiologie", Heringsdorf (25. April 1974).

– Das sink-source-Konzept und seine Konsequenzen für die Modellierung der Ertragsbildung bei Getreide. – 2. Symposium „Biophysik pflanzlicher Systeme" der Gesellschaft für Physikalische und Mathematische Biologie der DDR, Sektion Biophysik, Berlin (15. Oktober 1974 in Potsdam).

Dr. BAUDISCH, Walter: Protein and puff pattern in the salivary glands of *Acricotopus*. – Demonstration auf dem 9. FEBS-Kongreß, Budapest (27. August 1974).

Dr. BENEDIX, Erich Heinz: Pilze in Aberglauben, Propaganda und Wissenschaft. – Fachgruppe Mykologie des Kulturbundes, Dresden (27. März 1974).

Dr. BENEDIX, Erich Heinz: Blumenpilze und Pilzblumen. – Festvortrag zum 20jährigen Bestehen der Fachgruppe Mykologie des Kulturbundes, Dresden (17. April 1974).

Prof. Dr. BÖHME, Helmut: Kann das Erbgut gezielt verändert werden? – V. DDR-Gynäkologenkongreß in Magdeburg (30. Mai 1974).

– Moderne Erkenntnisse der genetischen Forschung und ihre Bedeutung für die sozialistische Gesellschaft. – Theoretische Konferenz des Bezirksvorstandes der Urania in Halle (26. Juni 1974).

Dr. HANELT, Peter: Überlegungen über die Beziehungen zwischen Ökologie und Systematik bei höheren Pflanzen. – Arbeitstagung Sektion Geobotanik und Phytotaxonomie und Sektion Ökologie der Biologischen Gesellschaft der DDR, Jena (17. Mai 1974).

Dr. HANELT, Peter, Dr. LEHMANN, CHR. O., Prof. Dr. MÜNTZ, Klaus, Dr. RUDOLPH, Armin und Dr. SCHOLZ, Friedrich (vorgetragen von K. MÜNTZ): Protein-screening am Weizen- und *Vicia*-Sortiment in Gatersleben. – Tagung des Zentralinstituts der DDR, Fachverband Lebensmittelchemie „Charakterisierung, Bewertung und Verarbeitung von Proteinen für Nahrungszwecke", Eisenach (29. Oktober 1974).

Dipl.-Biol. HEIDL, Annegret und Dr. HOFEMEISTER, Jürgen (vorgetragen von J. HOFEMEISTER): Reparatureigenschaften von *Proteus mirabilis* nach UV-Bestrahlung. – 2. Arbeitstagung der IG „Genetik" der Sektion Mikrobiologie der Biologischen Gesellschaft der DDR, Saßnitz (6. Dezember 1974).

Dr. HOFEMEISTER, Jürgen: NDA repair in *Proteus mirabilis* following UV irradiation. – II. Annual Meeting of the Working Group „DNA Repair and Late Effects" IGEGM, Budapest (17. September 1974).

Dr. HORSTMANN, Christian, Dr. ZSCHIESCHE, Wolfgang und Prof. Dr. MÜNTZ, Klaus (vorgestellt von Chr. HORSTMANN): A phytohämagglutinine from seeds of *Vicia faba*. – Demonstration auf dem 9. FEBS-Kongreß, Budapest (27. August 1974).

Dr. KOBLITZ, Helmut: Isolierung und Kultivierung nackter Protoplasten aus Zellkulturen von *Catharanthus roseus*. – Vortragstagung der Sektion Biochemie und Physiologie der Pflanzen der Biologischen Gesellschaft der DDR „Probleme der angewandten Pflanzenphysiologie", Heringsdorf (25. April 1974).

– Enzymatic isolation and cultivation of naked protoplasts from cell cultures of *Catharanthus roseus* (L.) G. Donn. – 3rd International Congress of Plant Tissue and Cell Culture, International Association for Plant Tissue and Cell Culture, Leicester/England (23. Juli 1974).

Dr. Koblitz, Helmut: Isolierte Protoplasten aus höheren Pflanzen und ihre Bedeutung für die experimentelle Botanik. – Humboldt-Universität, Sektion Biologie, Berlin (12. November 1974).

– Die Entwicklung der Zell- und Gewebezüchtung in der DDR. – Festvortrag auf dem Symposium der Gesellschaft für Zell- und Gewebezüchtung der DDR, Reinhardsbrunn (22. November 1974).

Dr. Lehmann, Chr. O.: Kulturpflanzenweltsortiment Gatersleben – Genreservoir der Pflanzenzüchtung. – Kolloquium im Institut für Züchtungsforschung, Quedlinburg (30. Januar 1974).

Dr. Lehmann, Chr. O.: Das Kulturpflanzenweltsortiment in Gatersleben, eine Quelle für Ausgangsmaterial in der Pflanzenzüchtung. – Weiterbildungsveranstaltung für Leitungskader der VVB Saat- und Pflanzgut, Neugattersleben (5. März 1974).

– Germ Centre Gatersleben – material and methods of maintenance. – Laboratorio del Germoplasma, Bari (17. Oktober 1974).

– Genetic resources for plant breeding – Genetic plant resources centre Gatersleben. – 1st Interregional Training Course on Plant breeding for Disease resistance including the Utilization of induced mutation techniques, Casaccia (Roma) (18. Oktober 1974).

– Das Kulturpflanzenweltsortiment in Gatersleben, eine Quelle für Ausgangsmaterial zur Züchtung von proteinreichen Getreiden und Futterpflanzen. – Weiterbildungsveranstaltung für Leitungskader der VVB Saat- und Pflanzgut, Neugattersleben (27. November 1974).

Dr. Lehmann, Christian, O. und Dr. Hammer, Karl (vorgetragen von Chr. O. Lehmann): Das Material des Kulturpflanzenweltsortiments Gatersleben und die Hybridforschung. – Weiterbildungsveranstaltung Hybridzüchtung, Bernburg (19. März 1974).

Dr. Machold, Otto: On the molecular nature of thylakoid membranes. – Symposium Pigment-Protein Complexes in Photosynthesis, Poznan (16. September 1974).

Dr. Matzk, Fritz: Art- und Gattungsbastarde bei Gräsern. – Weiterbildungsveranstaltung „Art- und Gattungskreuzung, Allopolyploide", Bernburg (5. Dezember 1974).

Dr. Meister, Armin: An approach for quantitative determination of chlorophyll a forms and chlorophyll b from in vivo (derivative) spectra. – Symposium Pigment-Protein Complexes in Photosynthesis, Poznan (18. September 1974).

Dr. Müller, Andreas, J.: Die Anwendung von Zell- und Gewebekultur in Genetik und Pflanzenzüchtung. – Fortbildungsveranstaltung der VVB Saatzucht, Neugattersleben (1. März 1974).

– Gewinnung und züchterische Nutzung von haploiden Pflanzen. – Fortbildungsveranstaltung der VVB Saatzucht, Neugattersleben (21. November 1974).

Prof. Dr. Müntz, Klaus: Pflanzenproteine: Ihre wirtschaftliche Bedeutung und Nutzung. – Festkolloquium in Potsdam anläßlich des 65. Geburtstages von Akademiemitglied W. R. Müller-Stoll (Potsdam) (23. April 1974).

– Bedeutung des Perikarps für die Reserveproteinsynthese in Leguminosenfrüchten. – Vortragstagung der Sektion Biochemie und Physiologie der Pflanzen der Biologischen Gesellschaft der DDR „Probleme der angewandten Pflanzenphysiologie", Heringsdorf (26. April 1974).

– Regulationsvorgänge bei der Reservestoffspeicherung in Samen von Leguminosen. – Kolloquium im Institut für Biochemie der Pflanzen, Halle (15. Oktober 1974).

Dr. Panitz, Reinhard: Cytologische und biochemische Aspekte der Informationsübertragung in Zellen mit polytänen Chromosomen. – Vortragstagung der Physikalischen Gesellschaft der DDR, Friedrichsbrunn (4. April 1974).

– Transkriptionsmuster in Riesenchromosomen von Chironomiden und ihre Regulation. – Diskussionsveranstaltung der HFR 1 und HFR 3 „Differenzierungs- und Entwicklungsprogramme", Halle (21. Oktober 1974).

Dr. PEISKER, Martin: Ein Modell zur Sauerstoffabhängigkeit der Lichtatmung. – RGW-Symposium „Anwendung der mathematischen Modellierung bei der Untersuchung der Photosynthese von Blättern, Pflanzen und Pflanzenbeständen", Tallin (12. Januar 1974).

– Zur Sauerstoffabhängigkeit von CO_2-Aufnahme und Lichtatmung. – Vortragstagung der Sektion Biochemie und Physiologie der Pflanzen der Biologischen Gesellschaft der DDR, „Probleme der angewandten Pflanzenphysiologie", Heringsdorf (26. April 1974).

– Transpiration und CO_2-Aufnahme bei Änderungen der Stomataweite. – 2. Symposium „Biophysik pflanzlicher Systeme" der Gesellschaft für Physikalische und Mathematische Biologie der DDR, Sektion Biophysik, Berlin (16. Oktober 1974 in Potsdam).

Prof. Dr. RIEGER, Rigomar: Elektive Wirkungen bei der Induktion von chromosomalen Strukturumbauten. – Interdiszipl. Arbeitsgemeinschaft Genetik an der MLU (12. November 1974).

Prof. Dr. SAGROMSKY, Herta: Further investigations with mutants from *Hordeum vulgare* cv. donaria that lack chlorophyll b. – Symposium Pigment-Protein Complexes in Photosynthesis, Poznan (18. September 1974).

– Rhythmisch gesteuerte Entwicklungsvorgänge. – 2. Symposium „Biophysik pflanzlicher Systeme", Potsdam der Gesellschaft für Physikalische und Mathematische Biologie der DDR, Sektion Biophysik, Berlin (17. Oktober 1974).

Dr. SCHALLDACH, Ilsabe: Beziehungen zwischen Photosynthese, Translokation und Karyopsenwachstum. – Vortragstagung der Sektion Biochemie und Physiologie der Pflanzen der Biologischen Gesellschaft der DDR „Probleme der angewandten Pflanzenphysiologie", Heringsdorf (26. April 1974).

Dr. SCHOLZ, Günter und Dr. MANTEUFFEL, Renate (vorgestellt von F. SCHOLZ): Isolation and characterization of vicilin from *Vicia faba*. – Demonstration auf dem 9. FEBS-Kongreß, Budapest (26. August 1974).

– (vorgetragen von G. SCHOLZ): Über Samenglobuline der Ackerbohne (*Vicia faba* L.). – Tagung des Zentralinstituts für Ernährung der AdW der DDR und der Chemischen Gesellschaften der DDR, Fachverband Lebensmittelchemie „Charakterisierung, Bewertung und Verarbeitung von Proteinen für Nahrungszwecke", Eisenach (29. Oktober 1974).

Dr. SCHÖNEICH, Jörg: The clastogenic effectivity in ascites-tumorcells of mice of cytostatic compounds related to Degranol. – 4th Annual Meeting of the European Environmental Mutagen Society, Heidelberg (20. Mai 1974).

– Über den Einsatz von Ascites-Tumoren in der Mutagenitätstestung. – Biophysikalisches Kolloquium am Institut für Biologie der Gesellschaft für Strahlen- und Umweltforschung mbH, München-Neuherberg (27. Mai 1974).

– Stand und Problematik der Mutagenitätstestung. – Jahresvollversammlung des Forschungsprojektes Humangenetik in Saßnitz (14. November 1974).

Dr. SCHÖNEICH, Jörg und Dipl.-Biol. BRAUN, Rolf (vorgetragen von J. SCHÖNEICH): The influence of Ethanol and Carbontetrachloride on the mutagenic effectivity of Cyclophosphamide in the host-mediated-assay with *Salmonella typhimurium*. – 4th Annual Meeting of the European Environmental Mutagen Society, Heidelberg (20. Mai 1974).

Dr. SCHULTZE-MOTEL, Jürgen: Auswertung von Pflanzenabdrücken an Keramik. – III. Symposium der Internationalen Arbeitsgruppe für Paläoethnobotanik, Krakow (7. Mai 1974).

– Probleme bei der Zusammenstellung der paläoethnobotanischen Bibliographie. – III. Symposium der Internationalen Arbeitsgruppe für Paläoethnobotanik, Krakow (10. Mai 1974).

Dr. Serfling, Edgar: Synthesis and processing of RNA in *Chironomus* giant chromosomes. – Demonstration auf dem 9. FEBS-Kongreß, Budapest (28. August 1974).

Dr. Wobus, Ulrich: Preliminary characterisation of the *Chironomus thummi* (Diptera) genome. – Demonstration auf dem 9. FEBS-Kongreß, Budapest (27. August 1974).

– Reassoziationskinetische Analyse des Genoms von *Chironomus thummi*. – IX. Tagung der Biochemischen Gesellschaft der DDR, Dresden (12. Dezember 1974).

Dr. Zacharias, Martin: Züchterisch interessante Ergebnisse von Mutationsversuchen an der Sojabohne und die Problematik ihres Anbaues in der DDR. – Institut für Pflanzenschutzforschung Kleinmachnow der AdL, Zweigstelle Eberswalde (23. Mai 1974).

D. Vorträge von Mitarbeitern auf Tagungen im Institut

Dr. Baudisch, Walter: Protein- und Puffmuster in den Speicheldrüsen von *Acricotopus*.

Dipl.-Biol. Becker, Klaus: Analyse induzierter Chromosomenaberrationen in der Meiose männlicher und weiblicher Keimzellen.

Dipl.-Biol. Braun, Rolf: Mutagenitätsteste mit Mikroorganismen.

Dr. Gröber, Kurt: Ziele und gegenwärtiger Stand der Apomixisforschung.

Dr. Panitz, Reinhard: Neuere Vorstellungen zur Struktur und Funktion der Eukaryotenchromosomen.

Prof. Dr. Rieger, Rigomar: Stand und Problematik der Arbeiten mit rekonstruierten Karyotypen.

Dr. Schöneich, Jörg: Die Prinzipien der Mutagenitätstestung.

Dr. Serfling, Edgar: Synthese und Processing chromosomaler RNA mit messenger-Charakteristika in *Chironomus*-Speicheldrüsen.

Dipl.-Biol. Wobus, Anna-Magdalena: Analyse induzierter Chromosomenaberrationen in somatischen Zellen in vivo und in vitro.

Dr. Wobus, Ulrich: Reassoziationskinetische Analyse des Genoms von *Chironomus thummi*.

SIEGFRIED DANERT auf der Chinesisch-Deutschen Biologischen Sammelreise durch N- und NO-China 1956. Foto RIETH

Es wird gebeten, dieses Bild an Stelle der technisch unvollkommen wiedergegebenen Abbildung auf der Seite 17 des Bandes XXII der Schriftenreihe ,,Die Kulturpflanze" einzufügen.

FSC
www.fsc.org
MIX
Papier | Fördert gute Waldnutzung
FSC® C083411

Zeitfracht Medien GmbH
Ferdinand-Jühlke-Straße 7
99095 Erfurt, Deutschland
produktsicherheit@kolibri360.de